Eurocode 4 设计指南：钢与混凝土组合结构设计

EN 1994-1-1

(第2版)

[英] 罗杰 · P. 约翰逊

欧洲结构设计标准译审委员会 **组织翻译**

赵灿晖　占玉林 **译**

张　勇 **一审**

韦建刚　黄冀卓　陈昭晖　刘君平　杨　艳 **二审**

人民交通出版社股份有限公司

北　京

Translation from the English language original, by arrangement with Thomas Telford Ltd.

图书在版编目(CIP)数据

Eurocode 4 设计指南:钢与混凝土组合结构设计 EN 1994-1-1(第 2 版)/(英)罗杰·P. 约翰逊著;赵灿晖,占玉林译. — 北京:人民交通出版社股份有限公司,2020.4

ISBN 978-7-114-16205-3

Ⅰ. ①E… Ⅱ. ①罗… ②赵… ③占… Ⅲ. ①钢筋混凝土结构—结构设计—建筑规范—欧洲 Ⅳ. ①TU375.04

中国版本图书馆 CIP 数据核字(2019)第 295745 号

著作权合同登记号:图字 01-2019-7828

Eurocode 4 Sheji Zhinan: Gang yu Hunningtu Zuhe Jiegou Sheji EN 1994-1-1(Di 2 Ban)

书　　名:**Eurocode 4 设计指南:钢与混凝土组合结构设计　EN 1994-1-1**(第 2 版)
著 作 者:[英]罗杰·P. 约翰逊
译　　者:赵灿晖　占玉林
总 策 划:朱伽林　韩　敏　孙　玺
责任编辑:刘　倩　任雪莲
责任校对:刘　芹
责任印制:张　凯
出版发行:人民交通出版社股份有限公司
地　　址:(100011)北京市朝阳区安定门外外馆斜街 3 号
网　　址:http://www.ccpress.com.cn
销售电话:(010)59757973
总 经 销:人民交通出版社股份有限公司发行部
经　　销:各地新华书店
印　　刷:北京虎彩文化传播有限公司
开　　本:880 × 1230　1/16
印　　张:17.25
字　　数:504 千
版　　次:2020 年 4 月　第 1 版
印　　次:2020 年 6 月　第 2 次印刷
书　　号:ISBN 978-7-114-16205-3
定　　价:1300.00 元
(有印刷、装订质量问题的图书,由本公司负责调换)

出版说明

包括本指南在内的欧洲结构设计标准(Eurocodes)及其英国附件、法国附件和配套设计指南的中文版,是2018年国家出版基金项目“土木工程欧洲规范翻译与比较研究出版工程(一期)”的成果。

在对欧洲结构设计标准及其相关文本组织翻译出版过程中,考虑到标准的特殊性、用户基础和应用程度,我们在力求翻译准确性的基础上,还遵循了一致性和有限性原则。在此,特就有关事项作如下说明:

1. 本指南中文版根据托马斯·特尔福德有限公司(Thomas Telford Ltd.)提供的英文版进行翻译,仅供参考之用,如有异议,请以原版为准。

2. 中文版的排版规则原则上遵照外文原版。

3. Eurocode(s)是个组合再造词。本指南及相关标准范围内,Eurocodes特指一系列共10部欧洲标准(EN 1990 ~ EN 1999),旨在为房屋建筑和构筑物及建筑产品的设计提供通用方法;Eurocode与某一数字连用时,特指EN 1990 ~ EN 1999中的某一部,例如,Eurocode 8指EN 1998结构抗震设计。经专家组研究,确定Eurocode(s)宜翻译为“欧洲结构设计标准”,但为了表意明确并兼顾专业技术人员用语习惯,在正文翻译中保留Eurocode(s)不译。

4. 书中所有的插图、表格、公式的编排以及与正文的对应关系等与外文原版保持一致。

5. 书中所有的条款序号、括号、函数符号、单位等用法,如无明显错误,与外文原版保持一致。

6. 在不影响阅读的情况下书中涉及的插图均使用英文原版插图,仅对图中文字进行必要的翻译和处理;对部分影响使用的英文原版插图进行重绘。

7. 书中涉及的人名、地名、组织机构名称以及参考文献等均保留外文原文。

特别致谢

本指南的译审由以下单位和人员完成。西南交通大学的赵灿晖、占玉林承担了主译工作,中交第四航务工程勘察设计院有限公司的张勇,福州大学的韦建刚、黄冀卓、陈昭晖、刘君平、杨艳承担了主审工作。他(她)们分别为本指南的翻译工作付出了大量精力。在此谨向上述单位和人员表示感谢!

欧洲结构设计标准译审委员会

欧洲结构设计标准译审委员会总体组

组　　长：余顺新（中交第二公路勘察设计研究院有限公司）

成　　员：（按姓氏笔画排序）

王敬烨（中国铁建国际集团有限公司）
车　铁（大连理工大学）
卢树盛［长江岩土工程总公司（武汉）］
吕大刚（哈尔滨工业大学）
任青阳（重庆交通大学）
刘　宁（中交第一公路勘察设计研究院有限公司）
宋　婕（中国建筑标准设计研究院）
李　顺（天津水泥工业设计研究院有限公司）
李亚东（西南交通大学）
李志明（中冶建筑研究总院有限公司）
李雪峰［上海市城市建设设计研究总院（集团）有限公司］
张　寒（中国建筑科学研究院有限公司）
张春华（中交第二公路勘察设计研究院有限公司）
狄　谨（重庆大学）
胡大琳（长安大学）
姚海冬（中国路桥工程有限责任公司）
徐晓明（航天建筑设计研究院有限公司）
郭　伟（中国建筑标准设计研究院）
郭余庆（中国天辰工程有限公司）
黄　侨（东南大学）
谢亚宁（中设设计集团股份有限公司）

秘　　书：李　喆（人民交通出版社股份有限公司）

卢俊丽（人民交通出版社股份有限公司）

Eurocode 设计指南系列

Eurocode 设计指南:结构设计基础　EN 1990（第 2 版）. H. 古尔班尼西亚,J. -A. 卡尔加罗, M. 霍利基. 彭君义,郭骞,译. ISBN 978-7-114-16202-2. 2020 年 4 月出版.

Eurocode 1 设计指南:桥梁上的作用　EN 1991-2,EN 1991-1-1、-1-3 至 -1-7 和 EN 1990 附录 A2. J. -A. 卡尔加罗, M. 楚米,H. 古尔班尼西亚. 任青阳,刘浪,译. ISBN 978-7-114-16210-7. 2020 年 4 月出版.

EN 1991-1-4 设计指南　Eurocode 1:结构上的作用　第 1-4 部分:一般作用——风荷载. N. 库克. 管青海, 都浩,译. ISBN 978-7-114-16203-9. 2020 年 4 月出版.

EN 1992-1-1 和 EN 1992-1-2 设计指南　Eurocode 2:混凝土结构设计　一般规定、房屋建筑规定和结构防火设计. A. W. 毕比,R. S. 纳拉亚南. 李元松,孙莉,刘波,译. ISBN 978-7-114-16211-4. 2020 年 4 月出版.

EN 1992-2 设计指南　Eurocode 2:混凝土结构设计　第 2 部分:混凝土桥梁. C. R. 亨迪, D. A. 史密斯. 徐腾飞,胡志坚,冀伟,勾红叶,译. ISBN 978-7-114-16212-1. 2020 年 4 月出版.

Eurocode 3 设计指南:房屋建筑钢结构设计　EN 1993-1-1,-1-3 和 -1-8(第 2 版). L. 加德纳, D. A. 内瑟科特. 王敬烨,黄羿,译. ISBN 978-7-114-16213-8. 2020 年 4 月出版.

EN 1993-2 设计指南　Eurocode 3:钢结构设计　第 2 部分:钢结构桥梁. C. R. 亨迪, C. J. 墨菲. 常江,贺君, 蒋垠龙,译. ISBN 978-7-114-16204-6. 2020 年 4 月出版.

Eurocode 4 设计指南:钢与混凝土组合结构设计　EN 1994-1-1(第 2 版). 罗杰·P. 约翰逊. 赵灿晖,占玉林, 译. ISBN 978-7-114-16205-3. 2020 年 4 月出版.

EN 1994-2 设计指南　Eurocode 4:钢与混凝土组合结构设计　第 2 部分:一般规定和桥梁规定. C. R. 亨迪, 罗杰·P. 约翰逊. 狄谨,秦凤江,徐骁青,译. ISBN 978-7-114-16206-0. 2020 年 4 月出版.

Eurocode 5 设计指南:房屋建筑木结构设计　EN 1995-1-1. 杰克·波蒂厄斯,彼得·罗斯. 杨会峰,凌志彬, 译. ISBN 978-7-114-16214-5. 2020 年 4 月出版.

EN 1997-1 设计指南 Eurocode 7:岩土工程设计　第 1 部分:一般规定. R. 费兰克, C. 鲍德温,R. 德里斯科尔, M. 卡瓦达斯, N. 克富布斯·奥维森, T. 奥尔, B. 舒伯纳. 张寒,等,译. ISBN 978-7-114-16215-2. 2020 年 4 月出版.

Eurocode 8 设计指南:桥梁抗震设计　EN 1998-2. 巴兹尔·科里亚斯,麦克·N. 法迪斯,阿兰·派克. 卫璞, 王巍, 徐良晋,译. ISBN 978-7-114-16217-6. 2020 年 4 月出版.

EN 1998-1 和 EN 1998-5 设计指南　Eurocode 8:结构抗震设计　一般规定、地震作用、房屋建筑规定、基础和支挡结构. 麦克·法迪斯, E. 卡瓦略, A. 尔纳斯海, E. 费西奥利, P. 平托, A. 普鲁米尔. 沈文爱,译. ISBN 978-7-114-16216-9. 2020 年 4 月出版.

第 1 版前言

EN 1994,即 Eurocode 4,是欧洲结构设计系列标准之一。它涵盖了针对钢与混凝土组合结构安全性、适用性和耐久性的规定和要求,可细分为三个部分:

- 第 1-1 部分:一般规定和房屋建筑规定
- 第 1-2 部分:结构防火设计
- 第 2 部分:一般规定和桥梁规定

EN 1994 应与 EN 1990(结构设计基础)、EN 1991(结构上的作用)以及其他欧洲结构设计标准结合使用。

本指南的宗旨和目的

本指南的主要目的是在提供具体算例的基础上,帮助用户理解和使用 EN 1994-1-1。本指南阐明了 EN 1994-1-1 与其引用的其他欧洲结构设计标准(Eurocode)以及相关英国标准之间的关系。此外,本指南也提供了一些背景资料和参考文献,使 Eurocode 4 的用户可以了解到其条款的来源和目的。

本指南的编排

EN 1994-1-1 由前言、9 个章节和 3 个附录组成。在本指南中,引言对应 EN 1994-1-1 的前言,第 1 ~ 9 章分别对应 EN 1994-1-1 的第 1 ~ 9 章,第 10 章和 11 章分别对应 EN 1994-1-1 的附录 A 和附录 B。此外,本指南的附录 A ~ 附录 D 提供了来自 ENV 1994-1-1 的有用材料。

本指南章节的编号和标题与 EN 1994-1-1 的各条款相对应。对一些子标题也进行了编号(如 1.1.2),其对应于 EN 1994-1-1 相同编号下的子条款,且标题名称也与 EN 1994-1-1 相对应。本指南首次重要的引用标记为粗斜体[如***条款1.1.1(2)***]。所有的编号都严格按顺序贯穿本指南全文,以帮助读者找到标准中特定条文的内容。一些对于条文的说明会出现乱序的情况,通过使用索引即能找到原始条文。

本指南中对 EN 1994-1-1 中章节、条款、子条款、段落、附录、图、表及表达式的相互引用均标记为斜体,直接引用 EN 1994-1-1 条款原文亦如此(相反,对其他资料包括其他 Eurocodes 的相互参照和引用则为罗马体)。引自 EN 1994-1-1 的表达式保留了原始编号,其他公式则加前缀 D(表示本设计指南),如第 6 章中的式(D6.1)。

致谢

作者由衷感激 Eurocode 4 的四个项目组其他成员付出的工作,这些成员是:Jean-Marie Aribert, Gerhard Hanswille, Bernt Johansson, Basil Kolias, Jean-Paul Lebet, Henri Mathieu, Michel Mele, Joel

Raoul, Karl-Heinz Roik 及 Jan Stark。也同样感谢项目联络工程师,国家技术联系部门,以及其他准备国内意见的人员。感谢华威大学相关部门提供欧洲结构设计标准。当然,还要特别感谢我们各自的夫人 Diana、Linda 一直以来的支持。

R. P. Johnson

D. Anderson

第 2 版前言

第 1 版前言完全适用于第 2 版。EN 1990 ~ EN 1994 的英国国家附件已经出版,国家定义参数通常取 Eurocodes 中的推荐值,也是第一版中使用的值,要适当注意那些取值不同的情况。

新材料的出现大部分来自 Eurocodes 使用过程中材料与产品的变化、出现的问题及其解释、工业界对非常见方法的疑问,以及最新的研究成果。显著的变化体现在第 8 章节点和第 9 章组合板的内容中。

非常感谢第 1 版作者 David Anderson 提出的建议和意见。

R. P. Johnson

目录

引言

EN 1994-1-1(英国标准化协会,2004a)的条文之前是前言,其中的大部分内容在所有 Eurocodes 中通用。*前言*中包括的条款有:

- Eurocode 的编制背景
- Eurocodes 的地位和应用领域
- 执行 Eurocodes 的国家标准
- Eurocodes 和产品统一技术规则(ENs 和 ETAs)之间的联系
- EN 1994-1-1 的补充规定
- EN 1994-1-1 的国家附件

关于通用内容的指南在《Eurocode 设计指南:结构设计基础 EN 1990》(Gulvanessian 等, 2002)的引言中,这里仅为 EN 1994-1-1 用户提供必需的背景信息。

EN 1990(英国标准化协会,2005a)列出了以下欧洲结构设计标准:

EN 1990 Eurocode:结构设计基础

EN 1991 Eurocode 1:结构上的作用

EN 1992 Eurocode 2:混凝土结构设计

EN 1993 Eurocode 3:钢结构设计

EN 1994 Eurocode 4:钢与混凝土组合结构设计

EN 1995 Eurocode 5:木结构设计

EN 1996 Eurocode 6:砌体结构设计

EN 1997 Eurocode 7:岩土工程设计

EN 1998 Eurocode 8:结构抗震设计

EN 1999 Eurocode 9:铝结构设计

这十个系列标准共有 58 个部分,已全部由英国标准化协会(BSI)在英国出版,如 BS EN 1994-1-1。

EN 1994-1-1 中强调该标准要与其他 Eurocodes 一起配合使用。EN 1994-1-1 交叉引用了 EN 1992(英国标准化协会,2004b)和 EN 1993(英国标准化协会,2005b)中的许多特定条款。同样地,该指南也是 Eurocodes 系列中的一本,要与 EN 1992-1-1 设计指南(Beeby and Narayanan, 2005)和 EN 1993-1-1 设计指南(Gardner 和 Nethercot, 2007)一起使用。当建筑结构中的荷载类型或结构构件在桥梁中为典型情况时,则与 EN 1994-2(英国标准化协会,2005c)有关,同时 EN 1994-2 设计指南“组合桥梁”(Hendy 和 Johnson, 2006)可能有用。

各国家标准机构已将 Eurocode 各部分作为国家标准实施。在不作任何改动的情况下,它包括欧洲标准化委员会(CEN)出版的 Eurocode(含全部附录)全部文本,其文前可加上国家版书名页和国家前言,可另配套国家附件。

每本 Eurocode 都承认国家监管机构确定与安全事项相关参数值的权利。在国家层面选择或确定的数值、级别或方法都称为国家定义参数(NDPs)。对各参数的推荐值在相关条款的注中给出。这些条款在*前言*中列出。这些数值通常是在起草过程中假定并在校验工作中使用。

在 EN 1994-1-1 中,NDPs 主要是本标准中特有的材料或产品性能的分项系数,例如,栓钉剪力连接件的承载力,以及组合板纵向抗剪承载力。其他 NDPs 为可能依赖于气候的数值,例如混凝土的自由收缩。

每个国家附件给出或相互引用了该国用于 NDPs 的数值。EN 1994-1-1 中 12 个 NDPs 的推荐值,除了一个外,其余均已被英国接受并使用,其中两个有限制条件。*条款9.6(2)*中关于压型钢板的挠度是个例外。此外,国家附件只能包含以下内容(欧盟委员会,2002):

- 关于使用资料性附录的决定;
- 参考非矛盾性补充信息(NCCI),以帮助用户应用 Eurocode。

需要注意的是,国家附件可能参考 NCCI,但不能包括 NCCI。实际上,对规范条款的解释总是会产生疑问。任何机构都可以发表声称是"非矛盾性"的资料,而特定行业也可能在这方面有既得利益。对某一特定规定可能会出现两种解释,因此它们不可能都是非矛盾的。

每个国家附件都将由相关的国家标准机构(在英国是 BSI)批准,这实际上使得国家附件所参考的 NCCI 具有与国家标准相近的地位。然而,许多 NCCI 将出现在国家附件发布之后。在符合 Eurocodes 要求的项目中使用此类材料之前,设计人员应该确认它是非矛盾的。

在规范有效期内,规范中的起草错误和一些解释方面的问题通过官方勘误和修订来解决。这些提议归类为"编辑性的"或"技术性的"。由于它们会在所有欧盟成员国中使用,技术变更必须经 CEN 委员会 TC 250/SC4 委员批准。BSI 于 2008 年 4 月发布了 EN 1994-1-1 的编辑性勘误表,本指南中提到了一些重要的勘误。截至 2011 年,对 EN 1994-1-1 还没有任何技术性变更。

参考文献

Beeby AW and Narayanan RS (2005) *Designers' Guide to EN 1992-1-1. Eurocode 2: Design of Concrete Structures (Common Rules for Buildings and Civil Engineering Structures)*. Thomas Telford, London.

British Standards Institution (BSI) (2004a) BS EN 1994-1-1. Design of composite steel and concrete structures. Part 1-1: General rules and rules for buildings. BSI, London.

BSI (2004b) BS EN 1992-1-1. Design of concrete structures. Part 1-1: General rules and rules for buildings. BSI, London.

BSI (2005a) BS EN 1990 + A1. Eurocode: basis of structural design. BSI, London.

BSI (2005b) BS EN 1993-1-1. Design of steel structures. Part 1-1: General rules and rules for buildings. BSI, London.

BSI (2005c) Design of composite steel and concrete structures. Part 2: Bridges. BSI, London, BS EN 1994-2.

European Commission (2002) *Guidance Paper L (Concerning the Construction Products Directive-89/106/EEC). Application and Use of Eurocodes*. EC, Brussels.

Gardner L and Nethercot D (2007) *Designers' Guide to EN 1993-1-1. Eurocode 3: Design of Steel Structures (General Rules and Rules for Buildings)*. Thomas Telford, London.

Gulvanessian H, Calgaro JA and Holický M (2002) *Designers' Guide to EN 1990. Eurocode: Basis of Structural Design*. Thomas Telford, London.

Hendy CR and Johnson RP (2006) *Designers' Guide to EN 1994-2. Eurocode 4: Design of Composite Steel and Concrete Structures. Part 2: General Rules and Rules for Bridges*. Thomas Telford, London.

第1章 总则

本章与BS EN 1994-1-1:2004(即《Eurocode 4:钢与混凝土组合结构设计 第1-1部分:一般规定和房屋建筑规定》,简写为EN 1994-1-1)的总则相对应。英国标准化协会(BSI)于2008年4月发布的修订版中对有变化处均做了显著标注。本章内容与EN 1994-1-1 *第1章*相关,包含以下具体条款:

- 适用范围 *条款1.1*
- 规范性引用文件 *条款1.2*
- 假定 *条款1.3*
- 原则性规定与应用性规定的区别 *条款1.4*
- 定义 *条款1.5*
- 符号 *条款1.6*

1.1 适用范围

1.1.1 Eurocode 4的适用范围

条款1.1.1总结了EN 1994(所有三个部分)的适用范围,其应与欧洲结构设计标准的总体文件即《Eurocode:结构设计基础》(EN 1990)共同使用。***条款1.1.1(2)***强调规范关注的是结构性能,而对如隔热与隔音等其他性能的要求,则不在规范涉及范围内。 *条款1.1.1* *条款1.1.1(2)*

分项系数法是检验安全性和适用性的基础,EN 1990给出了荷载系数推荐值,并给出了各种可能的作用组合。而对各国将要修建的工程结构,在相应的国家附件中给出了作用组合的值及选择可能性。

Eurocode 4也可与《Eurocode 1:结构上的作用》(EN 1991)(BSI,2002)及其国家附件一起使用,用来确定标准荷载或名义荷载。当地震区需要修建一个组合结构时,则应考虑使用《Eurocode 8:结构抗震设计》(EN 1998)(BSI, 2004)。

结构防火设计(EN 1994-1-2)不在本指南适用范围之内。

Eurocodes主要关注设计,而不是施工,但是为了确保设计假定适用,需要考虑最低的工艺标准。为此,***条款1.1.1(3)***中列出了钢结构施工和混凝土结构施工所需执行的欧洲标准。前者提出了一些对于组合结构的要求,例如焊接栓钉剪力连接件的试验等。 *条款1.1.1(3)*

1.1.2 Eurocode 4中第1-1部分的适用范围

EN 1994-1-1主要对组合结构、建筑和桥梁设计的常规要求作出规定。这是基于欧洲标准化委员会（CEN）的要求：一项规定不能出现在多本欧洲标准中，因为当一个标准修改先于另一个标准时，将会导致不一致。例如，对于建筑及桥梁中的组合梁，如果针对抗弯性能的规定是一样的（大多数情况下确实如此），那么在 EN 1994-1-1 中这些规定就是“一般规定”，尽管大多数应用情况出现在桥梁中。例如，*条款6.8*（疲劳）在第 1-1 部分中，EN 1994-2（BSI，2005）仅给出了很少的补充规定。

EN 1994-1-1 中，所有只适用于建筑的规定前面标题中都带有“建筑”字样，而独立段落的标题则放在相关条款的末尾［例如*条款5.3.2* 和*条款5.4.2.3(5)*］。

除非特别指明，本指南 1-1 部分中的“一般规定”条款涵盖建筑和桥梁工程。但是，给出的工作示例或许仅与建筑工程相关。

条款1.1.2(2)

条款1.1.2(2) 中列出了第 1-1 部分各章节的标题，而*第1章 ~第7章*的标题与其他相关 Eurocodes 相同。*第1章*和*第2章*的内容同样遵循一致的模式。

第 1-1 部分的规定包括以下常见组合构件设计：

■ 钢与混凝土组合梁；

■ 压型钢板组合板；

■ 混凝土外包、内填组合柱；

■ 组合梁、钢柱或组合柱的节点。

*第5章*和*第8章*内容涉及连接构件。对于框架结构，应进行*第5章*“结构分析”，包括无侧移框架和有侧移框架。这些规定涉及考虑二阶效应的总体分析、通过外加变形施加预应力，以及对缺陷的定义等。

第 1-1 部分的适用范围可以扩展到部分外包的钢截面，即钢截面腹板被钢筋混凝土所包裹，同时混凝土与钢之间设置剪力连接。这是一种成熟的施工形式，其主要目的在于提高防火性能。

完全外包组合梁不在适用范围内，原因如下：

■ 对于无剪力连接件梁的纵向剪切极限强度，目前还没有令人满意的计算模型。

■ 目前尚不清楚某些设计规定在多大程度上适用（例如对弯矩-剪力相互作用和弯矩重分布）。

对完全外包梁，通常可以按部分外包梁或无外包梁设计，但必须注意防止外包混凝土在受压时过早剥落。

第 2 部分“桥梁”，包括有时可能对建筑有用的进一步规定，比如针对以下构件的规定：

■ 组合板（钢构件为平钢板，不是压型截面）；

■ 组合板梁和箱梁；

■ 锥形或不规则的组合构件；

■ 预应力钢筋束结构。

为了鼓励创新设计，在参考专业文献、了解材料性能、遵循平衡和协调的基本原理及相关 Eurocodes 给出的基本原则的基础上，可在缺乏相关应用规定的适当情况下使用某种结构或构件，例如：

- 梁腹板上的大孔洞；
- 除焊接栓钉外的其他类型剪力连接件；
- 组合柱下的底板；
- 钢筋混凝土框架结构中的剪切器头（Piel 和 Hanswille, 2006）；
- 如高层建筑中所采用的混合结构的许多方面。

除了其 9 个规范性章节外，EN 1994-1-1 还包括 3 个资料性附录，如下：

- *附录A*，“建筑中节点构件的刚度”；
- *附录B*，“标准试验”；
- *附录C*，“建筑组合结构中混凝土的收缩”。

除了规范性条款之外，在本指南的相关章节中还阐述了设置这些附录的原因。

1.2 规范性引用文件

这里仅给出对其他欧洲标准的参考，所有的这些标准都将作为一个系列共同使用。在形式上，国际标准化组织（ISO）的标准只适用于 EN ISO 指定的情况。如果本国的产品设计标准与相关的欧洲标准相抵触，则不适用。在英国，相抵触的标准正（或已经）被 BSI 撤销。撤销则意味着 BSI 的相关委员会不再在技术上或文本上对相关文件进行维护。它们将随时间而失效，但依旧可作为当时使用它们进行设计的现有结构的重要参考。

目前，英国建筑法规的一些必要修改还尚未完成。这涉及即将被撤销的标准。在此转换期间，BSI 宣布这些标准将“失效”。

对于新的工程，两个体系之间的选择，取决于英国政府的建筑法规和/或用户，而不是 BSI。这些条例正处于修订中，以纳入欧盟的相关立法，该立法要求 Eurocodes 适用于大多数公共工程。

英国向使用 Eurocodes 和欧洲标准的转变，将持续数年，因此对于某些类型的项目，依旧可以使用之前的标准体系。当工程师在使用其中一个标准体系同时参考另一个标准体系时，必须考虑到两个体系间理念和安全系数的不同。

以前的 BS 体系中的一些重要条款没有出现在新体系中，该条款在 BSI 和其他机构的出版物中以 EN 格式进行阐述，作为“非矛盾性补充信息”（NCCI）。从 www. ncci-steel. org 上可以找到一些与钢和组合结构有关的内容。

标准中所列出的一些细节，例如出版日期，将在 EN 1994-1-1 再版时予以更新。

1.2.1 通用引用标准

这里以及*条款1. 2. 2* 中的部分引用标准与*条款1. 1. 1* 中的相同。*条款1. 2* 中阐明了所引用标准间的区别。这些标注有日期的标准即明确了在 EN 1994-1-1 中交叉引用的标准有效期问题。在已实施的施工标准中,则引用了《钢结构施工技术规程》(BSI,2008)。但对于组合结构和混凝土结构,则没有统一的施工标准可引用。

1.2.2　其他引用标准

Eurocode 4 必然要引用《Eurocode 2:混凝土结构设计　第 1-1 部分:一般规定和房屋建筑规定》(EN 1992-1-1)以及《Eurocode 3:钢结构设计》(EN 1993)中部分内容。

EN 1994-1-1 在建筑结构中的应用是建立在基于钢框架(包含预制混凝土或组合构件)初装概念上的;压型钢板或其他模板的安装同样遵循该概念,其后添加钢筋和现浇混凝土形成组合结构。因此,相较于 EN 1992-1-1,EN 1994-1-1 所述内容更接近于 EN 1993-1-1。

1.3　假定

一般假定同 EN 1990、EN 1992 和 EN 1993,关于它们的评论将在本系列的相关指南中给出。

1.4　原则性规定与应用性规定的区别

Eurocodes 中的条款设置为原则性规定或应用性规定,如 EN 1990 给出:

- 原则性规定由非选择性的一般性声明以及除非特别说明否则无可替代的分析模型和要求所组成;
- “原则性规定以段号后面的字母 P 区分”;
- “应用性规定通常是已得到认可的规定,并且符合并满足原则性规定的要求”。

原则性规定相对较少。“除非特别说明,否则无可替代”的要求或分析模型很少涉及具体数值,因为大多具体数值会受到研究和/或经验的影响,并且可能在历经多年后发生变化(即使结构钢所规定的弹性模量也是近似值)。此外,当一条款需要使用一条应用性规定的条款时,则该条款就不能成为原则性规定。实际上,那条(应用性规定)条款则将成为原则性规定。

因此,理想情况下,所有标准中的原则性规定应形成统一的集合,仅相互间引用,且在删除所有应用性规定的情况下通顺易懂。这一主导思想强烈地影响了 EN 1994 的起草。

1.5　定义

1.5.1　一般规定

同第 *1* 章的模式一致,定义的引用来自 EN 1990、EN 1992-1-1 和 EN 1993-1-1 中

的条款1.5。EN 1990条款1.5.6定义了许多分析模型。需要重点指出的是，结构或构件在荷载作用下基于已变形几何形状的分析，被称为“二阶分析”而不是“非线性分析”。后者是指结构分析中对材料性能的考虑。因此，根据EN 1990，“非线性分析”包括“刚塑性”分析。但在EN 1994-1-1中没有遵守这个惯例，其标题为“非线性整体分析”（*条款5.4.3*）的条款中，不包括“刚塑性整体分析”（*条款5.4.5*）。

条款1.5.1 的引用文件包括EN 1992-1-1的条款1.5.2，该条款将预应力定义为由张拉预应力筋产生的作用。该条款适用于EN 1994-2，但不适用于EN 1994-1-1，因为这种类型的预应力超出了其适用范围。顶升支座产生的预应力不在EN 1992-1-1适用范围之内，但在EN 1994-1-1的适用范围之内。 ***条款1.5.1***

在EN 1994引用EN 1993的条款中，使用了EN 1993-1-1条款1.5.1～条款1.5.9的定义条款，这些条款均未使用“钢”这一名词。

1.5.2 附加术语和定义

EN 1994-1-1 ***条款1.5.2*** 中的13个定义大都包含“组合”一词，这意味着存在剪力连接件。由***条款1.5.2.1*** 可知，设置“剪力连接件”的目的是限制而非消除钢和混凝土界面间的分离和滑移。界面间的分离总被认为是可以忽略不计，但是应考虑滑移的影响，且应明确其容许值[例如在*条款5.4.3*、*条款7.2.1*、*条款9.8.2(7)* 和*条款A.3* 中]。 ***条款1.5.2*** ***条款1.5.2.1***

“组合框架”的定义与第5章的使用有关。如果本质上是钢筋或预应力混凝土结构，只有少部分的组合构件，整体分析则一般应采用Eurocode 2。

目前列出的定义并不是完整的，因为所有的标准所使用具有精确含义的术语可以从其上下文推知。

至于常用词的使用，则与被撤销的英国标准有显著的区别。这是由于在标准起草的过程中使用英语作为基本语言，因此需要提高语言的精确性以便翻译成其他欧洲语言。需特别指出的是：

■ “作用”指的是荷载及/或外加变形；

■ “作用效应”（*条款5.4*）和“作用产生的效应”具有相同的含义，即作用所产生的任何变形、内力和弯矩。

1.6 符号

Eurocodes中的符号都是基于ISO 3898:1987(ISO,1997)的要求。每个标准都有各自适用的符号列表。有些符号有不止一种含义，其所表达的特殊含义可从具体条款中得出。

符号的表示与英国以往的标准相比，有一些重要的变化。例如，x-x轴为沿构件方向，y-y轴则是平行于钢截面的方向[EN 1993-1-1中的条款1.7(2)]，截面模量为W，其下标则表示弹性特性或塑性特性。

在大部分情况下，EN 1994-1-1符号的定义与EN 1990、EN 1992和EN 1993

一致,但还是需要核对条款*1.6*中所列的符号以明确,有一些微小的差异应引起注意。

在EN 1992-1和EN 1993-1-1中,f_y有不同的含义,在EN 1994-1-1中它为结构钢的名义屈服强度,尽管该材料的通用下标是"a"(法语中"钢"为acier)。在EN 1993-1-1中没有使用下标"a",其中钢材的分项系数不是γ_A,而是γ_M。这种用法沿用自EN 1994-1-1。钢筋的标准屈服强度为f_{sk},分项系数为γ_S。

在编写EN 1994-1-1时,梯形压型钢板的外轮廓顶面是平的,如第*9*章中的图例所示。符号h_p在条款*1.6*中定义为"不含凸起的压形钢板的整体高度",凸起高度通常不超过2mm。许多压型钢板具有高达15mm的顶肋(见图6.13),这显然应是"整体高度"的一部分,在有些验证中这种使用是合适的。一旦对于其他压型钢板,整体高度则宜取到肩部。因此,在本文中,符号h_p被替换为h_{pn}(净高度或肩高)和h_{pg}(总高度)。

参考文献

British Standards Institution(BSI)(2002) BS EN 1991. Actions on structures. Part 1-1: Densities, self weight and imposed loads. BSI, London.

BSI(2004) BS EN 1998-1. Design of structures for earthquake resistance. Part 1: General rules, seismic actions and rules for buildings. BSI, London.

BSI(2005) BS EN 1994-2. Design of composite steel and concrete structures. Part 2: Bridges. BSI, London.

BSI(2008) BS EN 1090-2. Execution of steel structures and aluminium structures. Part 2: Technical requirements for execution of steel structures. BSI, London.

International Organization for Standardization (1997) ISO 3898. Basis of design for structures-notation-general symbols. ISO, Geneva.

Piel W and Hanswille G(2006) Composite shear head systems for improved punching shear resistance of flat slabs. In Composite Construction in Steel and Concrete V (Leon RT and Lange J (eds)). American Society of Civil Engineers, New York, pp. 226-235.

第 2 章　设计基础

本章所述内容涵盖了 EN 1994-1-1 第*2* 章的以下条款：

- 要求 *条款2.1*
- 极限状态设计原则 *条款2.2*
- 基本变量 *条款2.3*
- 采用分项系数法验证 *条款2.4*

其顺序与按照 EN 1990 的第 2 章～第 4 章和第 6 章的排列一致。

2.1　要求

设计工作应符合 EN 1990 中总则的规定。第2 章的目的是对组合结构作补充规定。

条款2.1(3) 再次提醒用户，作用和作用组合应分别与 EN 1991 和 EN 1990 的规定相一致，这是设计的基础。期望可使用作用和抗力的分项安全系数（“分项系数法”），但这不是 Eurocodes 的要求。作为一种方式，EN 1990 第 6 章提出了满足其第 2 章基本要求的方法。这就是在*条款2.1(3)*中分项系数法的使用被“视为满足要求”的原因。为了确定设计符合 Eurocodes，任何其他方法的使用者通常须证明该方法满足 EN 1990 的基本要求，以得到监管机构和/或用户的认可。 ***条款2.1(3)***

2.2　极限状态设计原则

该条款提醒人们必须考虑施工顺序对作用效应的影响。基于刚塑性理论，施工顺序对于 1 类截面或 2 类截面梁（见*条款5.5* 中的定义）的抗弯性能或组合柱的承载力没有影响，但对于 3 类或 4 类截面梁则会产生影响。

2.3　基本变量

条款2.3.3 中收缩和温度的影响可分为“主要”影响和“次要”影响，对于连续梁特别是桥梁的设计者来说这种区分是熟悉的。 ***条款2.3.3***

次要影响应被视为“间接作用”，即“一系列外部施加的变形”（EN 1990 条款 1.5.3.1），而不是作用效应。但在 EN 1994-1-1 的实际使用中，这种区分几乎没有影响。

2.4 采用分项系数法验证

2.4.1 设计参数

条款2.4.1.1
条款2.4.1.2

条款2.4.1.1 和***条款2.4.1.2*** 给出了对分项系数的采用方式。其建议值在注释中给出,这些注释是资料性的,而不是规范性的(即不是条款的一部分),因此,在*条款2.4.1.2* 中没有给出分项系数的明确数值。

对于混凝土、钢筋和结构钢的分项系数,注释中仅允许欧盟成员国选择 EN 1992-1-1和 EN 1993-1-1 国家附件中所给的 γ_C、γ_S和 γ_M采用值。这已在 EN 1994 的所有校核工作中得到认可,不可实行其他任何替代方案。

EN 1994 中通常使用设计强度,而不是带有分项系数的标准值或名义值。混凝土的设计强度见*条款2.4.1.2(2)P*,即:

$$f_{cd} = f_{ck}/\gamma_C \tag{2.1}$$

式中,f_{ck}是混凝土圆柱体抗压强度标准值。由于其与 EN 1992-1-1 相应部分有所不同,因此该定义以分式的形式呈现,其中混凝土设计抗压强度 f_{cd}在条款3.1.6(1)P 中的定义为:

$$f_{cd} = \alpha_{cc} f_{ck}/\gamma_C \tag{D2.1}$$

式中,α_{cc}是考虑对抗压强度的长期效应的影响以及考虑由施加荷载的方式产生的不利影响的系数。

注:α_{cc}取值宜介于0.8~1.0之间,可见其国家附件。建议值为1.0。

与建议值1.0不同的值可在国家附件中选取,但这可能不适用于 EN 1994-1-1,如*条款3.1(1)*的注释所述。

由于与 EN 1992 相关联的是混凝土强度的标准值,而不是强度设计值,因此公式(D2.1)中的系数 α_{cc}不包含在公式(D2.1)中。这与使用轻质混凝土(LWC)组合梁的抗弯性能有关。EN 1992-1-1 的英国国家附件规定,对于普通混凝土,$\alpha_{cc}=1.0$,对于轻质混凝土,α_{cc}则取0.85。如果适用于 Eurocode 4,则*条款6.2.1.2(1)*要求对使用轻质混凝土翼缘的组合梁,采用 $0.85\times0.85 f_{ck}/1.5=0.48f_{ck}$的矩形应力区,这是非常保守的。参数0.85 宜只使用一次,而不是两次。

英国国家附件的说明中剪力连接件使用分项系数的推荐值 $\gamma_V=1.25$,另外,当"非矛盾补充信息(NCCI)中所给出的剪力栓钉抗力"能够证明其他值的合理性时,则可使用该值。在 ENV 1994-1-1(英国标准化协会,1994)中给出了除了剪力栓钉之外的几种类型剪力连接件的标准抗力值,它们由 $\gamma_V=1.25$ 的假定得到,所以对这些剪力连接件,应考虑使用该值。对于任何其他类型的连接件,γ_V 应建立在采用 EN 1990 中所给方法得到的测试结果的统计评估基础上得出。

条款2.4.1.3 ***条款2.4.1.3*** 引用于"建筑产品标准 hEN","h"代表"统一的"。该术语来自《EN 1990 设计指南》(Gulvanessian 等,2002)中对建筑产品指令(欧盟委员会,1989)的解释。

*条款2.4.1.4*中的承载力设计值，引用了EN 1990条款6.3.5中的式(6.6a)和式(6.6c)。EN 1994-1-1中承载力设计通常需要多个分项系数，如公式(6.6a)所示： *条款2.4.1.4*

$$R_d = R\{\eta_i X_{k,i}/\gamma_{M,i}; a_d\}, i \geq 1 \tag{D2.2}$$

例如，*条款6.7.3.2(1)*提出，组合截面塑性抗压承载力为结构钢、混凝土和钢筋三者之和：

$$N_{pl,Rd} = A_a f_{yd} + 0.85 A_c f_{cd} + A_s f_{sd} \tag{6.30}$$

式中没有单独基于几何数据的项 a_d，因为系数 γ_M 中已考虑了横截面面积的不确定性。

关于强度标准值，由*条款2.4.1.2*的公式(*6.30*)可变为：

$$N_{pl,Rd} = A_a f_y/\gamma_M + 0.85 A_c f_{ck}/\gamma_C + A_s f_{sk}/\gamma_S \tag{D2.3}$$

式中：

- 材料强度标准值 $X_{k,i}$ 为 f_y、f_{ck} 和 f_{sk}；
- 在EN 1990中，转换系数 η_i，钢和钢筋取1.0，混凝土取0.85；
- 分项系数 $\gamma_{M,i}$ 分别是 γ_M、γ_C 和 γ_S。

EN 1990中的公式(6.6c)为 $R_d = R_k/\gamma_M$，适用于使用特征材料性能和单一分项系数的地方，如在剪力栓钉的抗剪公式中(*条款6.6.3.1*)。该式广泛应用于EN 1993-1-1中。

2.4.2 作用组合

*条款2.4.2(1)*引用了EN 1990，对应EN 1990条款A1.2.1。*条款2.4.2(1)*的注释为：在一定条件下，“作用组合可由多于两种不同的作用进行组合”。例如，温度效应在“永久作用＋外加变形＋风荷载”作用组合中可以忽略不计。EN 1990的英国国家附件中并没有引用此注释，其表述为“同时存在的作用在进行作用组合时都宜被考虑”，这显然更加严谨。 *条款2.4.2(1)*

在一个组合中可变作用的数量取决于作用组合的类型(标准组合、频遇组合、准永久组合等)以及在相关国家附件中给出的系数 ψ。在这方面，Eurocodes比之前的做法更全面，也更复杂。

2.4.3 静力平衡验算(EQU)

缩写EQU出现在EN 1990中，其中条款6.4.1定义了四种承载能力极限状态：

- EQU，失稳；
- FAT，疲劳失效；
- GEO，地面的破坏或过量变形；
- STR，结构内部破坏或过量变形。

EN 1994-1-1中*条款2.4.3*仅引用了EQU这种类型。此外，本指南仅包含了承载能力极限状态中的STR和FAT两种类型。在EN 1997(英国标准化协会，2004)的基础设计中则出现了对GEO类型的使用。 *条款2.4.3*

参考文献

British Standards Institution (BSI) (1994) DD ENV 1994-1-1. Design of composite steel and concrete structures. Part 1-1: General rules and rules for buildings. BSI, London.

BSI(2004) BS EN 1997-1. Geotechnical design. Part 1: General rules. BSI, London.

European Commission (1989) Construction Products Directive 89/106/EEC. *Official Journal of the European Communities* L40.

Gulvanessian H, Calgaro JA and Holický M (2002) *Designers' Guide to EN* 1990. *Eurocode: Basis of Structural Design*. Thomas Telford, London.

第 3 章　材料

本章涉及组合结构设计所需材料的性质，对应*第 3 章*，包含以下条款：

- 混凝土　*条款 3.1*
- 钢筋　*条款 3.2*
- 结构钢　*条款 3.3*
- 连接件　*条款 3.4*
- 建筑中组合板用的压型钢板　*条款 3.5*

*第 3 章*不是重复其他标准中的信息，而是主要对其他 Eurocodes 和欧洲标准的交叉引用。以下说明涉及对组合结构具有特别意义的规定。

3.1　混凝土

条款 3.1(1) 引用了 EN 1992-1-1 关于混凝土性能的规定。对于轻质混凝土，其某些性能取决于表观密度，和 2200 kg/m^3 比较。　***条款 3.1(1)***

EN 1992-1-1 中条款 3.1 针对普通混凝土、条款 11.3 针对轻质混凝土给出了时效特性的复杂参数。对于采用无支撑施工且有几个施工阶段的组合结构有必要进行简化。这里讨论特定的性能(有关热膨胀的性能，见 3.3)。

强度和刚度

EN 1992-1-1 中的表 3.1 针对普通混凝土、表 11.3.1 针对轻质混凝土，总结了强度和变形特性。

普通混凝土的强度等级定义为 Cx/y，其中 x 和 y 分别是以 N/mm^2 为单位的圆柱体和立方体的抗压强度。Eurocodes 设计规定中所有抗压强度均指圆柱体强度，所以，如果在计算中使用特定的立方体抗压强度将会出现不安全的问题，应在开始时采用指定强度等级的换算关系，用等效的圆柱体强度替代。抗压强度受试件尺寸的影响很小。标准立方体尺寸为 150mm。标准圆柱体直径为 100mm，高为 200mm。在使用其他尺寸试件的情况下，宜采用技术文献中提供的转换因子。

轻质混凝土的等级指定为 LC$x/y$。轻质混凝土圆柱体和立方体强度之间的关系不同于普通混凝土。

除了使用预应力筋施加预应力(超出本指南范围)之外，混凝土的抗拉强度很少用于组合构件的设计计算。平均抗拉强度 f_{ctm} 出现在*条款 5.4.2.3(2)*“开裂”总体分析的定义中，以及*条款 7.4.2(1)*关于最少配筋的定义中。其值和 5%、95% 的分位值在 EN 1992-1 的表 3.1和表 11.3.1 中给出。在任何极限状态验算中应使用适当的分位值,该验算依赖于混凝土抗拉强度的不利或有利影响。

弹性模量值在 EN 1992-1 表 3.1 和表 11.3.1 中给出。条款 3.1.3 指出这些对一般应用具有指导性。虽然短期弹性模量 E_{cm}会随着龄期超过 28d 而增加,但与徐变模型的不确定性相比,这种微小变化对有效模量的影响可忽略不计。

应力-应变性能

在条款 2.4.1.2 的说明中讨论了在 EN 1992-1-1 条款 3.1.6(1)P 中关于混凝土设计抗压强度的定义中使用的系数 α_{cc}。

*条款3.1(1)*对 EN 1992-1-1 中关于混凝土性能的引用由“除非 Eurocode 4 另有规定”开始。EN 1994-1-1 中给出的组合构件的承载力来自大量的验证研究(例如参见 Johnson 和 Huang,1994,1997)。承载力计算式中给出的数值系数与 $\alpha_{cc}=1.0$ 和弹性理论或*条款6.2.1.2* 中定义的应力区的使用一致。因此,关于 α_{cc}的取值,EN 1994-1-1 没有给出参考或在国家附件中选取。符号f_{cd}总是表示f_{ck}/γ_C,对于梁和大多数柱,使用系数 0.85,如*条款6.7.3.2(1)*中式(*6.30*)所示。该条款中的一个例外情况是,基于验证研究,对于混凝土填充柱截面,采用 1.0 替换 0.85。

对应力-应变曲线形状的近似也是相关的。EN 1992-1-1 条款 3.1 中给出的主要是曲线或双线性的,但在*条款3.1.7(3)*中有一个更简单的矩形应力分布,类似于英国标准中给出的结构用混凝土(BS 8110,英国标准化协会,1997)的应力区。对于强度等级达到 C50/60 的混凝土,其形状以及相应的应变分布如图 3.1 所示。

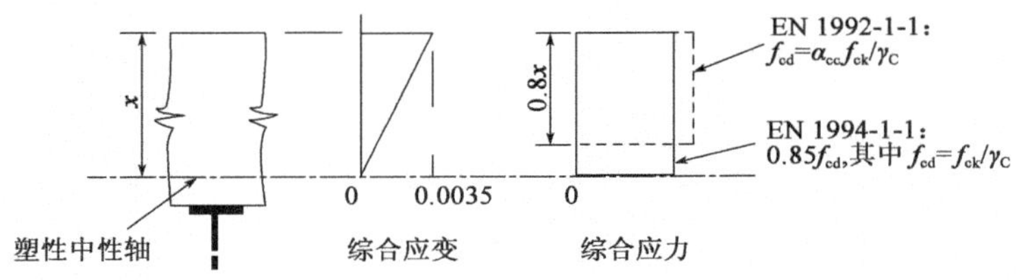

图 3.1　承载能力极限状态下混凝土应力区

对于采用组合横截面时这种应力区使用起来不方便,因为此时假定无应力的中性轴附近的区域通常为钢翼缘,并且抗弯性能代数表达式复杂。

在组合截面中,由于钢截面对抗弯能力的贡献,使得混凝土的贡献不明显。因此,EN 1994 允许使用延伸到中性轴的矩形应力区(Stark,1984),如图 3.1 所示。

对于单位宽度构件,EN 1992 规定应力区对中性轴的力矩范围为 $0.38f_{ck}x^2/\gamma_C$ ~ $0.48f_{ck}x^2/\gamma_C$,具体取决于 α_{cc}值;对于梁,EN 1994-1-1 中的值为 $0.425f_{ck}x^2/\gamma_C$,校验研究表明,其高估了柱横截面的抗弯能力,因此在*条款6.7.3.6(1)*中给出了修正系数 α_M。另见对*条款6.2.1.2*(2)和*条款6.7.3.6* 的说明。

条款3.1(2)　EN 1994-1-1 ***条款3.1(2)***将普通混凝土限定为 C20/25 ~ C60/75,将轻质混凝

土限定在LC20/22~LC60/66。因对于使用低强度等级或高强度等级混凝土的组合构件性能的认识和经验有限,这些范围比EN 1992-1-1中给出的范围窄。这适用于例如剪力连接件荷载/滑移特性、连续梁力矩重分布,以及柱的承载力。对抗弯性能[*条款6.2.1.2(d)*],使用矩形应力区与否取决于材料的应变能力。混凝土的相关特性——EN 1992-1-1表3.1中的ε_{cu3},对等级C50/60的混凝土为-0.0035,对等级C90/105的混凝土仅为-0.0026。

收缩

条款3.1(3)中提到的混凝土收缩是在混凝土凝固后发生的干燥收缩,不包括凝固前的塑性收缩,也不包括自收缩。塑性收缩和自收缩在混凝土硬化期间发展[EN 1992-1-1条款3.1.4(6)],并且发生在封闭或密封混凝土中,如混凝土填充于管中,不会发生水分损失。***条款3.1(4)***允许忽略其收缩对应力和挠度的影响,但不允许忽略其对裂缝宽度的影响。收缩对直接加载引起的开裂几乎没有影响,因此仅针对初始开裂的规定(*条款7.4.2*)考虑了其影响。 *条款3.1(3)* *条款3.1(4)*

EN 1992-1-1 *条款3.1.4(6)*给出的收缩应变明显高于BS 8110中给出的收缩应变。以C40/50等级混凝土为例,在"干燥"环境(相对湿度60%)中,加上自收缩应变-75×10^{-6},最终干燥收缩应变可达到-400×10^{-6}。

在*条款3.1(4)*中,收缩是国家定义参数。注释中建议使用*附录C*中给出的值(对上述例子为-325×10^{-6})。*附录C*是资料性附录,因此其使用需要通过国家附件得到批准。在英国,可以使用该附录中的值。从*条款C.(1)*开始,它们是"总自由收缩应变"。

在英国的典型环境中,普通混凝土收缩对建筑组合结构设计的影响仅在以下方面比较明显:

- 很高的结构;
- 未设变形缝的大跨结构;
- 大高跨比梁的挠度预测[*条款7.3.1(8)*]。

第5章还有关于收缩的进一步讨论。

徐变

如*条款5.4.2.2*的说明,对建筑组合结构,EN 1992-1-1关于混凝土徐变的规定可以简化。

3.2 钢筋

条款3.2(1)参照EN 1992-1-1,其中条款3.2.2(3)P规定了适用的屈服强度f_{yk}最高可达600 N/mm^2。 *条款3.2(1)*

EN 1992-1-1条款3.2的适用范围,以及EN 1994-1-1的适用范围仅限于钢筋,包括公称直径大于或等于5mm、带肋(高粘结)和可焊接的钢丝编织物(钢丝网),但钢纤维不包括在内。有三种延性等级,即从A(最低)~C。规定了最大力对应的特征应变,而不是过去英国标准中使用的断裂伸长率。EN 1994-1-1 的条款*5.5.1(5)*规定避免在任何1类或2类组合截面中使用A类钢筋。

EN 1992-1-1 表C.1中给出的钢丝网的最小延展性能可能不满足 EN 1994-1-1 条款*5.5.1(6)*的规定,故需要证明钢丝网具有足够的延展性,以避免其布设在混凝土板中时发生断裂(Anderson 等,2000)。在使用钢丝网的连续组合梁的试验中发现,钢丝交叉处会发生混凝土裂缝,使得拉伸应变集中在织物中的焊缝位置处。

条款3.2(2) 为简单起见,***条款3.2(2)***允许钢筋的弹性模量取 $210kN/mm^2$,即 EN 1993-1-1 中针对结构钢的取值,而不是 EN 1992-1-1 中的值 $200kN/mm^2$。

3.3 结构钢

条款3.3(1) ***条款3.3(1)***引用了 EN 1993-1-1。名义屈服强度最高达 $460N/mm^2$ 的钢材如 EN 1993-1-1 表3.1所列,并允许其他钢制品纳入国家附件。在与EN 1994-1-1一

条款3.3(2) 起使用时,***条款3.3(2)***规定了上限值为 $460N/mm^2$。关于在组合构件中使用屈服强度超过 $355N/mm^2$ 的结构钢,已有大量的研究(Wakabayashi 和 Minami,1990;Hegger 和 Doinghaus,2002;Hoffmeister 等,2002;Morino,2002;Uy,2003;Bergmann 和 Hanswille,2006)。研究发现,当使用等级高于 S355 的钢材时需修正某些设计规定,以避免混凝土过早破碎。这适用于:

- 弯矩重分布[*条款5.4.4(6)*];
- 转动能力[*条款5.4.5(4a)*];
- 塑性抗弯承载力[*条款6.2.1.2(2)*];
- 柱的承载力[*条款6.7.3.6(1)*]。

热膨胀

为简单起见,Eurocodes 允许在绝大多数情况下使用单一值来表示钢、混凝土和钢筋的热膨胀系数。

对于结构钢,EN 1993-1-1 的条款3.2.6给出的值为 $12 \times 10^{-6}/℃$(在 Eurocodes 中也写为/K 或 K^{-1})。其后注释:为了计算组合结构中"非等温结构效应",系数可取值为 $10 \times 10^{-6}/℃$,该值是 EN 1992-1-1 条款3.1.3(5)规定的"在无更准确的信息"情况下普通混凝土的取值。

EN 1992-1-1 中未提及钢筋的热膨胀,可能是因为假设它与普通混凝土相同。对于组合结构中的钢筋,热膨胀系数应取为 $10 \times 10^{-6}K^{-1}$。这在 ENV 1994-1-1 中有说明,但不在 EN 标准中。

"轻质混凝土的热膨胀系数范围为 $4 \times 10^{-6}K^{-1} \sim 14 \times 10^{-6}K^{-1}$,EN 1992-1-1 的条款11.3.2(2)规定:设计中不需要考虑钢与轻质混凝土热膨胀系数之间的差异。"

但这里的"钢"表示钢筋,而不是结构钢。在混凝土和结构钢的温度可能显著不同的情况下,在组合构件设计中应考虑热膨胀系数取值与 $10 \times 10^{-6}K^{-1}$ 差异的影响。

3.4　连接件

3.4.1　一般规定

参考《Eurocode 3:钢结构设计　第1-8部分:节点设计》(EN 1993)(英国标准化协会,2005),以获得有关紧固件(例如螺栓)和焊接耗材的信息。对“其他类型的机械紧固件”的规定在EN 1993-1-3(英国标准化协会,2006)的条款3.3.2中给出。关于节点的描述见第8章和第10章。

3.4.2　栓钉剪力连接件

剪力栓钉是EN 1994-1-1 *条款6.6* 唯一给出详细规定的一种剪力连接件。任何其他连接方法必须满足*条款6.6.1.1*。而在钢翼缘上使用黏合剂不一定适用。

条款3.4.2 参照EN 13918《焊接——电弧螺柱焊接用螺柱和陶瓷套圈》(英国标准化协会,2003),其规定了焊接环焊缝的最小尺寸。其他固定栓钉的方法,例如旋进,可能无法提供足够大的环焊缝,使之适用于*条款6.6.3.1(1)*中给出的栓钉承载力。 ***条款3.4.2***

EN 13918中提到的栓钉等级包括极限抗拉强度范围为400 ~ 550N/mm^{2}的SD2和500 ~ 780 N/mm^{2}的SD3。*条款6.6.3.1(1)*规定的上限为500 N/mm^2。

仅当柱满足*条款6.7.4*,组合板满足*条款9.1.2.1*和*条款9.7*时,允许钢筋和混凝土之间通过粘结或摩擦力进行剪力连接。

3.5　建筑中组合板用的压型钢板

标题中注明了“建筑”是因为本条款和其他对组合板的规定不适用于组合桥梁。

压型钢板材料必须符合***条款3.5*** 所列标准。目前,对于各种压型钢板还没有欧洲标准。这些标准应包括压纹和压痕的公差,因为这些会影响纵向抗剪能力。*条款B.3.3(2)*中的试件给出的压纹公差,可提供一定指导。 ***条款3.5***

纯金属最小厚度一直存在争议,EN 1994-1-1国家附件,建议在英国使用的最小值为0.70 mm。根据*条款4.2(3)*,镀锌涂层总厚度约为0.04mm。

条款3.5(2) 参考了EN 10326,取代原来参考EN 10147。 ***条款3.5(2)***

参考文献

Anderson D, Aribert JM, Bode H and Kronenburger HJ(2000) Design rotation capacity of composite joints. *Structural Engineer* 78(6): 25-29.

Bergmann R and Hanswille G(2006) New design method for composite columns including highstrength steel. In *Composite Construction in Steel and Concrete V*(Leon RT and Lange J (eds)). American Society of Civil Engineers, New York, pp. 381-389.

British Standards Institution(BSI)(1997) BS 8110. Structural use of concrete. Part 1:

Code of Practice for design and construction. BSI, London.

BSI(2003) BS EN 13918. Welding - studs and ceramic ferrules for arc stud welding. BSI, London.

BSI(2005) BS EN 1993-1-8. Design of steel structures. Part 1-8: Design of joints. BSI, London.

BSI(2006) BS EN 1993-1-3. Design of steel structures. Part 1-3: Cold formed thin gauge membersand sheeting. BSI, London.

Hegger J and Dö inghaus P(2002) High performance steel and high performance concrete in composite structures. In *Composite Construction in Steel and Concrete IV* (Hajjar JF, Hosain M, Easterling WS and Shahrooz BM (eds)). American Society of Civil Engineers, New York, pp. 891-902.

Hoffmeister B, Sedlacek G, Müller Ch. and Kühn B(2002) High strength materials in composite structures. In *Composite Construction in Steel and Concrete IV*(Hajjar JF, Hosain M, Easterling WS and Shahrooz BM (eds)). American Society of Civil Engineers, New York, pp. 903-914.

Johnson RP and Huang DJ(1994) Calibration of safety factors γ_M for composite steel and concrete beams in bending. *Proceedings of the Institution of Civil Engineers*, Structures and Buildings 104: 193-203.

Johnson RP and Huang DJ(1997) Statistical calibration of safety factors for encased compositecolumns. In *Composite Construction in Steel and Concrete III*(Buckner CD and Sharooz BM (eds)). American Society of Civil Engineers, New York, pp. 380-391.

Morino S(2002) Recent developments on concrete-filled steel tube members in Japan. In *Composite Construction in Steel and Concrete IV*(Hajjar JF, Hosain M, Easterling WS and Shahrooz BM (eds)). American Society of Civil Engineers, New York, pp. 644-655.

Stark JWB(1984) Rectangular stress block for concrete. Technical paper S16, June. Drafting Committee for Eurocode 4 (unpublished).

Uy B(2003) High strength steel-concrete composite columns for buildings. P*roceedings of the Institution of Civil Engineers*: *Structures and Buildings* 156: 3-14.

Wakabayashi M and Minami K(1990) Application of high strength steel to composite structures. *Symposium on Mixed Structures*, *including New Materials*, Brussels. IABSE Reports 60: 59-64.

第 4 章　耐久性

本章涉及组合结构的耐久性。对应*第4章*,其中包含以下条款:

- 一般规定　　*条款4.1*
- 建筑中组合板用的压型钢板　　*条款4.2*

4.1　一般规定

EN 1990、EN 1992 和 EN 1993 的交叉引用几乎涵盖了组合结构耐久性的所有方面。EN 1990 条款 2.4 中与材料无关的规定要求设计者考虑 10 个因素,包括结构的预期用途、预期环境条件、设计标准、材料性能、特定保护措施、工艺质量和预期维护水平等。

EN 1992-1-1 条款 4.2 和条款 4.4.1 规定了暴露等级及混凝土保护层,注释中定义了结构类别。结构类别以及保护层的"可接受偏差"(公差)可在国家附件中进行修正,并在英国进行修正。英国国家附件提供了取决于混凝土成分的取值范围。EN 1992-1-1 条款 4.4.1.3 建议在最小保护层厚度上增加 10mm 的允许偏差,英国国家附件也同意该建议。

例如,多层停车场的混凝土面板将在反复潮湿和干燥的环境中受到氯化物的作用。对于这些条件(指定的 XD3 级),建议的结构等级为 4,给出 50 年使用年限下最小保护层厚度为 45mm 加上 10mm 公差。当采取适当的特殊质量保证措施时,总厚度 55mm 可以减小 5mm。

EN 1993-1-1 第 4 章涉及对钢结构进行防护处理。如果部件易受腐蚀,则需要进行检查和维护。这对于剪力连接件是不可能的,EN 1994-1-1*条款4.1(2)*参考了*条款6.6.5*,包括最小保护层厚度的规定。

4.2　建筑中组合板用的压型钢板

对于压型钢板,***条款4.2(1)P*** 要求防腐保护层适应环境。***条款4.2(2)*** 对 EN 10147的引用已取代为引用 EN 10326。　***条款4.2(1)P***　***条款4.2(2)***

条款4.2(3) 中的锌涂层"非常适用于非腐蚀性环境中的内板",这说明在多层停车场或靠海环境下使用其可能无法提供足够的耐久性。　***条款4.2(3)***

第5章　结构分析

结构分析可以分三个层次进行:整体分析、构件分析和局部分析。本章涉及整体分析,以确定梁和框架结构中的变形、内力和弯矩。对应第5章,包括以下条款:

- 结构分析建模　*条款5.1*
- 结构稳定性　*条款5.2*
- 缺陷　*条款5.3*
- 作用效应计算　*条款5.4*
- 横截面分类　*条款5.5*

在可能的情况下,对正常使用极限状态和承载能力极限状态的分析使用相同的方法。因此,通常在同一章中对两者进行规定更方便,而不是在第6章和第7章中分别规定。而对于组合板,所有规定,包括关于整体分析的规定,将在第9章中给出。

第5章和第6章(承载能力极限状态)对材料的区分并不总是很明显。计算竖向剪力显然是“结构分析”中的内容,但纵向剪力在第6章中。这是因为对建筑结构中梁的计算依赖于确定抗弯承载力的方法。然而,对于组合柱,在条款6.7.3.4中考虑了分析方法和构件缺陷。需要特别注意框架中的缺陷与柱的缺陷的区别,在条款5.4之后对其进行详细解释。整体分析流程图(见图5.1)包括第6章的相关规定。

第5章中没有关于采用有限元方法(FE)分析的具体规定,但有限元方法(FE)并没有被排除在外,起草标准时认为可以使用这些方法,而对于某些公认的计算结构行为的简化模型(例如“弯曲理论”),隐含在许多条款的措辞中。线-弹性有限元程序在某些方面是有用的,如寻找弹性临界屈曲荷载,但在其他分析中,忽略非弹性或塑性重分布会导致结果过于保守。

在使用非线性有限元程序的情况下,很难确定分析其是否符合 Eurocodes,也很难确定其结果正确与否。正如 Sandberg 和 Hendy(2010)等人在2010年关于结构工程规范的会议上所讨论的:应很好地理解软件的基本原理和局限性。

5.1　结构分析建模

5.1.1　结构建模及基本假定

EN 1990 给出了一般规定。所参照的条款实际上是说,模型应该是恰当的,并且基于成立的理论和实践,并且变量应该是相关的。

组合构件和连接装置通常应用在与其他钢结构相连的节点处。***条款5.1.1(2)***明确指出,这是*第5章*预想的结构类型,它们与EN 1993-1-1第5章中的规定一致,并且只要可能即可相互引用。当两章间存在显著差异时,参照此处。 *条款5.1.1(2)*

5.1.2 节点建模

*条款5.1.2(2)*所列的三种简化节点模型——简支、连续和半连续,即EN 1993给出的。Eurocodes中有关于钢结构节点建模的规定,即EN 1993-1-8(英国标准化协会,2005a)。对于组合结构节点,EN 1994-1-1*第8章*对EN 1993-1-8的规定进行了修正和补充。 *条款5.1.2(2)*

前两个节点模型(简支和连续)是钢框架梁-柱节点常用的两种模型。对于"简支"模型中的每个节点,必须选择名义转点相对于柱中心线的位置,即"名义偏心距",这决定了每个梁的有效跨度和每个柱中的弯矩。欧洲各地实际情况各不相同,EN 1993-1-1和EN 1994-1-1都没有给出名义偏心距的值。通过参考其他文献(非矛盾性补充信息,NCCI)在国家附件给出相应指南。英国国家附件给出了NCCI的通用参考文献,但没有对EN 1994-1-1的*第8章*或*附录A*的具体指导。

实际上,建筑结构中大多数节点既不是"简支的"(即"销钉式"的),也不是"连续的"。第三种模型——"半连续"节点模型,它因具有介于"简支"和"连续"之间的弯矩-转动特性,而适合于多数节点。该模型很少应用于桥梁,因此在***条款5.1.2(3)***中明确指出,对EN 1993-1-8的交叉引用只针对"建筑"。EN 1993-1-8的规定针对"主要承受静荷载的节点"[其条款1.1(1)]。它们适用于作用于建筑的风荷载,但不适用于EN 1993-1-9和*条款6.8*中所涵盖的疲劳荷载。 *条款5.1.2(3)*

对于组合梁,为了控制裂缝,需要将面板钢筋连续地穿过柱子,使得节点可以传递弯矩。为了使节点"对分析没有影响"[从EN 1993-1-8条款5.1.1(2)中对"连续"节点的定义来看],需要对钢结构进行大量的加强和加劲,这使得设计变得不经济。具有部分连续钢筋的节点通常是半连续的。进行结构分析首先需要计算节点性能,除非它们在"以前类似的情况下有实现满意性能的丰富经验"[EN 1993-1-8条款5.2.2.1(2),参考*条款8.2.3(1)*],或经试验证明可将其视为"简支"或"连续"。在第8章和第10章中可以看到,对半刚性节点的计算很多,因此这种前提在实践中很重要。

*条款5.1.2(2)*参照EN 1993-1-8的条款5.1.1,给出了半连续节点模型的术语。对于弹性分析,节点是半刚性的。它具有一定的转动刚度,并且设计承载力可能是"部分强度"或"整体强度",通常意味着会小于或大于连接梁的抗弯承载力。整体分析必须考虑梁和支撑柱之间每个连接("连接"是"节点"的一部分)处的集中转角,转角可以是弹性的或弹塑性的。在第8章和第10章中给出了例子。

5.2 结构稳定性

以下说明主要涉及梁-柱框架,并假设整体分析基于弹性理论。后面将讨论

条款5.4.3、*条款5.4.4* 和*条款5.4.5* 中的例外情况。所有的设计方法都必须考虑节点的初始位置(整体缺陷)和构件的初始几何形状(构件缺陷)误差、混凝土开裂的影响,以及受压构件的残余应力。

考虑或允许其中每一项的阶段将取决于所使用的软件,这导致*条款5.2*～*条款5.4* 中的一些复杂情况。

5.2.1 结构几何变形效应

EN 1990 的条款 1.5.6 定义了分析类型。在结构的初始几何形态上进行"一阶"分析。"二阶"分析考虑了结构的变形,变形是其荷载的函数。显然,二阶分析更具适用性。随着适用的软件越来越多,二阶分析是最直接的方法。不必考虑在

条款5.2.1(2)P *条款5.2.1(3)*

条款5.2.1(2)P 和***条款5.2.1(3)*** 中忽略二阶效应的准则。允许二阶效应的分析通常是迭代的,但通常迭代会通过软件实现。一些教材中描述了二阶分析方法,如 Trachair 等(2001)的著作。

二阶分析的一个缺点是叠加原理不再适用。作用组合的影响不能像在一阶分析中那样,通过将荷载分项系数应用到每种类型的荷载(永久荷载、风荷载等)中进行求和而计算得出。对每种荷载组合和荷载分项系数需单独进行二阶分析。

条款5.2.1(3)

条款5.2.1(3) 为使用一阶分析提供了基础。对特定的荷载组合和布置进行了检查。本条规定与 EN 1993-1-1 相应条款中的弹性分析相似。

在弹性框架中,二阶效应依赖于设计荷载与弹性临界荷载的接近程度。这是公式(*5.1*)的基础,式中 α_{cr}定义为"引起弹性失稳的系数"。这可以作为平衡分叉发生时的荷载分项系数。对于传统的梁-柱框架,假定框架不存在缺陷,通常在其最大设计值仅作用竖向荷载。这被一组使构件产生一组相同轴向力而没有任何弯曲的荷载代替。接着由特征值分析给出系数 α_{cr},按此施加荷载,此时框架的总体刚度会消失,而后发生弹性屈曲。

为了达到足够的精度,α_{cr}也可以通过荷载-变形的二阶分析来确定,非线性荷载-变形响应渐近地逼近弹性临界值。然而,使用这种方法通常是没有意义的,因为使用相同的软件来说明由于设计荷载引起的二阶效应会更简单。*条款5.2.2(1)* 中给出了确定 α_{cr}的一个更实用的方法。

与 EN 1993-1-1 中对应的条款不同,*条款5.2.1(3)* 中的验算不仅仅是为了得到侧移模式。这是因为*条款5.2.1* 不仅针对完整的框架有关,而且也针对各个组合柱的设计(参见*条款6.7.3.4*)。这样的构件可以保持不发生侧移,但发生弯曲时仍然会受到二阶效应的显著影响。

条款5.2.1(4)P

条款5.2.1(4)P 提示:分析需要考虑因混凝土开裂和徐变引起的结构刚度的降低以及节点可能的非线性影响。关于应如何做到这一点,*条款5.4.2.2*、*条款5.4.2.3* 和*条款8.2.2* 进行了详细阐述,程序如图 5.1b)～图 5.1d)所示。一般来说,这种效应依赖于内力和内力矩,因此需要迭代。可能需要人工干预,以在重复分析之前调整刚度值。不过,期望针对 EN 1994 编写更为先进的可自动考虑

这些效应的软件。设计人员也可以作出一定的假设，但要确保这些假设是保守的。例如，假设节点没有转动刚度（即形成简支组合梁）可能导致忽略由于开裂所致的梁刚度降低。整体横向刚度可能是保守的值，但这并不确定。然而，在刚性支撑框架分析中，通过假设节点为铰接且梁仅为钢截面，首先计算出 α_{cr} 值是值得的。很容易发现，采用一阶整体分析时，α_{cr} 值足够大。

进行弹性分析时，如果剪力连接同*条款6.6*一致，滑动和分离（隆起）的影响可以忽略［参见*条款5.4.1.1(8)*］。

5.2.2　建筑分析方法

条款5.2.2(1)引用了 EN 1993-1-1 条款 5.2.1(4)，其适用于对多种建筑结构进行二阶特性的简单验算。这只需要计算由于水平荷载引起的侧移，并且这些位移可由一阶分析确定。假定仅在柱内力与侧移相互作用的情况下，二阶效应才会有显著的影响。因此，只有在梁的轴向压缩不显著时，验算才有效。具体流程见图 5.1e)。 *条款5.2.2(1)*

即使二阶效应显著，***条款5.2.2(2)***也允许通过放大一阶分析的结果来确定这些效应。虽然没有给出进一步的信息，但是 EN 1993-1-1 条款 5.2.2(5) 描述了一种适用于框架的方法，前提是满足 EN 1993-1-1 条款 5.2.2(6) 的规定。 *条款5.2.2(2)*

条款5.2.2(3) ~ ***条款5.2.2(7)***涉及框架分析与单个构件稳定性之间的关系，提出了许多可能的情况。如果有相关软件，则*条款5.2.2(3)*为组合柱提供了方便的途径，因为根据*条款6.7*，柱的设计通常需要进行二阶分析。但是，通常情况下，整体分析时不会考虑任何局部效应，并且*条款5.2.2(4)*描述了设计者应如何进行分析。*条款5.2.2(5)*引用了 EN 1994-1-1 验算侧向扭转屈曲的方法，它允许构件有缺陷。这也适用于梁的局部屈曲和剪切屈曲，因此在整体分析中通常可以忽略梁的缺陷。 *条款5.2.2(3)* *条款5.2.2(4)* *条款5.2.2(5)* *条款5.2.2(6)* *条款5.2.2(7)*

在*条款5.2.2(6)*中，“受压构件”也指柱子，以及支撑系统和桁架中使用的组合构件。在本指南关于*条款5.5*、*条款6.2.2.3*、*条款6.4* 和*条款6.7* 的说明中对*条款5.2.2(3)* ~ *条款5.2.2(7)*作了进一步的解释。图 5.1a) 说明了如何对包括组合柱在内的平面框架进行整体分析和构件分析。

虽然*条款5.2* 明显适用于无支撑框架，但 EN 1994-1-1 中关于处理非弹性性能与几种可能的屈曲类型之间的相互作用方面是不全面的。为了对设计提供更多的指导，2000 ~ 2003 年，欧洲进行了两个关于侧移组合框架工程的研究。这项研究包括对节点和整体框架的静力和动力试验，以及设计方法的研发（Demonceau，2008；Demonceau 和 Jaspart，2010）。

无支撑钢框架可能会受到整体侧向屈曲和构件侧向扭转屈曲的影响。EN 1993-1-1条款 6.3.4 给出了一种设计方法（Ayrton-Perry 公式）。这种组合屈曲模式在复合框架中不太可能发生，所以 EN 1994-1-1 没有参考它。无支撑钢框架在组合框架中的应用已经得到了研究（Demonceau 和Jaspart，2010）。

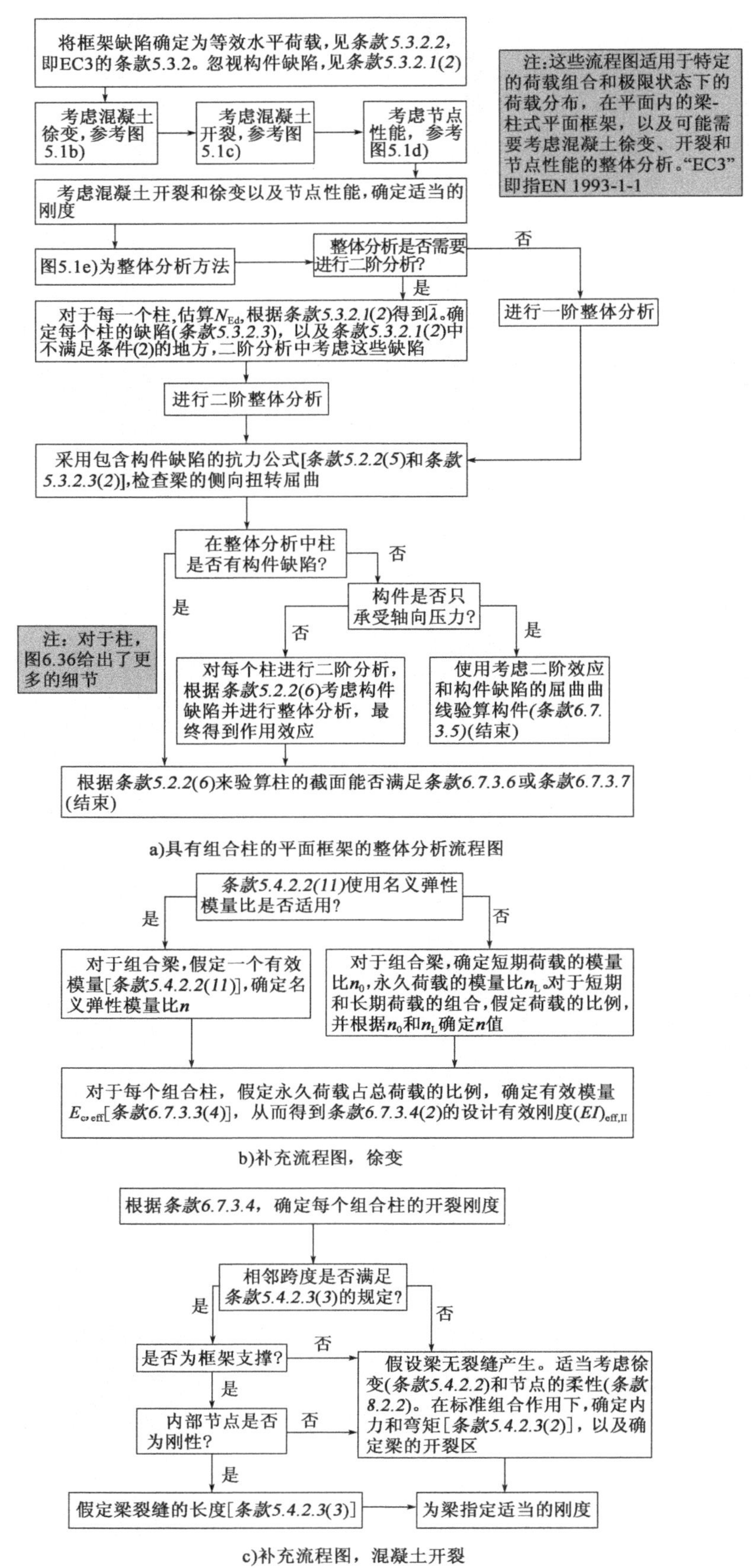
将框架缺陷确定为等效水平荷载,见条款5.3.2.2,即EC3的条款5.3.2。忽视构件缺陷,见条款5.3.2.1(2)
注:这些流程图适用于特定的荷载组合和极限状态下的荷载分布,在平面内的梁-柱式平面框架,以及可能需要考虑混凝土徐变、开裂和节点性能的整体分析。"EC3"即指EN 1993-1-1
考虑混凝土徐变,参考图5.1b)
考虑混凝土开裂,参考图5.1c)
考虑节点性能,参考图5.1d)
考虑混凝土开裂和徐变以及节点性能,确定适当的刚度
图5.1e)为整体分析方法
整体分析是否需要进行二阶分析?
否
是
进行一阶整体分析
对于每一个柱,估算N_{Ed},根据条款5.3.2.1(2)得到$\bar{\lambda}$。确定每个柱的缺陷(条款5.3.2.3),以及条款5.3.2.1(2)中不满足条件(2)的地方,二阶分析中考虑这些缺陷
进行二阶整体分析
采用包含构件缺陷的抗力公式[条款5.2.2(5)和条款5.3.2.3(2)],检查梁的侧向扭转屈曲
在整体分析中柱是否有构件缺陷?
否
是
构件是否只承受轴向压力?
否
是
注:对于柱,图6.36给出了更多的细节
对每个柱进行二阶分析,根据条款5.2.2(6)考虑构件缺陷并进行整体分析,最终得到作用效应
使用考虑二阶效应和构件缺陷的屈曲曲线验算构件(条款6.7.3.5)(结束)
根据条款5.2.2(6)来验算柱的截面能否满足条款6.7.3.6或条款6.7.3.7(结束)
a)具有组合柱的平面框架的整体分析流程图
条款5.4.2.2(11)使用名义弹性模量比是否适用?
是
否
对于组合梁,假定一个有效模量[条款5.4.2.2(11)],确定名义弹性模量比n
对于组合梁,确定短期荷载的模量比n_0,永久荷载的模量比n_L。对于短期和长期荷载的组合,假定荷载的比例,并根据n_0和n_L确定n值
对于每个组合柱,假定永久荷载占总荷载的比例,确定有效模量$E_{c,eff}$[条款6.7.3.3(4)],从而得到条款6.7.3.4(2)的设计有效刚度$(EI)_{eff,II}$
b)补充流程图,徐变
根据条款6.7.3.4,确定每个组合柱的开裂刚度
相邻跨度是否满足条款5.4.2.3(3)的规定?
是
否
是否为框架支撑?
否
是
假设梁无裂缝产生。适当考虑徐变(条款5.4.2.2)和节点的柔性(条款8.2.2)。在标准组合作用下,确定内力和弯矩[条款5.4.2.3(2)],以及确定梁的开裂区
内部节点是否为刚性?
否
是
假定梁裂缝的长度[条款5.4.2.3(3)]
为梁指定适当的刚度
c)补充流程图,混凝土开裂

图　5.1

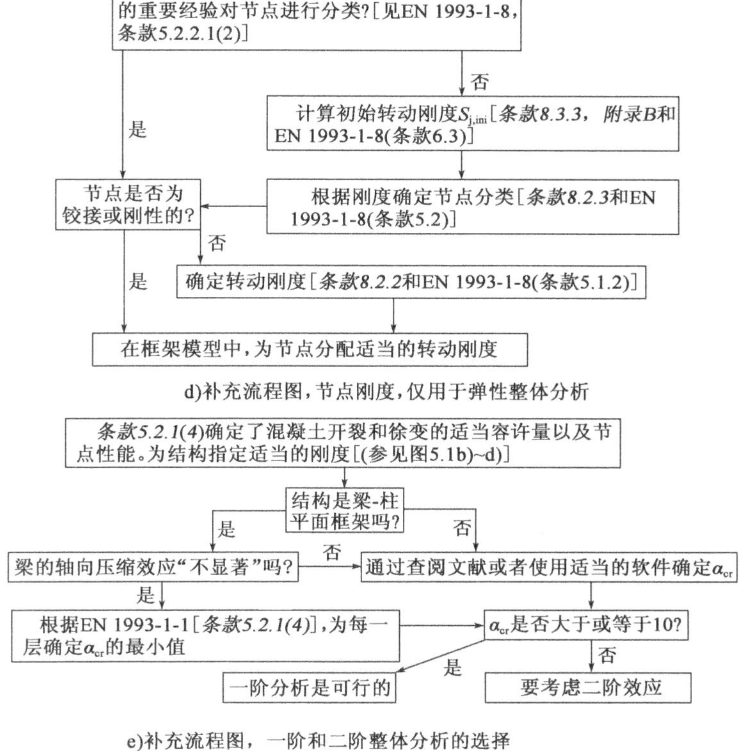

图 5.1　平面框架的整体分析

在竖向悬臂梁顶部施加荷载，为整体缺陷和构件缺陷之间相互作用的研究提供了范例。基于一个斜拉桥形式的索塔工程，Eurocode 2、Eurocode 3 和 Eurocode 4 中关于这种结构的方法给出了对比实例（Johnson，2010）。

5.3　缺陷

5.3.1　基本原则

条款5.3.1(1)P 列出了产生缺陷的原因，后续条款（以及*条款5.2*）描述了应该如何考虑这些原因。这可能包括在整体分析或验算承载力的方法中，如上所述。　条款5.3.1(1)P

*条款5.3.1(2)*要求缺陷应处于最不利的方向和形式。最不利的几何缺陷通常与最低屈曲模态具有相同的形状，有时这很难找到。但是可以假设，最不利的几何缺陷满足 Eurocode 中考虑构件缺陷影响的承载力验算方法（见*条款5.2.2* 的说明）。　条款5.3.1(2)

5.3.2　建筑缺陷

一般情况下，对组合框架需要有明确的几何缺陷处理方式。在 EN 1993-1-1 和 EN 1994-1-1 中，均取等效值而不是实测值[*条款5.3.2.1(1)*]，因为它们除考虑形状缺陷影响外，还考虑了残余应力。这些规范定义了框架整体侧移缺陷和单个构件（单跨梁或层间长度的柱）的局部弯曲缺陷。　条款5.3.2.1(1)

整体分析的目标通常是确定构件末端的作用效应。如有必要,随后进行构件分析,如图5.1a)所示。例如,确定由横向荷载引起的柱中局部弯矩。通常情况下,构件末端的作用效应受整体侧移缺陷的影响,但不受局部弯曲缺陷的影响。在EN 1993-1-1和EN 1994-1-1中,如果设计法向力N_{Ed}不超过简支构件欧拉临界屈服荷载的25%,则整体分析中可忽略弯曲缺陷对末端弯矩和力的影响[***条款5.3.2.1(2)***]。本条款对*条款5.2.1(2)*的引用是印刷错误,应该是参考*条款5.2.1(3)*。

条款5.3.2.1(2)

条款5.3.2.1(3)

条款5.3.2.1(4)

条款5.3.2.1(3)提示:验算单个组合柱时总是需要明确地处理弯曲缺陷,因为承载力公式仅适用于横截面计算,没有考虑这些缺陷造成的影响。***条款5.3.2.1(4)***参照EN 1993-1-1,提供了考虑钢柱缺陷的两种替代方法。一种方法是整体分析中包括所有缺陷,就像上面刚刚描述的针对组合柱的计算方法一样,不需要进行单独的稳定性验算。

另一种方法是大多数设计人员都很熟悉的:在整体分析中不考虑构件缺陷,各构件的稳定性由整体分析得到的弯矩和力,用考虑缺陷的屈曲公式进行验算。

整体缺陷

条款5.3.2.2(1)

条款5.3.2.2(1)引用了EN 1993-1-1条款5.3.2。由此给出整体侧移缺陷值,阐述了如何用等效水平力取代缺陷,并允许当实际水平力(如风的影响)相比设计竖向荷载大(如大于15%)时,可忽略这些缺陷。

构件缺陷

条款5.3.2.3(1)

条款5.3.2.3(1)引用了*表6.5*,表中给出了设计直构件的中点弯曲幅度。假设弯曲曲线是半个正弦波还是圆弧,没有多大区别。这些单曲率形状的假设与弯矩图的形状无关,但设计人员必须确定构件弯曲发生在哪一侧。

5.4 作用效应计算

5.4.1 整体分析方法

EN 1990定义了几种可能适用于承载能力极限状态的分析方法。对于建筑结构整体分析,EN 1994-1-1给出了4种方法:线弹性分析(有或没有重分布)、非线性分析和刚塑性分析。***条款5.4.1.1***对几种方法的共同问题给出了指导。

条款5.4.1.1

条款5.4.1.1(1)

考虑经济性,采用塑性(矩形应力区)理论来验算截面承载力。在这种情况下,***条款5.4.1.1(1)***允许通过弹性分析来确定作用效应;对于组合结构,该方法的应用最为广泛。

条款5.4.1.1(2)

条款5.4.1.1(2)明确指出,对于正常使用极限状态,宜采用弹性分析。线弹性分析基于线性应力/应变规律。但对于组合结构,需要考虑混凝土的开裂(*条款5.4.2.3*)。其他可能的非线性效应包括半连续节点的柔性(*第8章*)。

条款5.4.1.1(5)

条款5.4.1.1(6)

条款5.4.1.1(4)

对于***条款5.4.1.1(5)***和***条款5.4.1.1(6)***中的局部屈曲和*条款5.4.1.2*中混凝土的剪力滞,给出了符合***条款5.4.1.1(4)***的原则的方法,这需要参考截面类型。这是考虑钢构件受压局部屈曲的一种常用方法,它确定了适用的整体分析方法和计算抗弯性能的一般原则。截面分类的确定见条款5.5。

有几个原因可以解释为什么整体分析方法和承载力计算方法之间明显的不兼容能被接受,(Johnson 和 Fan, 1988;Johnson 和 Chen, 1991),如条款5.4.1.1(1)所述。由于承载力基于弹性模型求得,所以对于3类截面没有差异。对于4类截面(在达到屈服前会发生局部屈曲),条款5.4.1.1(6)参考了EN 1993-1-1条款2.2,该条款一般参考《板结构》(EN 1993-1-5)(英国标准化协会,2006a),其定义了在整体分析中可以忽略剪力滞和局部屈曲影响的情况。

条款5.4.1.1(7) 反映了对螺栓孔和连接装置滑移的普遍关注,EN 1993-1-1 同样如此。对于组合节点,条款A.3给出了一种考虑相邻剪力连接件变形的方法。 条款5.4.1.1(7)

对于组合梁,必须按照条款6.6布置剪力连接。因此,**条款5.4.1.1(8)** 允许在假定完全剪力连接的情况下确定内力和弯矩。对于组合柱,条款6.7.3.4(2)给出了用于整体分析的有效抗弯刚度。 条款5.4.1.1(8)

混凝土翼缘的剪力滞及有效宽度

可通过数值分析确定未开裂弹性翼缘有效宽度的精确值。它们受到许多参数的影响,并且在每跨上有显著的变化。混凝土的非弹性和开裂都会增加有效宽度值。对于梁的抗弯性能,这种因未开裂弹性翼缘对有效宽度的低估是偏保守的,因此标准中的值通常是基于弹性结果给定的。

条款5.4.1.2 中给出的简化值与BS 5950-3-1:1990(英国标准化协会,2006b)和BS ENV 1994-1-1:1994(英国标准化协会,1994)中使用的值非常相似。钢筋混凝土T梁的数值一般低于EN 1992-1-1中的值。采用上述值通常会增加剪力连接件的数量。没有证据表明有效宽度越大越准确,对于组合梁,大多保留已有的数值。 条款5.4.1.2

有效宽度由反弯点之间的距离得到。EN 1992-1-1中,正弯和反弯区域的距离之和等于梁的跨度。在实际应用中,反弯点的确定由荷载布置情况决定。EN 1994-1-1因此在内支座处给出了一个更大的有效宽度,以反映该截面临界荷载布置下反弯点间距离更大。在正弯区域中,两种标准中对反弯点间距离的假定是相同的。

虽然支座和跨中区域有效宽度差异很大,但在弹性整体分析中可以忽略这一点[**条款5.4.1.2(4)**],因为剪力滞对结果的影响有限。 条款5.4.1.2(4)

对建筑中有关剪力连接件占据整个钢翼缘宽度的情况,与早期标准稍有不同。**条款5.4.1.2(5)** 允许将该宽度包含在有效区域内,或者也可以忽略它[条款5.4.1.2(9)]。 条款5.4.1.2(5)

条款5.4.1.2(8) 提示:图5.1是基于连续梁的。虽然条款6.1.2和条款8.4.2.1(1)参考了它,但条款5.4.1.2并没有定义靠近端柱的组合翼缘的有效抗弯宽度,图5.1中的 $b_{eff,0}$ 值可能是不保守的。条款8.4.2.1建议使用拉-压杆模型。对于负弯矩作用,受拉纵向钢筋应锚固在柱上(见图8.2)。已有这方面的相关研究(Demonceau 和 Jaspart, 2010)。 条款5.4.1.2(8)

例5.1:混凝土翼缘的有效宽度

所用的符号和方法同条款*5.4.1.2*。如图5.2所示,一个由两跨和一个悬臂组成的均匀截面连续梁。对跨中区域*AB*和*CD*、支座区域*BC*、*DE*以及*A*点,需要b_{eff}的值。

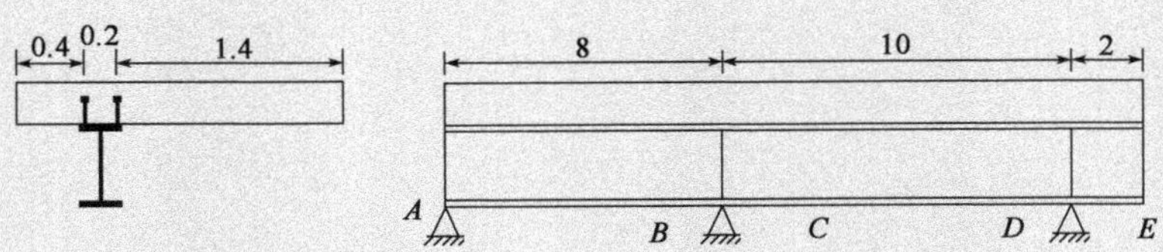

图5.2 算例:有效宽度

计算结果如表5.1所示。整体分析可基于由*AB*和*CD*计算结果所得的刚度,但它们之间的差异太小,因此构件*ABCDE*可按均匀截面梁进行分析。

组合T梁混凝土翼缘的有效宽度 表5.1

	区域				
	AB	*BC*	*CD*	*DE*	支座*A*
L_e(见图5.2)(m)	6.80	4.50	7.00	4.00	6.80
$L_e/8$(m)	0.85	0.56	0.88	0.50	—
b_{e1}(m)	0.40	0.40	0.40	0.40	0.40
b_{e2}(m)	0.85	0.56	0.88	0.50	0.85
b_{eff}(m)	1.45	1.16	1.48	1.10	1.23

对支座*A*,由式(*5.4*)和式(*5.5*)算得的结果为1.23m。如果对一个半刚性或刚性节点,计算梁的抗弯承载力时则结果可能偏大。

5.4.2 线弹性分析

在*条款5.4.5*中对使用刚塑性整体分析(塑性铰分析)的限制是很大的,因此对于组合框架常常使用线弹性整体分析。

徐变和收缩

条款5.4.2.2

条款5.4.2.2与英国以往的做法有些不同。混凝土在短期荷载作用下的弹性模量E_{cm}是混凝土强度等级和密度的函数。对于普通混凝土,C20/25为30kN/mm²,C60/75为39kN/mm²。对于结构钢,E_a为210kN/mm²,短期模量比由$n_0 = E_a/E_{cm}$算得,取值范围为7~5.3。

图5.1b)说明了考虑组合框架构件徐变的流程。永久荷载的模量比可以通过初步的整体分析得到,但在许多情况下,其可以通过更简化计算来估算。

对于可采用一阶整体分析的建筑结构中的组合梁,*条款5.4.2.2(11)*允许在短期和长期荷载下将模量比取为$2n_0$——这是一种在BS 5950中未给出的重要的简化,例外之处在于:

■ *条款5.2*要求进行二阶整体分析的结构;

■ 主要用于仓储的建筑结构；

■ 通过“控制外加变形”施加预应力的结构。例如，在翼缘周围浇筑混凝土之前，通过顶升使钢梁弯曲。

当*条款5.4.2.2(11)*的条件不适用时，用于分析长期荷载效应的模量比 n_L 取决于加载类型和徐变系数 φ_t。该系数既取决于混凝土在第一次荷载作用下的龄期 t_0，也取决于分析中考虑的龄期（通常被认为是无穷大）。

对于有两层组合翼缘的构件，不能使用这种方法。但是，由于这种情况主要发生在桥梁中，所以在 EN 1992-1-1 中没有给出替代方法。

虽然*条款5.4.2.2(4)*规定了收缩影响的加载龄期为 1 天，但***条款5.4.2.2(3)***允许假定 t_0 的一个平均值。例如，如果楼板采用无支撑施工，则认为 t_0 为楼板可以承受非常见外加荷载的龄期，这些非常见外加荷载可以是施工荷载。 *条款5.4.2.2(3)*

假设龄期是（例如）2 个星期还是 2 个月会有很大不同。由*条款5.4.2.2(2)*可知，对普通混凝土参照 EN 1992-1-1 的条款 3.1.4，假设 C25/30 等级混凝土使用普通水泥，建筑实行集中供暖，因而适用于“室内条件”，并使用混凝土平均厚度为 100mm 的组合楼板。只有一面楼板暴露在干燥环境中，所以理论厚度是 200mm。t_0 从 14 天增加到 60 天，则徐变系数从 3.0 降低到 2.1 左右。

下式中的符号 ψ_L 表示了荷载类型的影响：

$$n_L = n_0(1 + \psi_L \varphi_t) \tag{5.6}$$

考虑这一点的原因如图 5.3 所示。该图显示了混凝土压应力随时间变化的三条示意曲线。最上面一条标记为 S 的曲线，是由收缩随时间增加而引起的典型应力曲线。混凝土初期更容易发生徐变，所以由永久荷载所致的更均匀应力而产生的徐变更小（曲线 P）。混凝土初期，徐变可显著减少外加变形的影响，曲线类型为 ID。对这三种类型的荷载，徐变放大系数 ψ_L 值分别为 0.55、1.1 和 1.5。永久荷载作用下，钢筋混凝土的 ϕ_L 值为 1.0。组合结构中钢构件不发生徐变，组合构件的徐变系数提高到 1.1。这是因为组合结构的混凝土中由徐变引起的附加应力比钢筋混凝土构件更小，徐变更大。

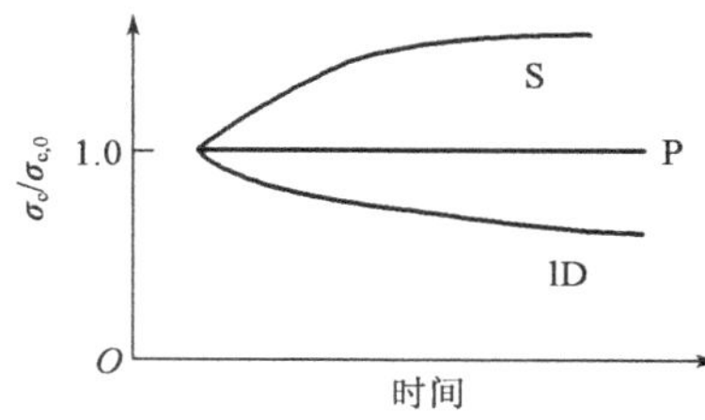

图 5.3　三种荷载作用下混凝土的时变压应力

这些应用性规定主要基于对不同尺寸和比例的大量组合梁理论研究（Haensel，1975），而且发现相比建筑结构，在组合结构桥梁设计中应用更多。

条款5.4.2.2(6)所述的“由徐变引起的与时间相关的次生效应”不太可能发生在建筑中。它们的计算相当复杂，Johnson 和 Hanswille（1998）通过一个例子对 *条款5.4.2.2(6)*

此进行了解释。

对于柱中的徐变,*条款5.4.2.2(9)*引用了*条款6.7.3.4(2)*,*条款6.7.3.4(2)*又参考了*条款6.7.3.3(4)*中给出的混凝土有效模量。如果要对长期和短期效应分别进行分析,可以使用*条款6.7.3.3(4)*,假设永久荷载与总荷载的比值分别为1.0和0。

混凝土的收缩

为了确定收缩应变,应参考*条款3.1*的条文说明。除非是在非常高的结构中,否则柱的影响是不重要的。在钢构件顶部带混凝土板的梁中,收缩将导致梁的正弯曲。这就是它的"主要效应",当混凝土板沿着厚度方向产生贯穿裂缝时,该效应减小到几乎为零。

在连续梁中,收缩导致的一次弯曲效应与支承水平是不协调的,由于支承反力的变化而产生的弯矩抵消了这种影响,弯矩在中间支承处增大,在端支承处减小。弯矩和相应的剪力是收缩的"次生效应"。

条款5.4.2.2(7)

条款5.4.2.2(7)允许在承载能力权限状态下,1类或2类所有截面的梁的承载能力极限状态下忽略这两种效应,除非其抗弯承载力因侧向扭转屈曲而降低。这种限制是很重要的。***条款5.4.2.2(8)***允许忽略开裂区域的一次弯曲(Johnson,1987)。这使得确定次生效应变得复杂,因为必须找到开裂区域的范围,这样就成了非均匀截面梁。不采用这种方法可能更简单,尽管在内支座处的次生负弯矩会更高。作为永久效应,这些弯矩会纳入所有的荷载组合,且通常会影响一个可能是关键区域的设计。

条款5.4.2.2(8)

由于徐变,收缩的长期效应明显降低。在上面的示例中,混凝土徐变$t_0=14$天时,$\varphi_t=3$。对于收缩,$t_0=1$天,EN 1992-1-1条款3.1.4给出的$\varphi_t=5$,式(5.6)给出了模量比为:

$$n_L=n_0(1+0.55\times5)=3.7n_0$$

如果需要考虑混凝土第一年内或浇筑后的收缩效应,相关的自由收缩应变的数值可由EN 1992-1-1条款3.1.4(6)中获得。

在承载能力极限状态下考虑收缩效应时,需要一个分项系数。EN 1992-1-1条款2.4.2.1(1)推荐$\gamma_{SH}=1.0$,这已在英国国家附件中得到确认。

第7章讨论了收缩对正常使用验算的影响,分项系数为1.0。

混凝土开裂效应

条款5.4.2.3

条款5.4.2.3适用于正常使用极限状态和承载能力极限状态,具体流程见图5.1c)。

在钢梁截面上有混凝土板的普通组合梁中,混凝土开裂降低了负弯矩区域的抗弯刚度,但对正弯矩区域抗弯刚度的影响不大。弹性整体分析中需要考虑相对刚度的变化,这与钢筋混凝土结构的分析不同,钢筋混凝土结构在正弯矩和负弯矩区域都会出现裂缝,可以假定未开裂的截面在整个分析过程中的抗弯刚度保持不变。

EN 1994-1-1 提供了几种不同的考虑梁开裂的方法。这是因为它的范围是“一般”和“房屋建筑”。**条款5.4.2.3(2)** 提供了一种通用方法，紧接着在**条款5.4.2.3(3)** 中采用了一种适用范围有限的简化方法。对于建筑结构，*条款5.4.4* 单独给出了进一步的方法。 **条款5.4.2.3(2)** **条款5.4.2.3(3)**

在通用方法中，第一步是确定梁的预期开裂程度。对作用标准组合，假定截面未开裂，同时包括长期效应，来计算弯矩包络图和剪力包络图。当混凝土纤维极限拉伸应力超过 EN 1992-1-1 给出的轴向抗拉强度平均值的2倍时，假定截面“开裂”。然后对这些截面采用开裂刚度，并对结构进行重新分析。这就要求将有开裂区域的梁视为非均匀截面梁。

条款1.5.2 定义了“未开裂”和“开裂”的抗弯刚度 E_aI_1 和 E_aI_2。计算 I_1 时通常忽略钢筋。

在纤维极限应力达到混凝土抗拉强度的2倍后，刚度才会降低到“开裂”值，原因如下：

■ 混凝土的强度可能比规定的要大；

■ 在混凝土板表面抗拉强度达到 f_{ctm} 时，不会导致板直接开裂，即便开裂，初始开裂阶段拉伸硬化效应也是很显著的；

■ 钢筋屈服后，由于裂缝间的拉伸硬化，开裂区域的刚度会大于 E_aI_2；

■ 计算使用的是弯矩包络图，任何特定荷载下板的受拉区域范围都要广一些。

条款5.4.2.3(3)～**条款5.4.2.3(5)** 提供了一种非迭代的方法，但只适用于某些情况，包括传统的连续组合梁和支撑框架梁。对通过弯曲来抵抗风荷载的框架，开裂区域与假设值存在显著差异。如果条件不满足，应使用*条款5.4.2.3(2)* 的通用方法。 **条款5.4.2.3(3)** **条款5.4.2.3(4)** **条款5.4.2.3(5)**

开裂会影响框架的刚度，因此需要在一阶分析的使用准则中考虑开裂[*条款5.2.1(3)* 和*条款5.2.2(1)*]。对条款5.4.2.3(3)范围内的支撑框架，梁的开裂区域是固定的，柱的有效刚度由*条款6.7.3.4(2)* 给出。弹性临界系数的对应值 α_{cr} 可以在分析设计荷载作用之前确定。之后有必要验算是否可以忽略二阶效应。

对于无支撑框架，开裂的程度只能通过在设计荷载下的分析来确定。因此，在校核准则之前，需要进行这种分析。更直接的方法是进行二阶分析，而不是尝试去证明它是否十分必要。当需要进行二阶分析时，严格意义上讲，梁开裂程度应考虑二阶效应。然而，由于这一程度是基于标准组合下的内力和力矩包络图，这些效应可能并不显著。

条款5.4.2.3(5) 中的“外包”是参照*条款6.1.1(1)P* 中定义的部分外包梁。完全外包梁已超出 EN 1994-1-1 的适用范围。

温度效应

条款5.4.2.5(2) 规定的温度效应[EN 1991-1-5(英国标准化协会,2003)]对 **条款5.4.2.5(2)**

于特定情况,分析时通常可以忽略不计。这些情况不多,因为它适用于所有的组合结构,而不仅仅是建筑。它为选择不受侧向扭转屈曲影响的梁截面提供了进一步的诱因。

对 EN 1990(英国标准化协会,2005b)附录 A1 中建筑作用组合系数 ψ 的研究表明,对于多数项目,温度效应不会影响设计。这由一个办公区建筑 B 类楼层因外加荷载(Q)和温度(T)共同作用下的设计作用效应说明,类似的注释也适用于其他作用组合和其他类型的建筑。

表 5.2 列出了 EN 1990 条款 A1.2.2(1)中建议的组合系数,并在英国国家附件中得到确认。对承载能力极限状态,考虑用通常的符号和推荐的 γ_F 系数的组合,如下:

$1.35G_k + 1.5(Q_k + 0.6T_k)$ 和 $1.35G_k + 1.5(T_k + 0.7Q_k)$

外加荷载和温度的组合系数 表 5.2

作　用	ψ_0	ψ_1	ψ_2
外加荷载,B 类建筑	0.7	0.5	0.3
建筑温度(非火灾)	0.6	0.5	0

第二类,对 $T_k > 0.75Q_k$ 的情况,以 T 为主导。通常,温度引起的作用效应远小于外加荷载引起的作用效应,第一个组合中加入 T 引起的附加作用效应并不显著。

对于正常使用极限状态,很大程度上取决于实际工程。EN 1990 条款 3.4(1)P 的注 2 规定:"通常每个单独的工程都要满足正常使用需求"。同样,EN 1990 附录 A1 的条款 A1.4.2(2)对建筑规定:"对于每个工程,应规定正常使用准则,并征得客户同意"。

注:正常使用极限状态标准可由国家附件定义。

在 EN 1990 中,有三种作用组合用于正常使用极限状态:标准组合、频遇组合和准永久组合。第一种采用与承载能力极限状态相同的组合系数 ψ_0,因此上面的说明也适用。准永久组合通常用于不包括温度在内的长期效应。

对于频遇组合,替换为:

$G_k + 0.5Q_k$ 和 $G_k + 0.5T_k + 0.3Q_k$

后者只适用于 $T_k > 0.4Q_k$ 的情况。

这个例子表明,T 的效应不太可能影响建筑验算,除非在某些构件中温度是最主要的作用,如在一些工业建筑中。

通过控制外加变形施加预应力

条款5.4.2.6(2)

条款5.4.2.6(2) 重点关注需要考虑变形和刚度偏离其预期值的影响。如果变形受到控制,*条款5.4.2.6(2)* 允许从变形的标准值或名义值计算由这种预应力形式产生的内力和弯矩的设计值,而该变形值通常为预期值或实测值。

未指定所需的控制本质,应考虑结构对任何变形误差的敏感性。

建筑中很少采用顶升支座的方法来施加预应力，因为该方法后续预应力的损失会很大。

5.4.3　非线性整体分析

条款5.4.3 对其参考的 EN 1992-1-1 和 EN 1993-1-1 中的相应条款的补充很少。这些条款提供了适用于不符合*条款5.4.2*、*条款5.4.4*或*条款5.4.5* 的任何整体分析方法的规定（大多是原则性规定）。例如，它们与有限元方法的使用有关。 *条款5.4.3*

Eurocodes 中“非线性”这一术语的使用存在一些不一致。EN 1990 的条款1.5.6.6和条款1.5.6.7 标注说明了条款1.5.6.6～条款1.5.6.11 中定义的所有整体分析方法（包括“塑性”方法）在 Eurocode 术语中都是“非线性”的。这些条款中的“非线性”是指材料的变形特性。

通过进行“二阶分析”，适度的几何非线性是允许的，例如在组合结构中可能发生的非线性。可能发生的更大变形需要进行特殊处理，例如在一些斜拉桥结构中的变形。

在 EN 1993-1-1 条款5.4 中，整体分析不是“弹性的”就是“塑性的”，“塑性的”包括几种非线性分析。选择这些备选方法时应考虑到 EN 1994-1-1 *第8章*中给出的组合节点的特性。

条款5.4.3(1) 参考 EN 1992-1-1 的条款5.7 的“非线性分析”，增加了少许新信息。 *条款5.4.3(1)*

在 EN 1994-1-1 中，非线性分析（*条款5.4.3*）和刚塑性分析（*条款5.4.5*）被视为单独的整体分析类型，因此遵循*条款5.4.5* 时*条款5.4.3* 不适用。“非线性”一词也用于一种承载力的类型（*条款6.2.1.4*）。

在***条款5.4.3(3)P*** 中，在原则性规定中使用“宜”是一种起草错误。CEN TC 250/SC4 于2007 年同意将其替换为“应”。 *条款5.4.3(3)P*

5.4.4　建筑的有限重分布线弹性分析

在混凝土结构和组合框架结构设计中，利用线弹性理论计算的弯矩重分布的概念得到了很好的应用。它对非弹性行为的容许度是有限的，并使设计弯矩包络图（从所有相关的可变荷载排列中得到）减少。在组合梁中，通常在跨中区域的抗弯承载力比在内支座处更高。跨中处的抗弯刚度有时比内支座处的高得多，因此“未开裂”的整体分析高估了连续梁的负弯矩。本条款的流程图如图5.4 所示。

条款5.4.4(4) 中，流程图的适用范围是“除疲劳以外的其他承载能力极限状态”。但*条款5.4.4(1)*不仅允许“除疲劳以外的承载能力极限状态”考虑重分布，并且允许在正常使用分析中考虑重分布。关于正常使用应力计算，*条款7.2.1(1)P* 考虑了钢的非弹性行为的影响，但是*第7章*没有提到弯矩的重分布。对于需要限制应力（疲劳、施加预应力、顶升支座）以及正常使用荷载弹性分析达到屈服等非常见情况下，宜找到一种更好的考虑重分布的方法，而不是任意指定。

屈服对挠度的影响见*条款7.3.1(7)*。屈服折减系数基本适用于未重新分布的弯矩。

一般来说,在正常使用极限状态分析中,宜避免弯矩重分布。

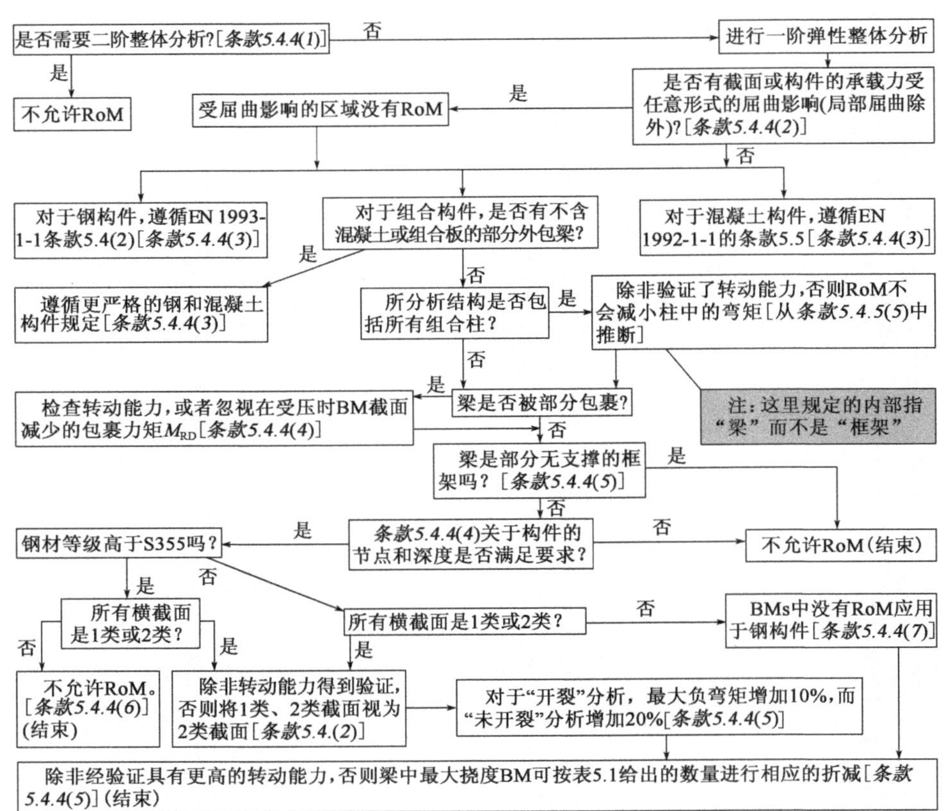

注:在线弹性整体分析基础上,该图适用于承载能力极限状态验算,而不适用于疲劳验算。
(RoM:弯矩重分布;BM:弯矩)

图5.4 弯矩重分布流程图

条款5.4.4(1)

条款5.4.4(1)指的是“连续梁和框架”中的重分布,但没有提及组合柱。在框架梁-柱交接处,由于与梁的相互作用,柱中通常存在弯矩。梁的重分布可以通过假定它在简支座上是连续的来完成。如果减小了负弯矩,柱中的弯矩宜保持不变。如果增加了负弯矩,柱中的弯矩宜按比例增加。

该条款适用于二阶效应不显著的情况。非弹性行为导致刚度损失,但EN 1994-1-1在确定该条款是否适用时未要求考虑这一点。虽然使用公式(*5.1*)作为具有等强节点的钢框架刚塑性整体分析的准则有相当多的经验,但是为了考虑材料的非线性特性,EN 1993-1-1的条款5.2.1(3)给出了更严格的限制:$\alpha_{cr} \geqslant 15$,这个限值是一个国家定义参数,并在英国国家附件中可有条件地降低。EN 1994-1-1保留了$\alpha_{cr} \geqslant 10$,但宜考虑混凝土的开裂、徐变以及节点性能。

条款5.4.4(2)

条款5.4.4(2)的一个要求是重分布应该考虑“所有类型的屈曲”。如果腹板的抗剪能力减小到低于塑性值$V_{pl,Rd}$,以考虑腹板屈曲,并且横截面不是4类,则在重分布之前将其按竖向剪力设计或将其视为4类截面更保守。

虽然*条款5.4.4*的规定与BS 5950-3-1中条款5.2.3.1的规定相似,但存在很大差异。其中一些是因为英国标准的范围仅限于普通建筑结构中的常规组合梁。

Eurocode 规定不适用于：

1 需要进行二阶整体分析时；

2 正在验证疲劳极限状态过程中的情况；

3 结构为无支撑框架体系的情况；

4 节点采用半刚性或局部强度连接的情况；

5 梁被部分外包，除非转动能力足够或忽略外包受压部分的情况；

6 梁高在一个跨度内变化时；

7 钢梁截面为 3 类或 4 类的，钢材等级高于 S355；

8 梁的承载力减小，以考虑侧向扭转屈曲时。

现简要解释这些例外的原因：

■ 重分布是由于非弹性性能的出现，这样会降低结构的刚度并威胁到结构稳定性；

■ 疲劳验算是建立在弹性分析基础上的；

■ *表5.1* 给出的重分布数值建立在考虑梁仅受重力荷载作用的基础上；

■ *表5.1* 给出的重分布数值考虑了组合梁的非弹性行为，但是并没有考虑半刚性或者部分强度节点的弯矩-转动特性；

■ 外包混凝土的压溃可能会限制实现重分布所需的转动能力，对部分外包梁，重分布限值可由针对钢构件或混凝土构件的规定得到，不管哪一个，只要约束性更强[***条款5.4.4(3)***]；

条款5.4.4(3)

■ *表5.1* 给出的重分布数值只针对等截面的组合梁；

■ 高等级钢材对应的更高应变也许会增加实现重分布所需的转动；

■ 侧向扭转屈曲可能会限制有效的转动能力。

最后一个条件可以是强制性的，因为它适用于$\overline{\lambda}_{LT}>0.2$时（见*条款6.4.2*），对于使用轧制或等效的焊接钢截面的组合梁，EN 1993-1-1 条款 6.3.2.3(1) 注释中给出的推荐值为$\overline{\lambda}_{LT}>0.4$。英国国家附件针对轧制和某些空心截面确认了这一点，对于焊接截面则仍为 0.2。

上面的条件在*表5.1* 中采用百分比的形式，只针对梁适用。但是不宜由此推断当结构不满足其中的一条或几条时就不会发生重分布。有必要说明的是提出的任何重分布都应满足*条款5.4.4(2)*的要求。

在均布荷载作用下，重分布通常从梁的负弯矩区到正弯矩区发生（当然除了在靠近悬臂的一端）。*表5.1* 中重分布的限值都来自使用早期规范的大量经验和试验研究，而且都经过基于 Eurocode 4 的 2 类截面（Johnson 和 Chen，1991）及 3 类截面（Johnson 和 Fan，1988）梁的参数研究验算。

表5.1 中对“未开裂”分析的限值与 BS 5950（英国标准化协会，2010）相同，但是对于 1 类或者 2 类截面梁的“开裂”分析多约束了 5%。这反映出与这类梁采用弹性分析计算得到的弯矩相比，开裂导致的差异更接近 15%，而不是 10%（Johnson 和 Buckby，1986）。

EN 1994-1-1 没有提到对1类截面细分到“无钢筋”,对该类截面,BS 5950-3-1 中允许最高达50%的重分布。EN 1994-1-1 允许使用这种截面,*条款5.5.1(5)*中规定最小配筋仅当在计算抗弯承载力时考虑组合作用才适用。非加强横截面的承载力只是钢构件的承载力。

*条款5.4.4.3(b)*中对钢构件重分布的参考文献里面那些后来都没有成为组合结构。

条款5.4.4(4) 由***条款5.4.4(4)***(Johnson 和 Huang,1995),通过弹性整体分析发现对塑性抗弯承载力的作用效应[*条款5.4.1.1(1)*],意味着容许从内部支撑到跨中的弯矩重分布,但不是必需的。

在存在较大点荷载的位置,特别是对相邻跨不等长的情况,需要对支座到跨中区域进行重分布。

条款5.4.4(5) ***条款5.4.4(5)***在一定的程度上允许这样。

当采用无支撑施工或者使用3类或4类截面的组合构件时,宜考虑施工顺序产生的影响。

条款5.4.4(7) 由于*表5.1*允许组合梁中的非弹性行为,所以***条款5.4.4(7)***限制了这些由组合作用引起的弯矩重分布。对1类或2类截面梁没有这种限制,因为这时的抗弯承载力是由塑性分析决定的,因此与荷载的施加顺序无关。

*表5.1*中给出的限值对高性能混凝土可能无效(Demonceau 和 Jaspart,2010),这是*条款3.1(2)*限制混凝土强度等级的原因。

5.4.5 建筑刚塑性整体分析

在英国,塑性铰分析被称为“刚塑性分析”,因为它是建立在构件对弯矩的响应或刚性(无变形)或塑性(在恒定弯矩下转动)这一假定的基础上的。EN 1990 中条款1.5.6定义的其他类型的非弹性分析涵盖于*条款5.4.3*中。图5.5展示了典型的“弯矩-曲率”曲线。对这些曲线没有给出应用性规定,因为需要专门编写计算机程序。

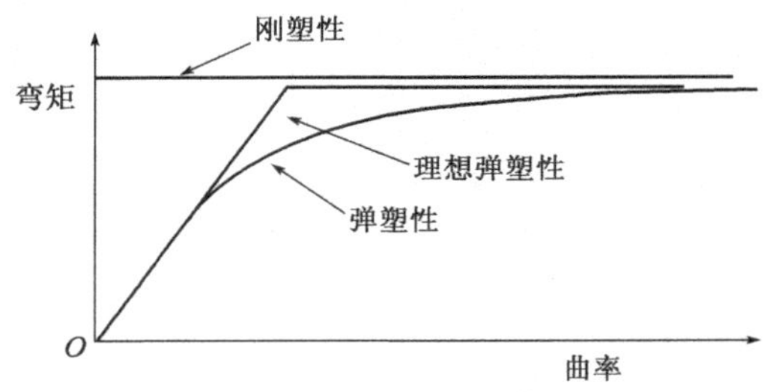

图5.5 对于几种不同类型的整体分析的弯矩-曲率曲线

这些其他方法可能比刚塑性分析准确,但仅在应力-应变曲线真实且考虑了纵向滑移的情况下,如*条款5.4.3(2)P*所要求。

条款5.4.5 考虑到***条款5.4.5***中的交叉引用,允许使用刚塑性整体分析的条件扩展到不止两页,在此无须总结。组合结构破坏机理的发展比大多数钢结构需要更大程度的弹性弯矩重分布,因为通常梁的跨中强度比支点处更大。这些条件的目的是为了确保重分布,以及与之相关联的面内大变形可以出现,同时不会因屈曲、钢材断

裂、混凝土破碎而失去承载力。

刚塑性分析只有在二阶效应不明显时适用。当材料性能为非线性时，*条款5.4.1.1* 中的注释参考了公式（*5.1*）的使用。如果预计塑性铰会在局部强节点处产生，则需要注意（ECCS TC11，1999）。这些节点实质上可能比连接的构件更弱，塑性铰也许会在相对较小的荷载下即可形成。比较谨慎的做法是在计算α_{cr}时忽略这些节点的刚度。

条款5.4.5(1) 要求“钢构件”的横截面要满足 EN 1993-1-1 中的条款 5.6 的要求。这在无支撑施工时适用，但不适用组合构件中的钢结构［在*条款5.4.5(6)*中规定的除外］。EN 1993-1-1 中条款 5.6（2）对转动能力的规定由 EN 1994-1-1 中***条款5.4.5(4)*** 的条件取代。 ***条款5.4.5(1)*** ***条款5.4.5(4)***

条款6.2.1.2 中讨论了*条款5.4.5(4)(g)* 中关于中性轴高度的规定。

5.5　横截面分类

典型横截面类型如*图6.1* 所示。组合结构梁的横截面分类考虑了受压区钢构件的局部屈曲设计，这决定了整体分析的可用方法以及抗弯承载力的基本原则，对于钢构件亦如此。不像 EN 1993-1-1 中的方法，不适用于柱的截面分类。

条款5.5 中规定的流程图如图 5.6 所示，如果不作其他说明，条款编号均与 EN 1994-1-1 相同。 ***条款5.5***

条款5.5.1(1)P 参照了 EN 1994-1-1 对 4 类截面的定义以及界定截面分类的长细比。1 类～4 类截面分别对应之前在英国标准中使用的“塑性截面”“密实截面”“半密实截面”以及“细长截面”。极限长细比与 BS 5950-3-1（英国标准化协会，2010）中所规定的类似，数值不同是因为二者对翼缘宽度的定义不同。考虑屈服强度的系数 ε，在 Eurocodes 中取 $\sqrt{235/f_y}$，在 BS 5950 中取 $\sqrt{275/f_y}$。 ***条款5.5.1(1)P***

EN 1994-1-1 的适用范围包括构件中钢构件的横截面没有与腹板平面平行的对称面（例如槽形截面），混凝土板或者钢筋的不对称性也可以接受。

分别对受压区翼缘以及钢腹板进行分类，但分类方法是相互影响的，如下文所述。横截面的分类是已有分类［***条款5.5.1(2)***］中最不利的一种，有三个例外：一是假设腹板只抵抗剪力［EN 1993-1-1 条款 5.5.2(12)］；二是*条款5.5.2(3)* 中“腹板开孔法”；三是腹板外包。后两种情况会在后文中讨论。 ***条款5.5.1(2)***

有时参考某一类截面的梁，就意味着这种截面没有出现在比规定更不利的分类中，这也许暗示一种特定的弯矩分布。*条款5.5.1(2)* 提示：组合结构的截面类型取决于弯矩符号（正弯矩或负弯矩），弯曲时不以中性轴对称的钢截面亦如此。

建筑结构的设计人员一般选择具有钢截面的梁，使得组合梁的截面属于 1 类或 2 类截面，原因如下：

■ 塑性铰处截面为 1 类，不排除使用刚塑性整体分析；

■ 可由塑性理论得到梁的抗弯承载力,对于组合截面,该值相对于使用弹性理论可提高 20% ~40% ,而对钢截面仅提高 15% ;

■ 弯矩重分布的限值较 3 类或者 4 类截面会更有利;

■ 在使用组合楼板处,很难提供完全统一连接,*条款6.6.1.1(14)*允许部分统一连接,但仅当梁的所有横截面为 1 类或 2 类时。

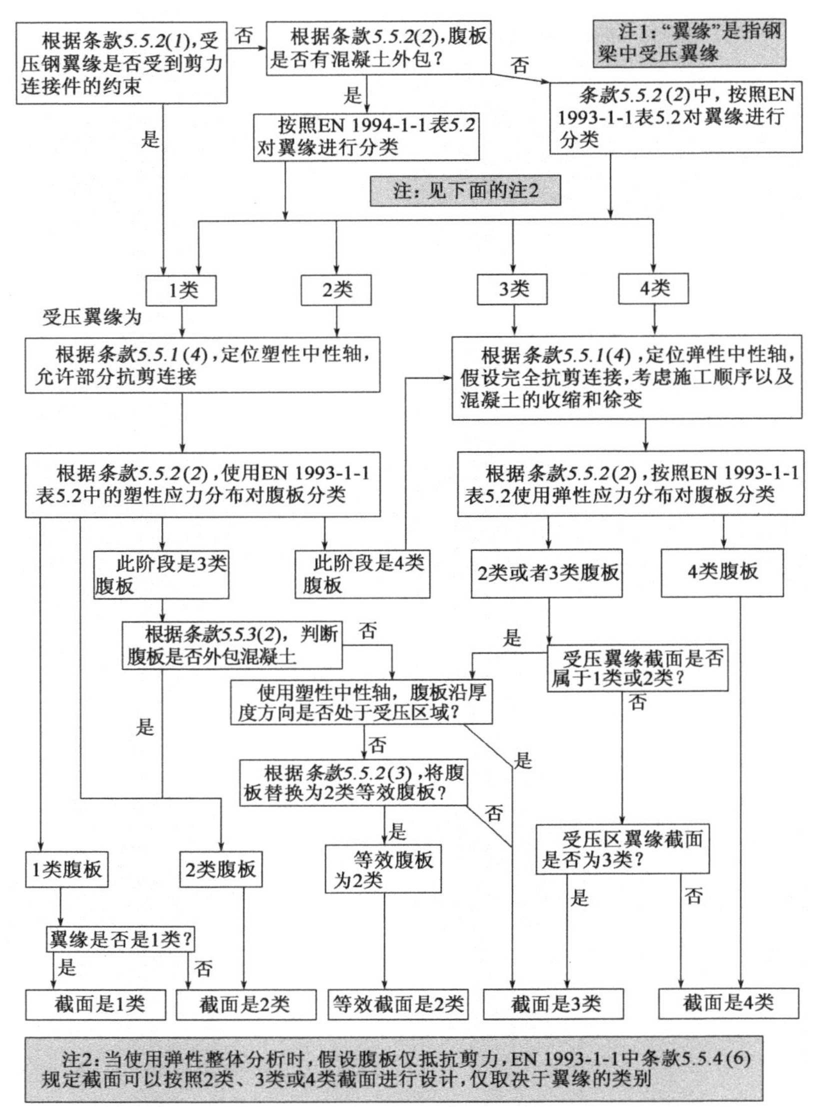

图 5.6　组合结构梁横截面分类

建筑结构中的简支组合梁几乎都属于 1 类或 2 类截面,因为受压区的腹板高度很小,而且与混凝土楼板相连可以防止相邻钢梁翼缘的局部屈曲。**条款5.5.1(3)**参考此处,而条款5.5.2(1)参考更有用的条款6.6.5.5,其限制了所需剪力连接件的间距。

条款5.5.1(3)

由于腹板的类别取决于中性轴的高度,而且这在塑性弯曲和弹性弯曲下不同,对 2 类和 3 类截面界限附近的截面,并没有明确宜使用哪一种应力分布。对此,**条款5.5.1(4)**给出了答案:宜使用塑性分布。因为使用弹性分布可将该截面

条款5.5.1(4)

归于 2 类截面，对于这类截面，抗弯强度将基于塑性分布，而塑性分布又可以将该截面归于 3 类截面。

*条款5.5.1(5)*关于混凝土翼缘的最小钢筋面积，出现在这里，而不是第6章，是因为其对截面属于 1 类或 2 类给出了进一步的条件。给出该条件的原因在于这些截面必须要维持它们的抗弯承载力，使钢筋不会被破坏，且比 3 类或 4 类截面要承受更大的转动作用。这通过禁止使用延性类别为 A 类（最低）的钢筋以及要求最小截面面积来保证，最小截面面积取决于混凝土板刚好开裂前板中的拉力（Johnson，2003；Kemp，2006）。*条款5.5.1(6)*针对焊接钢丝网，也有同样的目的。 条款5.5.1(5) 条款5.5.1(6)

*条款5.5.1(7)*针对无支撑施工，在此施工过程中钢梁上翼缘和腹板也许都处于较低的分类等级中，直到构件完成组合。 条款5.5.1(7)

腹板开孔法

这种实用的方法第一次出现在 BS 5930-3-1（英国标准化协会，2010）中，现在 EN 1993-1-1的条款 6.2.2.4 中，参考*条款5.5.2(3)*。 条款5.5.2(3)

在受负弯矩作用的梁中，通常下翼缘为 1 类或 2 类，腹板为 3 类。腹板的局部屈曲的初始效应会引起截面抗弯承载力的小幅折减。有孔腹板不抗弯假定使得该削弱的截面由 3 类升级到 2 类，且有以上所列的设计优势。该方法类似于 4 类截面使用有效面积来考虑局部屈曲。

流程图 5.6 包括了对其使用范围的限制，这在如下 EN 1993-1-1 的表述中不明显："受压区腹板的比例宜替换为靠近受压翼缘 $20\varepsilon t_w$ 的部分，另外为靠近有效截面的塑性中性轴 $20\varepsilon t_w$ 的部分"。

于是，当设计屈服强度值为 f_{yd} 时，腹板中的压力限制在 $40\varepsilon t_w f_{yd}$ 以内。对负弯矩作用下的梁，混凝土板中纵向钢筋的拉力会超过该值，尤其是降低屈服强度以考虑竖向剪力时。这种方法是不适用的，因为第二部分"$20\varepsilon t_w$"这时并不靠近塑性中性轴，而是在上翼缘。这种方法以及该限值都在例 6.1 及例 6.2 中阐明。

图 5.6 表明，对使用处于等效腹板为 2 类截面的位置，尽管塑性验算给出的分类为 3 类（如 P_3），即使考虑了多种类型的作用效应，但是在弹性行为范围内，并不需要验算应力分布。实际上，即使假设腹板为 3 类，处于弹性范围（E_3），塑性重分布也会在腹板局部屈曲将截面抗弯承载力降低至之前，将其移入 2 类。这暗含进一步假定：弹性验算不会将腹板分为 4 类（E_4）。实际上，建筑结构中不太可能有 P_3 和 E_4 的组合。该弹性验算作为使用有效腹板的前提条件的替代方案，是费时费力的。

在施工顺序、混凝土的收缩和徐变影响是总作用效应的主要组成部分的横截面处，尤其是板梁，需谨慎使用有效腹板。

部分外包横截面

部分外包横截面是在*条款6.1.1(1)P*中定义的，该条款同时也有混凝土翼缘部分的内容。采用腹板外包在提高腹板的承载力的同时，也会增大翼缘的局部屈

条款5.5.3(1)　曲。如*条款5.5.3(1)*所示,混凝土翼缘并不是必需的,因为对于2类或3类截面,混凝土翼缘会增大受压翼缘的长细比,对1类截面的限制是不变的。

*条款5.5.3*的剩余内容详细介绍了在不损失横截面的前提下可以把3类腹板当作2类腹板对待的外包方式。*第6章*给出了外包能有助于构件抗弯和抗剪承载力的条件,以及相关的一些说明。

参考文献

British Standards Institution(BSI)(1994) DD ENV 1994-1-1. Design of composite steel and concrete structures. Part 1-1: General rules and rules for buildings. BSI, London.

BSI(2003) EN 1991-1-5. Actions on structures. Part 1-5: Thermal actions. BSI, London.

BSI(2005a) BS EN 1993-1-8. Design of steel structures. Part 1-8: Design of joints. BSI, London.

BSI(2005b) BS EN 1990 + A1. Eurocode: Basis of structural design. BSI, London.

BSI(2006a) BS EN 1993-1-5. Design of steel structures. Part 1-5: Plated structural elements. BSI, London.

BSI(2006b) BS EN 1993-1-3. Design of steel structures. Part 1-3: Cold formed thin gauge members and sheeting. BSI, London.

BSI(2010) BS 5950-3.1 pA1. Structural use of steelwork in buildings. Design in composite construction. Code of practice for design of simple and continuous composite beams. BSI, London.

Demonceau JF (2008) Steel and composite building frames: sway response under conventional loading and development of membrane effects in beams. Thesis presented at Liège University. http://orbi.ulg.ac.be/handle/2268/2739 (accessed 19/08/2011).

Demonceau JF and Jaspart JP(2010) *Recent Studies Conducted at Liège University in the Field of Composite Construction*. Faculty of Applied Sciences, Lie` ge University, Liège. Report for ECCS TC11.

ECCS TC11(1999) *Design of Composite Joints for Buildings*. European Convention for Constructional Steelwork, Brussels. Report 109.

Haensel J(1975) *Effects of Creep and Shrinkage in Composite Construction*. Institute for Structural Engineering, Ruhr-Universität, Bochum. Report 75-12.

Johnson RP (1987) Shrinkage-induced curvature in cracked composite flanges of composite beams. *Structural Engineer* 65B: 72-77.

Johnson RP(2003) Cracking in concrete tension flanges of composite T-beams-tests and

Eurocode 4. *Structural Engineer* 81(4): 29-34.

Johnson RP(2010) Design to Eurocodes 2, 3 and 4 of unbraced pylons in bridges. In: *Codes in Structural Engineering* (Hirt MA, Radić J and Mandić A (eds)). International Association for Bridge and Structural Engineering, Zurich, pp. 591-598.

Johnson RP and Buckby RJ(1986) *Composite Structures of Steel and Concrete*, vol. 2. Bridges, 2nd edn. Collins, London.

Johnson RP and Chen S(1991) Local buckling and moment redistribution in Class 2 composite beams. *Structural Engineering International* 1: 27-34.

Johnson RP and Fan CKR(1988) Strength of continuous beams designed to Eurocode 4. Proceedings of the IABSE. IABSE, Zurich, P-125/88, pp. 33-44.

Johnson RP and Hanswille G(1998) Analyses for creep of continuous steel and composite bridge beams, according to EC4: Part 2. Structural Engineer 76: 294-298.

Johnson RP and Huang DJ(1995) Composite bridge beams of mixed-class cross-section. *Structural Engineering International* 5: 96-101.

Kemp AR(2006) Avoiding fracture of slab reinforcement and enhancing ductility in composite beams. In: *Composite Construction in Steel and Concrete V*(Leon RT and Lange J (eds)). American Society of Civil Engineers, New York, pp. 369-380.

Sandberg J and Hendy CR(2010) The change from BS 5400 to Eurocodes-implications, benefits and challenges. In: *Codes in Structural Engineering*(Hirt MA, Radić J and Mandić A (eds)). International Association for Bridge and Structural Engineering, Zurich, pp. 259-266.

Trahair NS, Bradford MA and Nethercot DA(2001) *The behaviour and design of steel structures to BS 5950*, 3rd edn. Spon, London.

第6章 承载能力极限状态

本章对应 EN 1994-1-1 *第6章*,包含以下条款:

- 梁 *条款6.1*
- 梁的截面承载力 *条款6.2*
- 部分外包的建筑结构梁的截面承载力 *条款6.3*
- 组合梁的侧向扭转屈曲 *条款6.4*
- 腹板上的横向力 *条款6.5*
- 剪力连接 *条款6.6*
- 组合柱和组合受压构件 *条款6.7*
- 疲劳 *条款6.8*

为了与采用*第5章*的方法确定的作用效应作对比,*条款6.1*~*条款6.7*定义了在静荷载作用下的截面承载力。所考虑的承载能力极限状态为EN 1990中条款6.4.1(1)所定义的STR:

结构或结构构件的内部破坏或者过度变形……由结构中的建筑材料的强度起控制作用。

对于梁的侧向扭转屈曲以及柱,承载力受整个构件的性能影响,而且引入均匀截面假设,不考虑混凝土开裂以及其他细节的影响。

独立*条款6.8*"疲劳"通过交叉引用 Eurocode 2 和 Eurocode 3 涵盖了钢材、混凝土以及钢筋,并主要处理梁中的剪力连接问题。

*第6章*的大部分规定在建筑及桥梁结构中均适用,除了部分开头带有"对于建筑"的条款由 EN 1994-2 中其他条款所替代外,两个标准的区别在于对于剪力连接的

条款6.1.1 处理方式不同,这在***条款6.1.1***的说明中进行了对比。

6.1 梁

6.1.1 建筑结构梁

图6.1是 EN 1994-1-1 适用范围内几种比较典型的建筑结构梁的形式,其构造包括腹板外包、垂直于梁跨的压型钢板,以及沿梁连续或非连续的压型钢板等。右上图显示的是纵向加腋,右下图为缩口槽。带有梯形槽的压型钢板也在本标准适用范围内。图中没有显示(但不排除)的是压型钢板跨度与主梁跨度方向平行的这种一般情况。

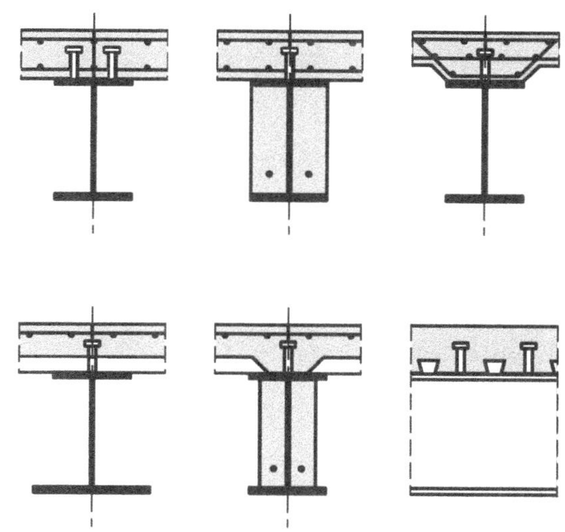

图 6.1 组合梁的典型截面形式

钢梁截面可以是轧制的 I 形或 H 形截面，也可以是双轴对称或者单轴对称的板梁截面。其他类型的截面如 EN 1993-1-1 表 5.2 中的表 1 所示，例如：矩形中空截面。梁的截面不宜采用槽钢和角钢的形式，除非设计了剪力连接以提供扭转约束。一些当前的楼板结构没有在 EN 1994-1-1 范围内，因为在起草本标准时，其设计规定还不完善，例如全包梁、短梁（Ahmed 和 Hosain，1991）、无梁楼盖的柱帽以及扁梁楼盖结构。对于预制楼板结构，并没有参考文献，但是在本指南附录 D 中有相关内容。

在扁梁楼盖结构中，钢梁的上翼缘和部分或者全部的腹板嵌入其支承的相对较厚的楼板中，楼板可以通过采用高压型钢板或者空心预制混凝土板减轻自重。对于这种类型的截面没有额外的应用性规定，需要重新审查*条款6.1.2*（等效宽度）和*条款6.2.1.2(1)*中假定的适用性。

对于这种结构体系，有大量的文献研究（Lawson 和 Hicks，2005；Rackham 等，2009）。例如，Shi（2009）等引用 23 篇论文。此结构体系的弯曲性能已经非常清楚。梁的部分外包层必须设置一定的剪力连接，但是到目前为止并没有通用设计规定来预估滑移能力或抗剪承载力。目前尚不清楚这些性能与栓钉剪力连接件的性能是否匹配。目前有对于特定类型的结构的设计规定，但其与 EN 1994-1-1 中针对剪力连接与连续梁设计规定的联系尚不明确。

桥梁中的一些常见情况，例如疲劳、板梁的使用以及双重组合作用，见 EN 1994-2（英国标准化协会，2005a）及其相关指南（Hendy 和 Johnson，2006）。

剪力连接

在建筑结构中，组合截面通常为 1 类和 2 类，而且抗弯承载力是由塑性理论决定的。塑性抗弯承载力下混凝土翼缘中的纵向力很容易得到，所以建筑结构中剪力连接的设计经常是基于已知纵向力的两个横截面之间的力的变化，这就产生了控制截面[***条款6.1.1(4)P***~*条款6.1.1(6)*]及临界长度[*条款6.1.1(6)*]的概念。这些 ***条款6.1.1(4)P***

概念没有用于桥梁设计。在桥梁结构中 3 类及 4 类梁截面较常见,并使用弹性方法。因此纵向剪力流是由弹性理论得到的众所周知的结果得出:$v_L = VA\bar{y}/I$。

反弯点处的截面不是控制截面,一定程度上是由于反弯点的位置对各种可变荷载的分布不同。因此连续梁中的临界长度也有可能包含正弯矩区和负弯矩区。当该长度内均匀布置剪力连接件时,负弯矩区内的剪力连接件数量可能与纵向混凝土板钢筋传递的力不协调。但是并没有关系,只要钢筋的长度足够长,就可以锚固在相应的剪力连接件之外。剪力连接件间距与缩短钢筋之间一致性的要求在条款*6.6.1.3(2)P* 中规定。

构件截面的突然变化会导致混凝土翼缘纵向力的突变,即使该处竖向剪力为零亦如此。理论上,需要布置剪力且连接以应对这种改变。**条款*6.1.1(5)***给出了判断这种改变是否太突然以至需要考虑的准则,且通常可忽略钢筋中的变化。应用该条款时,新的控制截面两侧翼缘内的力不同,可能不清楚该使用哪一个。

条款6.1.1(5)

一种方法是使用所考虑临界长度上纵向力变化较大的结果,另一种方法是在变化点两侧不超过约 2 倍梁高的范围内确定控制截面的位置。在这两个控制截面之间较短的临界长度上,根据截面的纵向力布置的剪力连接,需要考虑截面的变化。

对于仅在部分长度内组合的梁,应用条款*6.1.1(5)*会更加清楚,组合段端部就是控制截面。

锥形构件具有渐变的截面,这可由混凝土翼缘厚度或有效宽度的变化,以及不均匀的钢梁截面形成。当使用弹性理论,式 $v_{L,Ed} = V_{Ed}A\bar{y}/I$ 宜替换为:

$$v_{L,Ed} = V_{Ed}A\bar{y}/I + M_{Ed}\frac{d(A\bar{y}/I)}{dx} \tag{D6.1}$$

式中,x 为沿构件长度的坐标。对于建筑结构,承载力可由塑性理论得到,**条款*6.1.1(6)***通过使用额外的控制截面来考虑这种影响。这适用于加腋的钢梁,但此时需要注意处理竖向剪力,因为部分竖向剪力由钢翼缘斜边承担。

条款6.1.1(6)

对使用压型钢板的组合楼面板的规定,仅对建筑结构给出。因为其他设计限制,压型钢板槽内可用的剪力连接空间常常不足以布置使混凝土翼缘达到极限压力所需的剪力连接件,而且对应于该力的抗弯承载力常常超过所需。由此产生了**条款*6.1.1(7)***中定义的部分剪力连接的使用,该条款只适用于控制截面为 1 类或 2 类的情况。因此,在建筑结构中,对于抗弯承载力通常限制到需求值(比如 M_{Ed}),按照该抗弯承载力来设计剪力连接(见条款*6.6.2.2*)。

条款6.1.1(7)

对截面抗弯承载力基于弹性模型和极限应力的情况,可由式$v_{L,Ed} = V_{Ed}A\bar{y}/I$ 得出纵向剪力流。纵向剪力流与作用效应有关,而不是承载力。采用这种方式设计的剪力连接为条款*6.1.1(7)P* 定义的"部分剪力"连接,这种连接通常使用在桥梁结构中。因为增加剪力连接会增强附近区域的抗弯承载力,尽管抗弯承载力的增强并不容易计算,因为这涉及非弹性性能和局部相互作用。

出于这些原因,"部分剪力连接"这个概念在桥梁设计中易混淆,而且不相关。因此 EN 1994-1-1 中提到它的条款都会标注"对于建筑结构"。

带组合板的梁的等效截面

如图6.1下半部分的图所示，组合板的跨度与梁跨度垂直时，混凝土有效面积不包括加劲肋。当组合板的跨度与梁跨度平行时($\theta=0$)，有效面积包含加劲肋高度范围内的面积，但通常都忽略不计。当加劲肋与梁的角度为θ，在翼缘有效宽度内混凝土有效面积可取为加劲肋以上的总面积加上加劲肋内混凝土面积的$\cos^2\theta$倍。当$\theta>60°$时，$\cos^2\theta$宜取0。

埋设在混凝土板中的服务管道会导致有效截面的显著减小。

6.1.2　截面验算的有效宽度

*条款5.4.1.2*给出的沿跨度方向上有效宽度的变化对于建筑结构中梁截面验算过于复杂。***条款6.1.2(2)***给出的简化方法通常使得连续梁抗弯承载力的校核限制在支座和跨中区域。本段内容不宜与适用于整体分析的*条款5.4.1.2(4)*相混淆。 ***条款6.1.2(2)***

6.2　梁的截面承载力

本条款针对没有部分外包混凝土或者没有完全外包混凝土的梁，大部分对于建筑结构和桥梁结构都适用。*条款6.3*仅针对建筑结构涉及部分外包混凝土，完全外包混凝土不在EN 1994范围之内。

给出了针对抗弯承载力、竖向抗剪承载力及弯剪承载力的应用性规定。对受压构件，*条款6.7*仅对采用典型截面梁的构件给出了原则性规定。Uy(2007)给出了其他作用效应(包括扭转)组合下的指南。

EN 1994-1-1或EN 1993中均没有处理钢腹板上有大孔洞的指南，但是有专门的文献(Lawson等，1992；Hechler等，2006；Ramm和Kohlmeyer，2006；Lawson和Hicks，2011)。钢结构的螺栓孔宜按照EN 1993-1-1来处理，尤其是其中*条款6.2.2*~*条款6.2.6*。

6.2.1　受弯承载力

*条款6.2.1.1*给出了三种不同的方法，分别基于刚塑性理论、非线性理论和弹性分析理论。"非线性理论"由*条款6.2.1.4*给出，未涉及非线性整体分析。

使用弹性理论和非线性理论时，***条款6.2.1.1(3)***总是允许组合梁的平截面假定，因为如果设计符合EN 1994，则设定的条件就可得到满足，这意味着可以忽略纵向滑移。 ***条款6.2.1.1(3)***

没有确定滑移的规定，这通常也很难，因为并不准确知道剪力连接件的刚度，尤其是在混凝土板开裂之后。当滑移不能忽略时，EN 1994-1-1的设计方法就是为了考虑其影响。

对于面内曲率足够大的梁，扭矩不能忽略，***条款6.2.1.1(5)***并没有给出如何考虑曲率影响的指南。分析的首要原则是，通过假定翼缘(及腹板，如重要的话)中纵向力方向的改变会在该翼缘上作用横向荷载以进行建筑结构梁的验算，之后 ***条款6.2.1.1(5)***

就可以设计一根水平梁来承受该横向荷载。梁跨度内某些点上钢梁的下翼缘可能需要水平方向的约束，并宜设计剪力连接以承受纵向力和横向力。

条款6.2.1.2(1)(a)

条款6.2.1.2(1)(a)中的“完全相互作用”是指不需要考虑钢与混凝土界面的滑移或者分离。

受压钢筋

条款6.2.1.2(1)(c)

板中受压钢筋通常可忽略[***条款6.2.1.2(1)(c)***]。如果不可忽略，并且混凝土保护层厚度仅稍大于钢筋直径，则宜考虑钢筋有可能发生屈曲。EN 1992-1-1中条款9.6.3(1)对混凝土墙的配筋给出了指导意见。这意味着受压钢筋不宜靠近板自由面的最近一层。

带组合板或者预制板的横截面

条款6.2.1.2(1)(d)

条款6.2.1.2(1)(d)涉及“受压混凝土的有效面积”，此处仅考虑正弯矩。对于某个翼缘，为总厚度 h 的组合板，且加劲肋与梁纵轴成角度 θ，混凝土翼缘的有效厚度为 $h-h_p$，其中 h_p 为钢板的厚度。对于主上翼缘上部有小的顶部加劲肋的钢板需要说明（如图 6.13 所示），此时的压型钢板对主上翼缘高度称为“净高度”h_{pn}，当计入顶部加劲肋时，称为“毛高度”h_{pg}。显然，当加劲肋沿梁横向（$\theta=90°$）时，$h_p=h_{pg}$；对平行压型钢板，$\theta=0$，当塑性中性轴在截面中位足够低时，加劲肋可以计入有效面积内，但假设 $h=h_{pn}$ 更简单。对其他角度为 θ 的加劲肋，可假设：

$$h=h_{pg}\sin^2\theta+h_{pn}\cos^2\theta \tag{D6.1a}$$

起草 Eurocode 4 时没有考虑顶部加劲肋，因为没有相关的研究证据。

类似的情形出现在混凝土翼缘为部分或全部由空心预制板（见本指南附录D）时，以及扁梁（见*条款6.1.1* 的说明）。

小混凝土翼缘

当混凝土板受压时，*条款6.2.1.2* 中的方法是基于在混凝土开始破碎前整个有效面积内的钢和混凝土都可以达到设计强度这样一个假定。但是，如果混凝土翼缘相比钢截面而言较小，则可能并不如此。这种情况下，塑性中性轴降低，对于给定的钢梁下翼缘拉应变，混凝土板顶部的最大压应变增大。

Johnson 和 Anderson(1993)在说明梁的抗弯承载力时举了的一个例子考虑了该问题。梁的试验表明，钢的应变硬化通常出现在混凝土破坏之前。考虑该影响以及钢和混凝土强度都仅处于设计水平的小概率情况，由此得出结论：可以忽略过早的破碎，除非结构钢等级高于 S355。

条款6.2.1.2(2)

对钢等级为 S420 或 S460 以及塑性中性轴位于梁总高度的 15% ~40% 范围内的情形，***条款6.2.1.2(2)***规定了 $M_{pl,Rd}$ 的折减。如果塑性中性轴高度超过 40%，则参考*条款6.2.1.4* 或*条款6.2.1.5*。“或”在这里容易让人混淆，意思是在*条款6.2.1.4(1)* ~*条款6.2.1.4(5)* 定义的非线性承载力或*条款6.2.1.4(6)* 和*条款6.2.1.4(7)* 中的简化方法间作选择。这个简化方法包括求应力的弹性分析，并将应力限制在*条款6.2.1.5* 指定的水平。

这个问题同样影响塑性铰的转动能力。大量的研究（Johnson 和 Hope-Gill，1976；Ansourian，1982）显示*条款5.4.5(4)(g)* 中给出的中性轴高度的 15% 上限，此条适用于使用刚塑性整体分析的情形。

对组合柱，混凝土过早压碎的风险导致*条款6.7.3.6(1)* 中对 S420 和 S460 钢材的系数 α_M 进行折减，同样也影响了弹性弯矩重分布，*条款5.4.4(1)* 中有相关说明。

钢筋延性

延性不满足*条款5.5.1(5)* 的钢筋和焊接钢丝网，不宜计入 1 类或 2 类截面梁的有效截面内[***条款6.2.1.2(3)***]。通过对一典型双悬臂试件的试验表明（Anderson 等，2000），在该试件的弯矩-转角曲线达到平台段前，负弯矩区的一些钢筋和大部分焊接钢丝网已经断裂。*条款3.2(1)* 的说明中对焊接钢丝网的问题作了解释。钢纤维超出了 EN 1994-1-1 的范围，但亦可使用它。

条款6.2.1.2(3)

压型钢板

条款6.2.1.2(4) 忽略受压压型钢板对梁塑性抗弯承载力的贡献，因为大应变下局部屈曲会大大降低其承载力。对有凹槽的压型钢板，如果不平行于梁跨度方向，受拉时钢板是无效的，因为变形来自压槽形状的改变，而不是由应力导致的应变。对凹槽平行于梁跨度方向的情形，依然很难实现抗拉。为了利用***条款6.2.1.2(5)*** 的优势，压型钢板需为连续，并且需要同横截面上其他构件实现相互作用。

条款6.2.1.2(4)

条款6.2.1.2(5)

建筑结构中设部分剪力连接的梁

条款6.1.1 的说明中解释了使用部分剪力连接的背景，仅允许其针对混凝土板中的压力[***条款6.2.1.3(1)***]。对受拉混凝土板，剪力连接必须足以“保证”有效截面内钢筋屈服[***条款6.2.1.3(2)***]。组合梁负弯矩区需要完全剪力连接，因为：

条款6.2.1.3(1)

条款6.2.1.3(2)

■ 弯矩可能会比预测值大，因为混凝土可能未开裂，或者已经由于受拉而导致硬化开裂；

■ 钢筋的屈服强度会超过 f_{sd}（$=f_{sk}/\gamma_S$）；

■ 试验结果表明，大曲率下，钢筋会发生应变硬化现象；

■ 侧向扭转屈曲的设计准则不考虑局部相互作用的影响。

从*条款6.1.1(7)* 中关于完全剪力连接的定义可知，当抗弯承载力由于侧向屈曲的影响降低到 $M_{pl,Rd}$ 以下时，只需对折减的承载力布置剪力连接。*条款6.2.1.3(2)* 明确这种推理是错误的。因此，在其他情形中，*条款6.2.1.2* 的塑性抗弯承载力 $M_{pl,Rd}$ 适用于混凝土板内有拉力的所有 1 类或 2 类截面梁。

条款6.2.1.3 中的“负弯矩”意味着混凝土板在钢梁之上，在大多数“针对建筑”的规定中，这是一条隐含假定。在“通用”条款中，使用了“混凝土板受拉”这种表述，因为在桥梁结构其有可能出现在正弯矩段（图 6.2）。

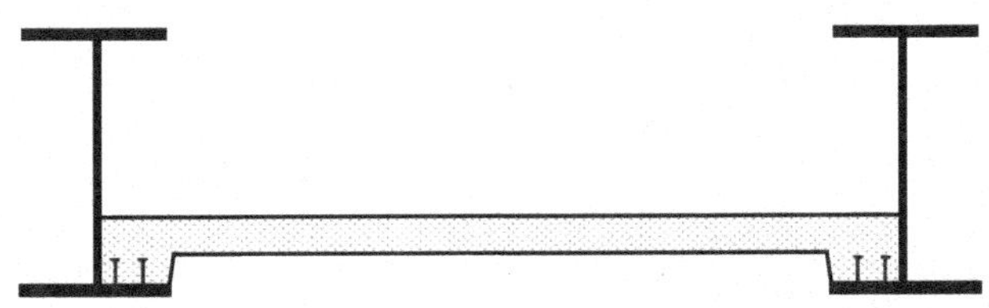

图6.2　组合梁跨中混凝土板受拉示例

*条款6.2.1.3(1)*中参考的规定包括*条款6.6.1.1(14)*,该条款的开头是"如果所有横截面均为1类或者2类……",这意味着跨径内的所有截面都在考虑之内。实际上,2类截面内采用有效腹板[*条款5.5.2(3)*]保证了需要排除的3类截面很少。

柔性剪力连接件

条款6.2.1.3(3)

条款6.2.1.3(3)应用于"柔性剪力连接件"。使用部分剪力连接的基本条件是抗弯承载力必须在曲率达到采用整体分析得到的最小值之后才能低于设计值。例如,曲率超出弹性范围之后,才能使用弯矩重分布。

换句话说:

$$\text{需求滑移量(即设计滑移量)} \leqslant \text{可用滑移量} \tag{D6.2}$$

大量经过试验结果校核的数值分析表明(Aribert,1990;Johnson 和 Molenstra,1991),需求滑移量会随着主梁跨径的增大而增加,且必然也会随着剪力件数量的减少而增加。最后一个参数由临界长度内的剪力件数量 n 与"完全剪力连接"[见*条款6.1.1(7)P*中的定义]所需的剪力件数量 n_f 之比表示,即能将力 $N_{c,f}$ 传到混凝土板所需的数量(见*图6.2*)。减少的 n 个剪力件将会传递减小的力 N_c。因此,对给定抗剪强度的剪力件,"剪力连接度"为:

$$\eta = N_c / N_{c,f} = n / n_f \tag{D6.3}$$

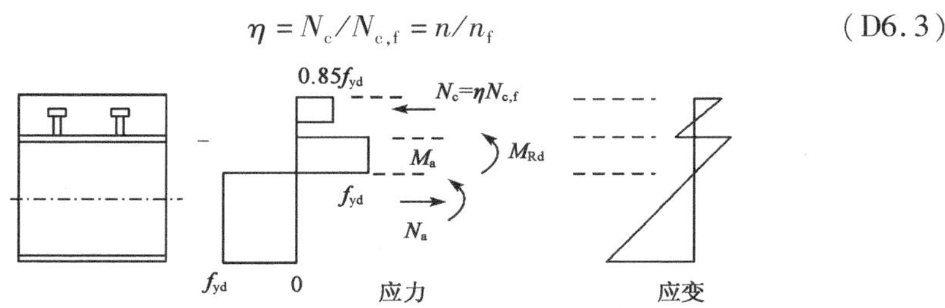

图6.3　部分剪力连接组合梁在正弯矩作用下的塑性应力及应变分布

对需求滑移量的后续研究普遍证实了 Eurocode 在这方面的正确性。例如,Banfi(2006)发现,对比前期研究采用的均布荷载,点荷载下滑移较小。对锥形构件,与采用相同剪力连接、相同荷载、相同最大高度的均匀截面梁对比,最大滑移明显更大。*条款6.1.1(6)*即为了考虑这点。实际情况中,其他验算会导致锥形截面梁的设计荷载要低一些。

可用滑移量很难量化。对带有栓钉连接件但不带组合板的组合梁的研究表明,标准栓钉的可用滑移量至少为6mm。所以,对于柔性剪力件的应用性规定是基于该数值,而且这些剪力钉被认为是柔性的(*条款6.6.1.2*)。此时应用条件(D6.2),通过定义 η 和跨径的组合使需求滑移量不超过6mm。

在 20 世纪 80 年代，一些组合板试验发现压型钢板凹槽上的剪力栓钉和实体板中剪力栓钉具有一样好的延性。后来随着组合板的发展，对该发现提出了一些质疑，这在*条款6.6.1.2* 中进行了讨论，并给出了流程图和进一步的说明。

对非柔性剪力件，可使用*条款6.2.1.4* 和*条款6.2.1.5* 中的规定，里面给出了更为详尽的说明。*条款6.6.1.3* 中对非柔性剪力件的间距的规定比柔性剪力件更严格。6mm 的标准为确定除了栓钉以外的剪力件是否适用柔性栓钉的规定提供了基础。

计算模型

条款6.2.1.3(3) 给出的计算模型可以解释如下。对于一个给定的横截面，可以根据*条款6.2.1.2* 求出力 $N_{c,f}$。如果 $\eta<1$，混凝土的应力区高度减小，中性轴位于其下边缘。为了纵向平衡，部分钢梁截面必须也处于受压状态，所以它也具有一个中性轴。计算模型假设混凝土板与钢梁不分离，所以它们具有相同的曲率。因此，应变分布如图 6.3所示，这是对应于 EN 1994-1-1 中的*图6.4* 所示的情况。在钢与混凝土的界面处具有滑移应变(即纵向滑移改变率)。实际中，对于这一位置的滑移和滑移应变均不需要计算。

条款6.2.1.3(4)
条款6.2.1.3(5)

条款6.2.1.3(4) 和***条款6.2.1.3(5)*** 给出了抗弯承载力 M_{Rd}和剪力连接度的关系。由上述方法计算得到图 6.4a)上部分的曲线 AHC，其中 $M_{pl,a,Rd}$是钢截面的塑性承载力。直线 AC 是对曲线 AHC 的简化及保守近似，现阐明这些参数的使用方法。图 6.4a)的下半部分给出了使用部分剪力连接的限值，见*条款6.6.1.2*。

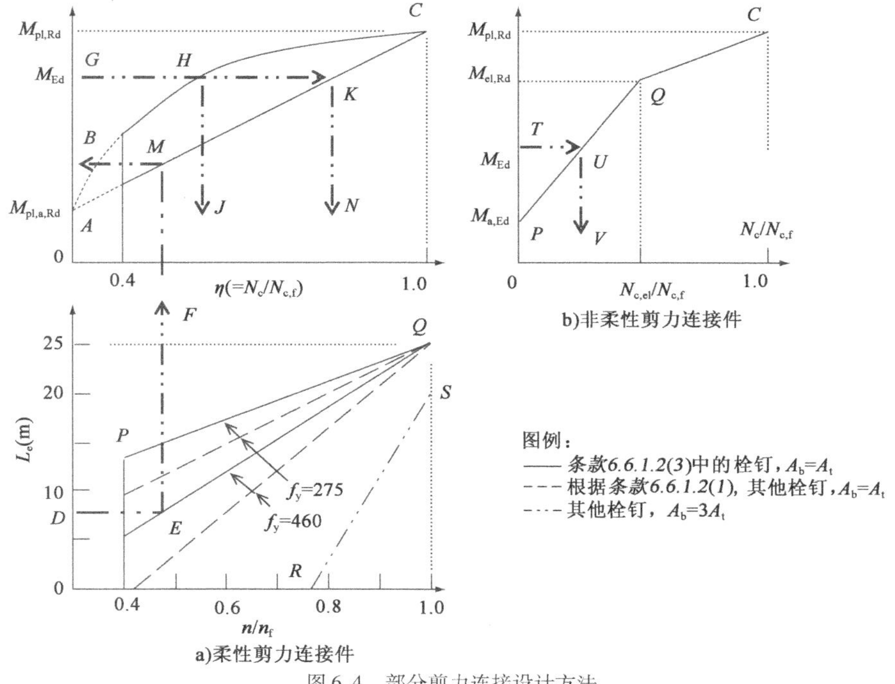

图 6.4　部分剪力连接设计方法

典型设计流程概述

以跨度为 L、中跨为 1 类截面的简支组合梁为例。采用完全剪力连接时，抗弯

承载力为 $M_{pl,Rd}$。钢截面翼缘面积相等,且荷载均匀分布。采用栓钉连接件。

1 对柔性剪力连接件,由条款*6.6.1.2*[例如图6.4a)中路径 *DEF*]找出最小的剪力连接$(n/n_f)_{min}$,以及相应的抗弯承载力(路径 *FMB*)。

2 如果抗弯承载力超过了设计弯矩 M_{Ed},表明剪力连接度足够。然后计算完全剪力连接时剪力连接件的数量,由$(n/n_f)_{min}$确定所需连接件的数量。

3 如果 *B* 点的抗弯承载力远大于 M_{Ed},也许有可能通过采用非柔性连接件的方法来减少连接件数量,见下文例6.4所释。

4 如果 *B* 点的抗弯承载力小于 M_{Ed},如图6.4a)所示,则可采用插值法(路径 *GKN*)得到所需的 n/n_f值。或者,也可以确定点 *H*,如下文所述,从而确定点 *J*。点 *J* 和点 *F* 给出的较大 η 值是剪力连接度的最小值,由此可以得到 n。

5 最后考虑沿两个相关控制截面(此处为跨中和支座处截面)间长度 L_{cr}上这 n 个剪力连接件的间距。如果满足条款*6.6.1.3(3)*的条件,在这里也即 $M_{pl,Rd} \leqslant 2.5M_{a,pl,Rd}$,则可采用均匀间距。否则,必须选择一个中间的控制截面,见条款*6.6.1.3(4)*;或者间距必须与纵向剪力的弹性分布有关,见条款*6.6.1.3(5)*。

由内力平衡法确定给定 M_{Ed}下的剪力连接件数量 n

产生弯矩 M_{Ed}所需的剪力连接件数量 $n = N_c/P_{Rd}$,式中 P_{Rd}是单个剪力连接件的设计承载力,N_c是条款*6.2.1.3(3)*中提到的弯矩 M_{Ed}下混凝土板压力。其计算比较繁琐,但可以进行些许简化,如下所示。

图6.5是一正向弯曲梁的横截面,其中混凝土板中的压力为 N_c,小于 $N_{c,f}$[式(D6.3)],受剪力连接强度的限制。按照条款*6.2.1.3(3)*,塑性应力区如图6.5所示。中性轴位于钢梁截面内、界面下 x_a深度处。为简单起见,保持已知力 N_a 作用在钢梁截面中心 G,并且取深度 x_a范围内抗压强度为 $2f_{yd}$。这是因为该区域内应力由受拉屈服变为受压屈服,从而在钢梁截面中产生压力 N_{ac}。因此,需要先确定是否满足 $x_a > t_f$。

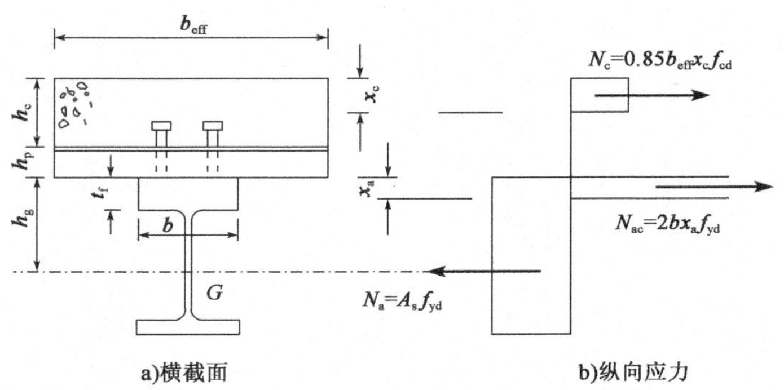

图6.5 N_c的确定

对于大多数完全剪力连接的梁,因为塑性中性轴位于混凝土板内,有 $N_{c,f} = N_a$。由图6.4a)要求 $N_c/N_{c,f} \geqslant 0.4$,则:

$$N_c \geqslant 0.4N_{c,f} \geqslant 0.4N_a \tag{a}$$

根据平衡关系,有:

$$N_c + N_{ac} = N_a \tag{b}$$

因此，由式(a)，有：

$$N_{ac} \leqslant 0.6N_a \tag{c}$$

当中性轴位于钢梁上翼缘底面，且上翼缘面积为 A_{top} 时，则：

$$N_{ac}/N_a = 2A_{top}/A_a \tag{d}$$

对于大多数的轧制 I 形截面，$A_{top} \geqslant 0.3A_a$，所以，当 $x_a = t_f$ 时，由式(d)，有：

$$N_{ac} \geqslant 0.6N_a \tag{e}$$

由式(c)和式(e)，当前述假设成立时，$x_a < t_f$。通常也确实如此，因此仅考虑 $x_a < t_f$ 这种情况。此时力 N_{ac} 作用于距混凝土板顶部以下 $h_c + h_p + 0.5x_a$ 处，如图 6.5所示。对轧制截面，$x_a \leqslant h_c + h_p$，因此作用点深度可取为 $h_c + h_p$。对混凝土板顶取矩，有：

$$M_{Ed} = N_a(h_g + h_p + h_e) - \frac{1}{2}x_c N_c - N_{ac}(h_c + h_p) \tag{D6.4}$$

代入式(b)的 N_{ac}，同时由图 6.5 中 N_c 的公式，得到：

$$M_{Ed} = N_a h_g + 0.85 b_{eff} x_c f_{cd}\left(h_c + h_p - \frac{1}{2}x_c\right)$$

由此可以求解得到 x_c，再得到 N_c 并进一步由特定剪力连接件已知的 P_{Rd} 及 $n = N_c/P_{Rd}$ 求得 n。

实际上，计算 N_a 可更简单。选择适宜的 n 值，求得 N_c，再得到 x_c，然后由式(b)计算 N_{ac}，最后看由式(D6.4)得出的计算结果是否大于 M_{Ed}。如果不大于 M_{Ed}，则增加 n 值，重复以上过程。

条款6.2.1.3、*条款6.6.1.2* 和*条款6.6.1.3* 有极大的相关性。例 6.7、例 6.8、例 6.9 及图 6.11 说明了部分剪力连接的应用，其中例 6.7 遵循*条款6.6* 的说明，例 6.8 和例 6.9 也是基于相同数据给出。

非柔性连接件

非柔性连接件是指不满足*条款6.6.1.1* 和*条款6.6.1.2* 中柔性连接件要求的连接件。剪力连接的塑性性能的假设不再成立。此时宜运用非线性理论或弹性理论来确定其抗弯承载力。***条款6.2.1.4*** 和*条款6.2.1.5* 对此作出规定。 ***条款6.2.1.4***

对于沿梁跨度给定的弯矩分布，钢与混凝土界面的滑移效应会加大弯曲，并且通常会减小纵向剪力。如果剪力连接件为非柔性，则滑移必须保持很小，所以计算纵向剪力时忽略滑移是合理的，这就是***条款6.2.1.4(2)*** 所述的宜采用平截面假定的原因。 ***条款6.2.1.4(2)***

非线性抗弯承载力

条款6.2.1.4(1)
条款6.2.1.4(2)
条款6.2.1.4(3)
条款6.2.1.4(4)
条款6.2.1.4(5)

如*条款6.2.1.4* 所述，有两种方法计算抗弯承载力。采用两种方法均宜对设计弯矩下的控制截面进行计算。

条款6.2.1.4(1) ~***条款6.2.1.4(5)*** 给出了第一种方法，可通过材料的应力-

应变关系迭代确定截面抗弯承载力。首先假定截面应变分布,得到相应的应力。一般来讲,必须对假定的应变分布进行修正,以保证截面上应力对应的轴向合力为零。一旦满足这个条件,由应力分布便可以计算弯矩。只要设计弯矩不超过承载力,对抗弯承载力的计算即可结束。否则,一般应增加应变,重复计算。对于混凝土材料,EN 1992-1-1给出了混凝土和钢筋的极限应变,这将最终限制其抗弯承载力。

条款6.2.1.4(6)

很明显,上述计算需要使用软件。对于1类或2类截面,***条款6.2.1.4(6)***给出了一种简化计算方法。该方法是基于在混凝土板中纵向力 N_c 与设计弯矩 M_{Ed} 的关系曲线上容易确定的三个点。参考基于*图6.6*得到的图6.4b),这三个点是:

- P 点,组合构件不受弯矩,因此 $N_c=0$;
- Q 点,由截面弹性分析结果确定;
- C 点,由截面塑性分析确定。

条款6.2.1.4(7)

准确计算表明,QC 是一条上凸的曲线,因此直线段 QC 是一种保守近似。从而*条款6.2.1.4(6)*能够进行手算。对于建筑结构,***条款6.2.1.4(7)***是对徐变的一种简化处理。

EN 1994-1-1 *图6.5* 和*图6.6* 使用了相同的坐标轴线,因此说明两图的区别可能是作用的。*图6.5* 基于刚塑性理论,忽略了弹性变形和施工顺序的影响。这对剪力连接度小于*条款6.6.1.2* 中给定的最小值的情况并不适用。例如,如果 $\eta=0.2$,剪力连接会发生过度滑移和破坏,因此承载力 M_{Rd} 也许不会超过钢梁截面的塑性抗弯承载力 $M_{pl,a,Rd}$。

与*图6.5* 不同,*图6.6* 对柔性和非柔性剪力连接件均适用。对低剪力连接度的情况,运用弹性理论,直至施加的弯矩 M_{Ed} 达到 $M_{el,Rd}$。在此过程中,剪力连接的滑移是被忽略的,承载力 $M_{el,Rd}$ 或可由*条款6.2.1.5(2)* 中任一应力限值控制,而且图中的转折点(图6.4中 Q 点)可位于*图6.5* 中 B 点的上方或下方(通常在下方,如例6.9和图6.33所示)。转折点上方的直线是对弹塑性行为的近似。

***条款6.2.1.4* 中的剪力连接**

条款6.2.1.4(3)~*条款6.2.1.4(5)* 中在应力-应变曲线基础上的计算可导出横截面完整的弯矩-曲率曲线,包括下降段。*条款6.1.1(7)P* 中对于部分剪力连接的定义是无用的,因为实现完全剪力连接所需要的剪力连接件数量仅在最大抗弯承载力对应的应力分布下才能得到,这也是图6.4b)中的 $N_{c,f}$ 建立在*条款6.2.1.2* 塑性分析基础上的原因。对于正弯矩作用下典型组合截面,可由图6.4b)近似成比例得到,其中:

$$M_{pl,Rd}/M_{el,Rd}\approx 1.33$$

$$N_{c,el}/N_{c,f}\approx 0.6$$

直线 PQ 的位置取决于施工方法,此处假定梁是无支撑施工的。而且,在正弯矩下的控制截面,单独作用于钢梁上的弯矩 $M_{a,Ed}$ 为 $0.25M_{pl,Rd}$。

对于给定的弯矩 M_{Ed}（必须包括 $M_{a,Ed}$，因为截面承载力由塑性理论得到），所需的比例 n/n_f 由图 6.4b）中路径 TUV 得到。

当抗弯承载力由非线性理论确定时，对剪力连接件的间距没有特别规定。因为非线性理论基于平截面假定[*条款6.2.1.4(2)*]，连接件间距宜理想地沿构件随混凝土板中力 N_c 变化而改变。当采用非柔性剪力连接件时，宜遵循这一要求。对于柔性剪力连接件，*条款6.6.1.3(3)* 允许采用均匀间距布置的规定可认为是适用的。

弹性抗弯承载力

条款6.2.1.4(6) 顺带包括了对于 $M_{el,Rd}$ 看似很奇怪的定义。对于组合结构，有这样一个特点：当采用无支撑施工时，弹性抗弯承载力取决于各部件组合之前所施加荷载占总荷载的比例。对于 3 类截面，令钢截面和组合截面的设计弯矩分别为 $M_{a,Ed}$ 和 $M_{c,Ed}$，可得到相应的总弯曲应力。如果任一应力超过了*条款6.2.1.5(2)* 给定的相关极限应力，则为非弹性行为。如果所有应力值均低于应力限值，则为弹性。为了得到弹性抗弯承载力 $M_{el,Rd}$，$M_{a,Ed}$ 和 $M_{c,Ed}$ 中的 1 个或 2 个值必须要成比例放大或缩小，直至刚好达到*条款6.2.1.5(2)* 的极限应力之一。

为了得到一个唯一的结果，*条款6.2.1.4(6)* 规定 $M_{c,Ed}$ 按系数 k 缩放，而 $M_{a,Ed}$ 不变。这是因为 $M_{a,Ed}$ 主要来自永久作用，永久作用的不确定性较组成大部分 $M_{c,Ed}$ 的可变作用效应要小。

无支撑施工通常分阶段进行，在桥梁设计中可能必须单独考虑。对于建筑中的简支跨，通常能足够准确地假定所有的湿混凝土同时浇筑到裸露的钢结构上。

模板的重量实际由钢结构承受，而在形成组合结构时移除。这个过程会在组合结构横截面中产生自平衡残余应力。对建筑中的组合梁，这些应力在最后组合状态的计算通常可以忽略。

条款6.2.1.5 的标题“弹性抗弯承载力”是相关的，但又有误导。*段落*（2）给出了极限应力，但该条款的其余内容则规定如何计算给定系列作用效应下的 $M_{el,Ed}$（不是 $M_{el,Rd}$），以及所产生的应力。同极限应力进行对比，便可显示这些作用效应是否会引起非线性行为。但这并不会给出弹性抗弯承载力，该值由*条款6.2.1.4(6)* 得到，该条款给出了进一步的说明。　***条款6.2.1.5***

影响 M_{Ed} 的一个永久作用是混凝土收缩。***条款6.2.1.5(5)*** 允许忽略开裂混凝土的主应力，但言外之意是当混凝土板受压时宜考虑主应力。影响 $M_{el,Rd}$ 的这项规定不宜与*条款5.4.2.2(8)* 相混淆，*条款5.4.2.2(8)* 是关于确定超静定结构中混凝土收缩二次效应的整体分析（二次效应在*条款2.3.3* 中定义）。　***条款6.2.1.5(5)***

对于建筑结构的承载能力极限状态，这些混乱因素说明了为什么最好尽可能地避免基于弹性性能的设计方法。

例6.1:使用有效腹板时负弯矩作用下的抗弯承载力

图6.6a)为一横向压型钢板连续组合梁内部支座附近的一个典型横截面。通过图形显示混凝土板中纵向钢筋有效面积 A_s 由0增加到 $1800\mathrm{mm}^2$ 时梁抗弯承载力的改变,来阐明在负弯矩作用下塑性和弹性抗弯承载力的计算方法。同时也说明了第5章条款5.5.2(3)中讨论的有效腹板的应用。本例中"腹板"高度,是指与翼缘交接处圆角(或焊缝)间的高度,即EN 1993-1-1中表5.2定义的 c,并不是翼缘间的净高度。同样由EN 1993-1-1,对1类或2类截面,αc 是腹板受压区的高度,ε 是钢材屈服强度修正系数。

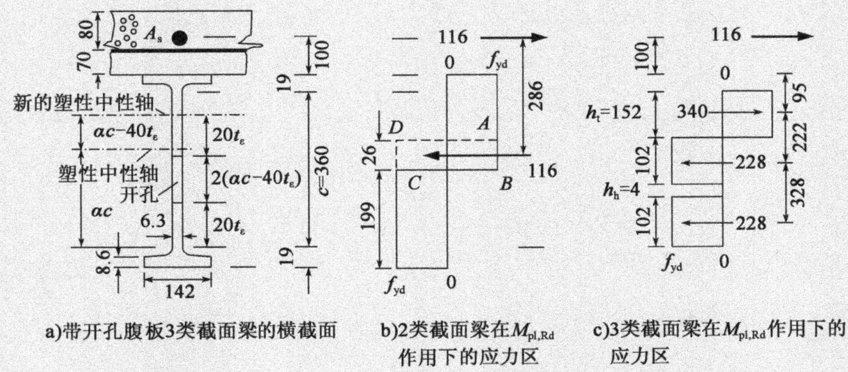

a)带开孔腹板3类截面梁的横截面　b)2类截面梁在 $M_{pl,Rd}$ 作用下的应力区　c)3类截面梁在 $M_{pl,Rd}$ 作用下的应力区

图6.6　负弯矩作用下的塑性抗弯承载力($A_s=267\mathrm{mm}^2$,单位:mm和kN)

EN 1993-1-1中图6.3给出的带孔腹板模型的定义省略了孔洞的高度及新的塑性中性轴pnc的位置,这些在ENV 1994-1-1(英国标准化协会,1994)中给出,如图6.6a)所示。孔洞的高度 $2(\alpha c-40t\varepsilon)$ 含有一定的近似,现对此作出解释:

原则上,当 α、c、t 和 ε 的取值使得腹板介于2类和3类截面之间时,孔洞高度宜为0。对于通常 $\alpha>0.5$ 的情况,由EN 1993-1-1表5.2得,此时:

$\alpha c/t\varepsilon=456\alpha/(13\alpha-1)$

随着 α 由0.5增加到1.0,等式右边由41.4减小到38。当 $\alpha<0.5$ 时,等式右边则大于41.4。为简化起见,对所有的 α 值均取40。因此,腹板受压区高度可规定为 $40t\varepsilon$,在孔洞上下方各 $20t\varepsilon$ 高度的区域内。

受压区初始高度 αc 减小到 $40t\varepsilon$。由平衡关系,受拉区高度必须要减小 $\alpha c-40t\varepsilon$,塑性中性轴也向上移动这个距离,如图6.6a)所示,因此孔洞高度为 $2(\alpha c-40t\varepsilon)$。

下面给出对称钢截面的其他有用结果。腹板受压区高度 $40t\varepsilon$ 包括平衡钢筋拉力所需的高度,为:

$$h_r=A_s f_{sd}/tf_{yd} \tag{D6.5}$$

上翼缘(包括腹板圆角)的拉力与下翼缘中的压力相平衡,因此,纵向平衡条件下,受拉区腹板的高度为:

$$h_t = 40t\varepsilon - h_r \tag{D6.6}$$

腹板总高度为 c，则孔洞的高度为：

$$h_h = c - 40t\varepsilon - h_t = c - 80te + h_r \tag{D6.7}$$

参数和结果

除了图 6.6 中所示的尺寸，计算所需的参数还有：

■ 结构钢材：$f_y = 355\text{N/mm}^2$，$\gamma_M = 1.0$，因此 $f_{yd} = 355\text{N/mm}^2$；

■ 钢筋：$f_{sk} = 500\text{N/mm}^2$，$\gamma_S = 1.15$，因此 $f_{sd} = 435\text{N/mm}^2$；

■ 钢梁截面：406 × 140 UB39，其中 $A_a = 4940\ \text{mm}^2$，$I_a = 124.5 \times 10^6\text{mm}^4$。

所选取的 A_s 上限对应于配筋率 1.5%，这对于建筑结构中翼缘 $b_{eff} = 1.5\text{m}$ 的梁是相当高的配筋率。如果没有压型钢板（计算中未考虑），150mm 厚混凝土板的配筋率将为 0.8%，并且将会有两层钢筋。为简化起见，这里假设只有一层钢筋，采用有支撑施工。

图 6.7 显示了完整的计算结果，此处仅给出典型计算结果。

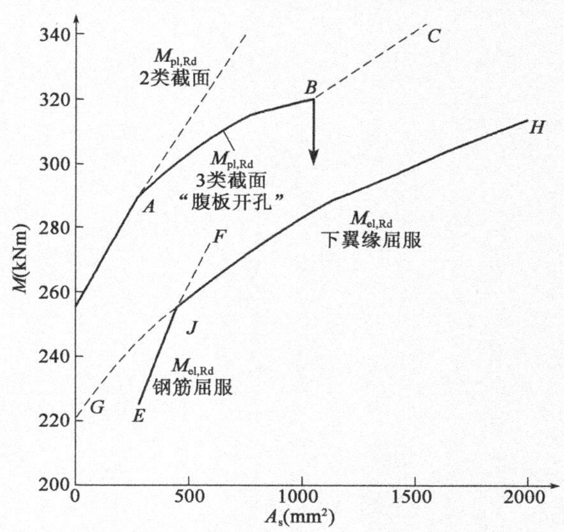

图 6.7　纵向钢筋对在负弯矩下的抗弯承载力的影响

横截面类别

条款*5.5.1(1)P* 参考了 EN 1993-1-1 的表 5.2。对于 $f_y = 355\text{N/mm}^2$，其给出 $\varepsilon = 0.81$。

对于下翼缘：

$c = (142 - 6.3)/2 - 10.2 = 57.6\text{mm}$

$c/t\varepsilon = 57.6/(8.6 \times 0.81) = 8.3$

此值小于 9，因此翼缘属于 1 类截面，与板内钢筋面积无关。

圆角间腹板高度 $c = 360\text{mm}$，则：

$c/t\varepsilon = 360/(6.3 \times 0.81) = 70.5$

此值小于72,所以,当 $A_s = 0$ 时,腹板属于1类截面。钢筋的增加增大了腹板受压区的高度,所以它的类别取决于 A_s。此处,$\alpha > 0.5$,由EN 1993-1-1表5.2可知2类截面的限值为:

$c/t\varepsilon = 456/(13\alpha - 1)$

当 $c/t\varepsilon = 70.5$ 时可得 $\alpha = 0.574$。由针对2类和3类截面计算 $M_{pl,Rd}$ 的方法,可知此时对应于 $A_s = 267\text{mm}^2$。

2类截面 $A_s = 267\text{mm}^2$ 时的 $M_{pl,Rd}$

腹板应力区如图6.6b)所示。

1. 确定钢截面的 $M_{pl,a,Rd}$。对轧制截面,塑性截面模量通常查表得到。此处:

$W_{pl} = 0.721 \times 10^6 \text{mm}^3$

因此,有:

$M_{pl,a,Rd} = 0.721 \times 355 = 256\text{kNm}$

2. 确定钢筋屈服力 F_s:

$F_s = 267 \times 0.435 = 116\text{kN}$

由式(D6.5),力 F_s 下腹板高度为:

$h_r = 116/(6.3 \times 0.355) = 52\text{mm}$

为了与力 F_s 相平衡,腹板 $h_r/2$ 高度处的应力由 $+f_{yd}$ 变为 $-f_{yd}$,如图6.6中的 $ABCD$ 所示。

3. F_s 的力臂为286mm,取力矩,有:

$M_{pl,Rd} = 256 + 116 \times 0.286 = \mathbf{289kNm}$

3类截面 $A_s = 267\text{mm}^2$ 时的 $M_{pl,Rd}$

采用"腹板开孔"法,步骤1和步骤2同上。

3. 从 $M_{pl,a,Rd}$ 中扣除腹板的贡献:

$M_{pl,a,flanges} = 256 - 0.36^2 \times 6.3 \times 355/4 = 183.5\text{kNm}$

[因各翼缘的复杂形状(包括腹板圆角)或对于板梁中高度较小的腹板,该值不是直接计算得到的]

4. 由式(D6.7),孔洞高度为:

$h_h = 360 - 408 + 52 = 4\text{mm}$

5. 由式(D6.6),腹板受拉区高度为:

$h_t = 204 - 52 = 152\text{mm}$

受拉区拉力为:

$F_t = 152 \times 6.3 \times 0.355 = 340\text{kN}$

6. 腹板应力区如图 6.6c）所示，对混凝土板底部取矩，有：

$M_{pl,Rd} = 183.5 + 116 \times 0.1 - 340 \times 0.095 + 228(0.222 + 0.328) = 288\text{kNm}$

这与 2 类截面构件的计算结果相符，即图 6.7 中 *A* 点，该因为该截面处于截面分类边界，因此孔洞高度也接近于 0。

A_s > 267mm^{2}时的 $M_{pl,Rd}$

A_s值较大的情况下，采用类似计算得到图 6.7 中的曲线 *AB*。随着孔高度的不断增加，直到 $A_s = 1048\text{mm}^2$，新的塑性中性轴达到腹板顶部，$h_r = 0$，并且孔洞达到其最大高度。若再进一步增加 A_s，比如增加 ΔA_s，将仅引起上翼缘中应力变化。对界面取矩，很明显，塑性抗弯承载力增加了：

$\Delta M_{pl,Rd} \approx \Delta A_s f_{yd} h_s$

式中，h_s是钢筋在界面上方的高度，此处为 100mm。这部分如图 6.7 中线 *BC* 所示。

由以上方法得出的抗弯承载力将不再接近于由弹性理论得到的结果（原本应接近，但因细长的受压腹板，接近于 3 类/4 类截面的分界线）。如条款*5.5.2(3)*的说明所述，Eurocode 3 未使用新塑性中性轴在上翼缘中的方法。并且在任何情况下都不推荐这种方法，因为：

■ 作者没有注意到任何对于这种情形的试验验证，这种情形在实际中也非常少见；

■ $M_{pl,Rd}$是采用模型计算得到的，该模型中钢梁下翼缘的压应变太大以至于不可利用 2 类截面所具有的转动能力。

式（D6.6）表明该限制等效于给 h_t 设置一上限 $40t\varepsilon$。任何板内钢筋使得 h_r 超过该上限值时，将使截面回到 3 类。如例 6.2 所述，这也可以是竖向剪力所致。

这点与基于标准的软件的编写有关。因为软件一旦编制好，容易盲目使用。

弹性抗弯承载力

为简单起见，$M_{el,Rd}$是在假定有支撑施工的情况下计算得到的。起初，钢筋中的应力起主导作用，直到 A_s达到 451mm^2（点 *J*）。此后 $M_{el,Rd}$由下翼缘的屈服决定，如图 6.7 中曲线 *EF* 和曲线 *GH* 所示。

属于 4 类截面的腹板

"腹板开孔"这种方法仅对属于 3 类截面的腹板有效，所以对于不属于 4 类截面的腹板，原则上应使用弹性应力分布来验算。板梁中可能出现 4 类截面的腹板，但最不可能出现在轧制的 I 形或 H 形截面中。本例中，$A_s = 3720\text{mm}^2$时达到 3 类/4 类截面的分界线。

6.2.2　竖向抗剪

条款6.2.2　***条款6.2.2*** 针对腹板无外包的梁。所有的竖向剪力通常假定由钢截面承担，如之前组合梁的标准一样。因此，可以使用如 EN 1993-1-1 的设计规定，必要时使用 EN 1993-1-5(英国标准化协会，2006a)的设计规定。然而，当混凝土板受压时，这条假定可能是保守的。即使混凝土板受拉和受弯开裂时，考虑到平衡关系，混凝土板也必须对抗剪有贡献，除非钢筋已经屈服。对实心板，当钢梁的高度仅为板厚度的2倍时(Johnson 和 Willmington，1972)，这种效应非常显著，但当该比值增加时又会减弱。

条款6.2.3(2)　在带竖向加劲的组合板梁中，混凝土板有助于对腹板中的拉力场提供锚固(Allison 等，1982)，但是必须针对竖向力设计剪力连接件[***条款6.2.3(2)***]。另一种更简单的方式是按照 Eurocode 3 同时忽略同混凝土板的相互作用和界面上的竖向拉力。

弯曲和竖向剪切

条款6.2.2.4　图6.8总结了***条款6.2.2.4*** 的方法。剪应力不会显著降低抗弯承载力，除非剪力特别大。出于该原因，相互作用可以忽略，直到剪力超过抗剪承载力的一半[***条款6.2.2.4(1)***]。

条款6.2.2.4(1)

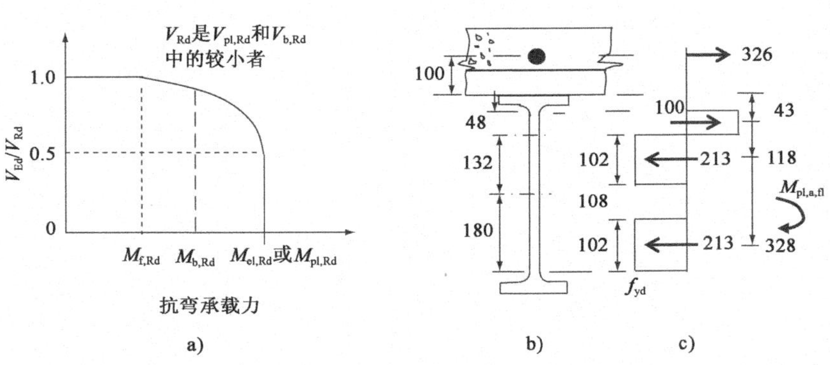

图6.8　抗弯和竖向抗剪承载力(尺寸单位:mm)

条款6.2.2.4(2)　EN 1993-1-1 和 EN 1994-1-1 均使用了抛物线形的相关曲线。***条款6.2.2.4(2)*** 中，腹板设计屈服强度的折减系数为 $1-\rho$，其中:

$$\rho = [(2V_{Ed}/V_{Rd})-1]^2 \tag{6.5}$$

V_{Rd}是抗剪承载力。设计剪力等于 V_{Rd}时，由翼缘单独提供抗弯承载力，记为 $M_{f,Rd}$，如例6.2中的计算。

$V_{Ed}=0$ 时的抗弯承载力可是个弹性或塑性值，取决于横截面的类别。当该值因侧向扭转屈曲减小到 $M_{b,Rd}$时，弯曲和剪切的相互作用只在剪力大于 $V_{Rd}/2$ 时才会出现，如图6.8a)所示。

当抗剪承载力 V_{Rd}因剪切屈曲小于塑性抗剪承载力 $V_{pl,Rd}$时，*条款6.2.2.4(2)* 将剪切屈曲承载力 $V_{b,Rd}$替换为 $V_{pl,Ed}$。

当为考虑剪切竖向减小腹板的设计屈服强度时，在负弯矩作用下 3 类截面的影响是增加腹板受压区高度。如果改变较小，依然可以使用“腹板开孔”这种模型，如例 6.2 所示。在剪力较大的情况下，新的塑性中性轴可能在上翼缘范围内，“腹板开孔”这种方法不再适用。

此时可将截面视为 3 类或 4 类，并应用**条款*6.2.2.4(3)***。本条款中“使用组合截面的计算应力”已经替换为“使用所考虑横截面的总弯矩 M_{Ed} 以及对组合横截面的 $M_{pl,Rd}$ 和 $M_{f,Rd}$”。　**条款*6.2.2.4(3)***

本条款参考自 EN 1993-1-5。对于梁，其中给出的规定本质上为：

$$M_{Ed}/M_{Rd} + (1 - M_{f,Rd}/M_{pl,Rd})(2V_{Ed}/V_{Rd} - 1)^2 \leqslant 1 \qquad (D6.8)$$

新的表述意味着宜基于作用效应进行验算，而不是按弹性理论计算得到的应力。对于无支撑施工的情况，M_{Ed} 的值没有明确给出。建议（Hendy 和 Johnson，2006）M_{Ed} 取为 $(\sum\sigma_i)W$ 的最大值，式中 $\sum\sigma_i$ 是最外缘纤维总的累积应力，W 是在所考虑时间内在该外缘纤维处有效截面的弹性模量。

例 6.2：抗弯承载力和竖向抗剪承载力

与简支梁对比，连续梁中竖向剪切更可能减小抗弯承载力，而且考虑其对采用“腹板开孔”方法得到抗弯承载力的梁的影响将更有益。当梁腹板不易发生剪切屈曲时，直接采用条款*6.2.2.4*。鉴于此，本例建立在很少使用的 UB 截面的其中一种上，如果使用 S335 钢，它的腹板可能会发生屈曲。该截面也即例 6.1 中使用的截面，406 × 140 UB 39，如图 6.6 所示，纵向钢筋面积 $A_s = 750\text{mm}^2$。

计算剪力设计值 $V_{Ed} = 300\text{kN}$ 时的抗弯承载力，其他参数见例 6.1。

由 EN 1993-1-1 知，如果 $h_w/t_w > 72\varepsilon/\eta$，则必须进行剪切屈曲承载力验算，其中 η 是一个国家定义参数，EN 1993-1-5 中的建议值为 1.2，但英国国家附件中规定为 1.0，本例也采用 1.0。这些条款通常应用于板梁，其中 h_w 是翼缘间净高度。此处忽略轧制截面的圆角，$h_w = 381\text{mm}$；对于 S335 级钢，$\varepsilon = 0.81$，因此：

$$h_w\eta/t_w\varepsilon = 381 \times 1.0/(6.3 \times 0.81) = 74.7$$

由 EN 1993-1-5 中条款 5.2 和条款 5.3 得到无加劲腹板的剪切屈曲承载力。假定腹板面积为 $h_w t_w$，翼缘无贡献，且在支座处有横向加劲。结果为：

$$V_{b,Rd} = 475\text{kN}$$

是 $V_{pl,Rd}$ 的 85%，$V_{pl,Rd}$ 由 EN 1993-1-1 中针对轧制 I 形截面的方法得到。由条款 *6.2.2.4(2)*：

$$\rho = [(2V_{ED}/V_{Rd}) - 1]^2 = (600/475 - 1)^2 = 0.068$$

则腹板的折减屈服强度为：

$$(1 - 0.068) \times 355 = 331\text{N/mm}^2$$

在负弯矩作用下，钢筋中的拉力为：

$$F_s = 750 \times 0.5/1.15 = 326\text{kN} \quad \text{(D6.9)}$$

由塑性理论,I 形截面中性轴以上腹板受压区高度为:

$326/(2 \times 0.331 \times 6.3) = 78\text{mm}$

这使得横截面类型为3类,因此采用“腹板开孔”法。由图6.6a),腹板压应力区高度为 $20t\varepsilon$。ε 值宜由腹板全屈服强度,而不是折减屈服强度得到。所以各应力区高度为102mm,见图6.6c)。使用折减的屈服强度将会增大 ε 值,并减小腹板中孔洞的高度,使得结果偏不安全。然而,各应力区中的力宜由折减的屈服强度得到,此时为:

$228 \times 331/355 = 213\text{kN}$

腹板中拉力则为:

$2 \times 213 - 326 = 100\text{kN}$

纵向力如图6.8b)所示。

由例6.1,得:

$M_{pl,a,flanges} = 183.5\text{kNm}$

对混凝土板底部取矩:

$$M_{pl,Rd} = 183.5 + 326 \times 0.1 + 213(0.118 + 0.328) - 100 \times 0.043 = 307\text{kNm} \quad \text{(D6.10)}$$

对于该横截面,$A_s = 750\text{mm}^2$,当仅受弯曲时,由例6.1中的方法得出 $M_{pl,Rd} = 314\text{kNm}$。

另一种可采用的方法是弹性理论,结果将依赖于施工方法。

6.3 部分外包的建筑结构梁的截面承载力

钢梁腹板混凝土外包一般在安装梁前就完成,每次浇一侧。外包显然会增加制造、运输和安装的成本,但当其满足*条款5.5.3(2)*时,在设计上有很多优势:

■ 根据 EN 1994-1-2(英国标准化协会,2005b),它能为腹板提供全面的抗火能力,而且通过设置纵向钢筋能够弥补火灾中下翼缘的薄弱之处;

■ 使得3类截面腹板能够升级到2类,并且2类截面受压翼缘的界限长细比可以增加40%(*条款5.5.3*);

■ 显著拓宽了不易发生侧向扭转屈曲的钢截面的范围[*条款6.4.3(1)(h)*];

■ 增加了竖向抗剪承载,见*条款6.3.3(2)*;

■ 提高了抗弯剪承载力,见*条款6.3.4(2)*;

■ 提高了剪切屈曲承载力,见*条款6.3.3(1)*。

6.3.1 适用范围

条款6.3.1(2)

为了避免剪切屈曲,***条款6.3.1(2)***限制外包腹板的长细比 $d/t_w \leq 124\varepsilon$。实际上,通过外包混凝土,几乎可以确定建筑中钢截面为1类或2类,只有这些才适用

条款6.3。

6.3.2 抗弯承载力

条款6.3.2
条款6.3.2(2)

条款6.3.2 中关于抗弯承载力的规定,与同类型的无外包截面的规定相符,除了***条款6.3.2(2)*** 没有提及的侧向扭转屈曲,外包层极大地提高了抗侧向扭转屈曲承载力。例6.3、*条款6.4.2(7)* 的说明以及文献(Johnson 和 Anderson,1993)第153~154页的例子都与此有关。然而,*条款6.3* 的适用范围内的梁也可能易发生侧向扭转屈曲,例如采用S420钢、腹板外包的IPE 450截面的梁。因此宜校核不满足*条款6.4.3* 的连续梁。

混凝土翼缘允许使用部分剪力连接,但腹板外包层则不行。按条款5.5.3(2)和条款6.3.3(2),在外包层内布置栓钉以承受纵向剪力是常见的方式,但对腹板中贯穿钢筋或焊接到腹板上的箍筋的贡献无指导建议。设置这些是为了保证外包截面的整体性。

不同类型剪力连接件的荷载-滑移特征宜兼容[*条款6.6.1.1(6)P*]。由对“开孔板”剪力连接件(纵向带孔翼缘板穿到混凝土板中,孔内贯穿钢筋)的研究可知,贯穿钢筋为剪力连接件提供了很好的滑移性能(Andrä,1990; Studnicka 等, 2002; Mareceket 等, 2005),所以此处可以利用它们的贡献;但箍筋的焊缝可能太脆弱。

6.3.3-6.3.4 竖向抗剪承载力,以及弯曲和竖向剪切共同作用下的承载力

条款6.3.3

条款6.3.3 的规则是基于组合构件和钢筋混凝土构件承载力叠加的概念建立的,这一概念在日本结构抗震中已经使用了几十年。剪力连接的设计必须保证剪力由钢腹板和混凝土外包层承担。参考EN 1992-1-1的目的是保证在足以引起钢腹板屈服的剪应变下腹板外包层能够保持其抗剪强度。

条款6.3.3(1)
条款6.3.4

条款6.3.3(1) 表明剪切作用下没有必要考虑腹板屈曲。***条款6.3.4*** 采用符合无外包截面规定的方式处理弯矩-剪力的相互影响。

6.4 组合梁的侧向扭转屈曲

6.4.1 一般规定

条款6.4.1(1)

在本节中假设,在竣工的建筑结构中,所有组合梁的钢上翼缘将通过与混凝土或组合板的连接来保证侧向稳定性[***条款6.4.1(1)***]。*条款6.6.5.5(1)* 和*条款6.6.5.5(2)* 中关于连接件最大布置间距的规定与上翼缘的分类有关,因此仅与局部屈曲有关。*条款6.6.5.5(3)* 中给出的对侧向扭转屈曲的相关规定的限制较少。

条款6.4.1(2)

宜使用EN 1993-1-1 条款6.3.2 对不够稳定的任意受压上翼缘进行侧向屈曲验算[***条款6.4.1(2)***],尤其适用于非支撑施工阶段。对长跨的情况,有必要对仅沿部分跨长组合的钢梁进行验算。*条款6.4.2* 中基于使用弹性临界弯矩 M_{cr} 计算值的通用方法是适用的,但在EN 1993-1-1或EN 1994-1-1中没有给出计算 M_{cr} 的详细指导意见。文献(Lindner 和 Budassis,2002)已经研究了无混凝土翼缘的外包腹

板组合梁的屈曲。但是,对建筑结构,施工阶段实际上极少起关键作用,因为施工荷载远小于设计总荷载。

只有在悬臂和连续梁中,钢梁下翼缘受压。在连续梁中,当一梁跨上荷载较小且其单个或两个相邻跨满布加载时,则该跨的大部分长度上都处于受压状态。受压下翼缘宜在支座处一直施加侧向约束[*条款6.4.3(1)(f)*]。不宜假设反弯点与侧向约束等效。

在组合梁中,混凝土板为钢梁提供侧向约束,并且限制其绕纵向轴线的转动。侧向屈曲总是与横截面的变形(形状改变)有关。组合梁的设计方法必须考虑到腹板的弯曲[图6.9b)]。这些方法与EN 1993-1-1条款6.3.2的方法在细节上有不同,但在没有公认更好的替代方法的情况下,使用了相同的缺陷因素和屈曲曲线,进一步的解释说明可见文献(Johnson,2007a)。

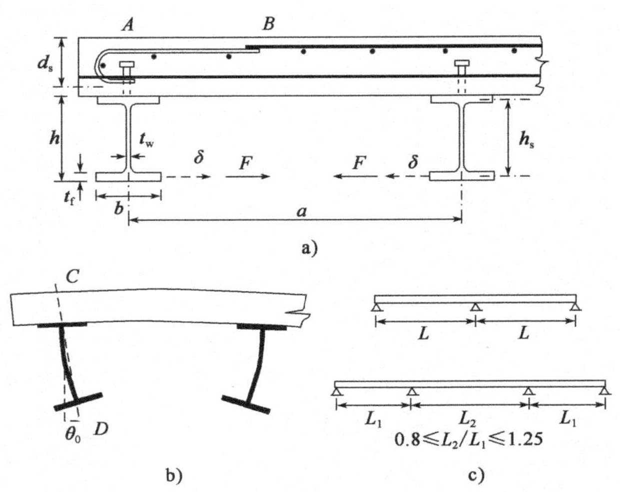

图6.9　U形框架的作用力及侧向扭转屈曲

条款6.4.1(3)　当EN 1994-1-1的任何方法都不适用时(例如4类截面梁),可使用***条款6.4.1(3)***引用的EN 1993-1-1中给出的通用方法。

6.4.2　建筑用连续组合梁(横截面为1类、2类和3类)的侧向扭转屈曲验算

本节的通用设计方法是出于考虑下翼缘的屈曲变形而制定的,该方法不适用于如下翼缘水平处没有板的梁跨中截面之类的情况(见图6.2)。虽然条文中没有说明,但暗含着所涉及的梁跨具有均匀的组合截面,配筋细节和混凝土开裂影响之类的微小变化除外。例6.7说明了该方法在一双跨连续梁上的运用。

该方法与EN 1993-1-1的条款6.3.2密切结合。折减系数χ_{LT}[***条款6.4.2(1)***]和相对长细比$\bar{\lambda}_{LT}$[*条款6.4.2(4)*]的定义有对应关系。折减系数应用于设计抗弯承载力M_{Rd},其在***条款6.4.2(1)***~***条款6.4.2(3)***中定义。M_{Rd}的表达式包含了设计屈服强度f_{yd}。这些条款为γ_{M1}的使用提供了参考依据,因为这是对屈曲的验算。在EN 1993-1-1和英国国家附件中,γ_{M0}和γ_{M1}的值均相同(取1.0)。

条款6.4.2(1)
条款6.4.2(2)
条款6.4.2(3)

3类截面的M_{Rd}的确定与*条款6.2.1.4(6)*中$M_{e,Rd}$的确定的不同之处仅在于不需要考虑受压混凝土的极限应力f_{cd},但需要考虑施工方法。

由公式（6.6）给出的屈曲抗弯承载力 $M_{b,Rd}$ 必须超过所考虑的受压翼缘的无支撑长度内的最大施加弯矩 M_{Ed}。

采用无支撑施工的 3 类横截面的侧向屈曲

施工方法对 3 类组合截面侧向屈曲验算的影响如下。由公式（*6.4*）：

$$M_{Rd} = M_{el,Rd} = M_{a,Ed} + kM_{c,Ed} \tag{a}$$

式中，下标 c 表示对组合构件的作用效应。

由公式（*6.6*），校核：

$$M_{Ed} = M_{a,Ed} + M_{c,Ed} \leqslant \chi_{LT} M_{el,Rd} \tag{b}$$

即：

$$\chi_{LT} \geqslant (M_{a,Ed} + M_{c,Ed})/M_{el,Rd} = M_{Ed}/M_{el,Rd} \tag{c}$$

总负弯矩 M_{Ed} 与施工方法几乎无关。而确定 $M_{el,Rd}$ 的极限应力对于有支撑和无支撑结构是不同的。如果在两种情况下都是下翼缘受压，则对于无支撑结构，$M_{el,Rd}$ 较小，由式（c）得到的 χ_{LT} 的限值更大。

弹性屈曲临界弯矩

条款6.4.2(4) 要求确定临界弹性屈曲弯矩，并考虑有关的约束条件，因此必须计算结构刚度。通常可认为来自板的侧向约束是刚性的。如果结构是由一对钢梁和附于其上的混凝土翼板组成，其可以用倒 U 形框架来建模（*图6.11*），并沿跨度连续，上翼缘水平处的转动约束刚度 k_s 可见*条款6.4.2(5)*～*条款6.4.2(7)*。

条款6.4.2(4)

条款6.4.2(5)

条款6.4.2(5) 给出了建立该框架模型的条件。分析是基于其单位长度的刚度 k_s，由比率 F/δ 给出，其中 δ 是由力 F 引起的侧向位移［图 6.9a)］。柔度 δ/F 是由以下因素产生的柔度的总和：

条款6.4.2(6)

条款6.4.2(7)

■ 不可忽略的混凝土板的弯：由式（*6.9*）得到 $1/k_1$；

■ 占主导的钢梁弯曲：由式（*6.10*）得到 $1/k_1$；

■ 剪力连接的柔度。

按 EN 1994-1-1 设计时可以忽略最后一项柔度（Johnson 和 Fan，1991）。因此可由公式（6.8）求得刚度 k_s。

这种“连续 U 形框架”概念长期以来一直用于钢桥设计（英国标准化协会，2000a）。也有类似的“离散 U 形框架”概念，其与钢截面具有竖向加劲肋的组合梁有关。最靠近那些加劲肋的剪力连接件几乎传递全部弯矩 Fh［图 6.9a)］，此处 F 是作用上离散 U 形框架上的力。上述列出的三个柔度中的最后一个可能不可忽略，也不确定剪切连接和相邻板是否有足够强度（Johnson 和 Molenstra，1990）。在有加劲肋的地方，宜确定每个加劲肋上方的连接对往复作用的横向弯曲的承载力，因为在板内存在局部剪切破坏的风险目前还没有简化的验算方法。*条款6.4.3(1)(f)* 中的“可不设置加劲肋”会有误解，因为承载力计算模型是基于对非加劲腹板的理论和研究得到。在作者看来，它宜为“不宜设置加劲肋”。在桥梁设计中通过使用横向钢构件（例如 U 形或 H 形框架）可以避免此问题［图 6.10a)］。

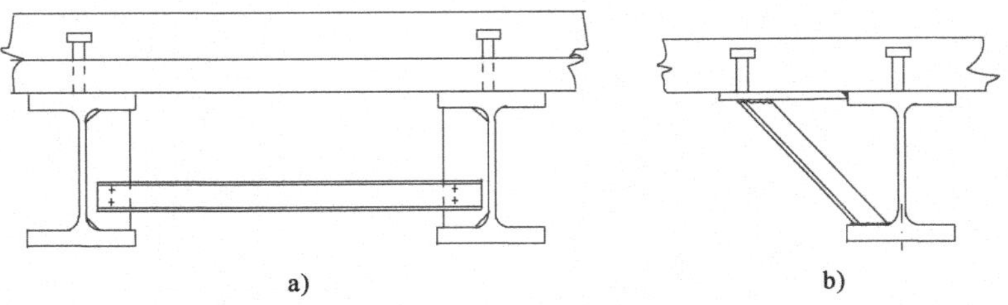

图 6.10　侧向约束的下翼缘

*条款6.4.3(1)*中的条件参考自*条款6.4.2(5)*,建筑中通常通过支撑组合板的梁来满足条件;但是当这些是次梁时,该方法不适用于主梁,因为条件(e)不满足。有时可以通过次梁的支撑来保证主梁下翼缘的稳定。

除了求组合板的开裂抗弯刚度$(EI)_2$之外,k_s的计算很简单。例 6.7 中使用了一种近似方法,其推导见附录 A。

外包混凝土的腹板

条款6.4.2(7)
条款6.4.2(9)

条款6.4.2(7)和***条款6.4.2(9)***考虑了腹板外包层附加刚度。该考虑是有意义的:对于轧制型钢,式(*6.11*)求得k_2是式(*6.10*)中值的 10 ~40 倍,取决于翼缘宽度与腹板厚度的比值,腹板外包层通常会完全消除对侧向扭转屈曲的敏感性。式(*6.11*)中使用的模型在附录 A 中说明。

连续倒 U 形框架模型理论

在 ENV 1994-1-1(英国标准化协会,1994)的附录 B 中给出关于 U 形框架模型的弹性临界屈曲弯矩的公式,但是 EN 1994-1-1 中删除了这一部分,因为它被认为是"教科书内容"。但在此处会给出计算公式。

根据下面讨论的条件,连续梁的内部支座处的弹性屈曲临界弯矩是:

$$M_{cr} = (k_c C_4/L)[(G_a I_{at} + k_s L^2/\pi^2) E_a I_{afz}]^{1/2} \tag{D6.11}$$

式中:k_c——组合截面特性,如下所示;

C_4——长度L内的弯矩分布特性;

G_a——钢的剪切模量$\{C_a = E_a/[2(1+\nu)] = 80.8\text{kN/mm}^2\}$;

I_{at}——钢截面的扭转惯性矩;

k_s——*条款6.4.2(6)*规定的转动刚度;

L——钢构件下翼缘侧向约束的点之间的梁长(通常为跨长);

I_{afz}——钢构件下翼缘的弱轴惯性矩。

当钢构件的横截面关于两轴均对称时,k_c由下式给出:

$$k_c = (h_s I_y/I_{ay})/[(h_s^2/4 + i_x^2)/e + h_s] \tag{D6.12}$$

其中:

$$e = AI_{ay}/[A_a z_c(A - A_a)] \tag{D6.13}$$

式中:h_s——钢截面翼缘中心之间的距离;

I_y——面积为A的开裂组合截面关于强轴的抗弯惯性矩;

I_{ay}——钢截面相应的惯性矩;

$i_x^2 = (I_{ay} + I_{az})/A_a$，其中 I_{az} 和 A_a 是钢截面特性；

z_c——钢梁形心与混凝土板中心的距离。

条款6.4.3(1) 的*段(c)～段(f)* 中给出了使用这些公式的其中四个条件。ENV 1994-1-1 给出了另外三个条件。这些与 U 形框架中板件对 U 形框架平面内的横向负弯矩的承载力、框架抗弯刚度以及剪力连接件间距有关。在实践中，认为其他要求是满足这些要求的。附录 A 给出了进一步的说明。

系数 C_4 在一组表格中给出，通过数值分析确定其范围为 6.2～47.6。这些值在附录 A 中给出(见图 A.3 和图 A.4)。该系数考虑了增加的侧向屈曲承载力，其中弯矩沿构件分布不均匀。在进行侧向稳定性验算时，必须使用与 C_4 相对应的弯矩分布作为作用效应，而不是等效的均值。计算方法如例 6.7 所示。

在连续组合梁的承载力将由内部支座附近的侧向屈曲控制的情况下，可对下翼缘设置横向支撑。这时宜通过计算机采用弹性临界分析确定弯矩 M_{cr}，因为附录 A 中采用系数 C_4 的方法不适用。

弹性临界弯矩的替代理论

考虑翘曲约束的侧向畸变屈曲的微分方程与弹性地基上的受压构件的微分方程类似。这得到了弹性临界弯矩的另一表达式。与式(D6.11)一样，它的使用需要依赖于弯矩分布的计算值以及针对该方法的参数：

$$\eta_B^2 = k_s L^4/(E_a I_{\omega D})$$

其中，k_s、L 和 E_a 同上，$I_{\omega D}$ 是钢构件关于受约束的钢翼缘中心的扇形惯性矩。Hanswille(2002) 中给出这些值的四个图，且 Hanswille 等人(1998) 给出了更通用的一组结果(1998)。

对于具有 IPE 500 和 HEA 1000 轧制截面的梁，采用该方法和式(D6.11)对 M_{cr} 的预测结果与有限元分析的结果进行了比较。发现对于内外跨该方法与有限元结果一致。另外发现式(D6.11)能得到满意的对内跨计算结果，但是对于外跨通常不太准确，在某些情况下偏不安全，误差超过 30%。这表明该式需要进一步验证。

6.4.3　无直接算法的建筑简化验算

由于已有大量的 U 形框架模型的计算方法，因此发展了一种简化方法。***条款6.4.3(1)*** 规定了连续梁和悬臂梁，除了在支座处，其可设计成翼缘无侧向支撑的情况。该条的*表6.1* 列出了钢材等级和钢构件总高度的限制，前提是其采用 IPE 或 HE 轧制型钢。其他截面的限制如下。该条款第*(h)段*考虑了混凝土部分外包层的贡献。　***条款6.4.3(1)***

这些结果由弹性屈曲临界弯矩的计算式(D6.11)得到，作出了进一步缩小方法适用范围的假设。关于其来源说明有英语版(Roik 等，1990a)和德语版(Roik 等，1990b)。它由 Johnson 和 Fan(1991)概述，类似于用于处理加腋梁的侧向扭转屈曲的方法(Lawson 和 Rackham，1989)。

简化的基本原则是梁的负弯矩承载力不应因侧向屈曲而降低，假设当 $\bar{\lambda}_{LT} \leq 0.4$ 时达到这一点。该值在 EN 1993-1-1 中针对“轧制型钢和等效焊接型钢”的条款6.3.2.3的注释中给出。它可以根据国家附件进行修改。EN 1993-1-1 的英国国家附件确定对轧制型钢取为0.4,但将焊接截面的$\bar{\lambda}_{LT}$限值从0.4降低到0.2。

长细比$\bar{\lambda}_{LT}$是沿跨度的弯矩变化量的函数。这是对图6.9c)所示类型的连续梁和悬臂梁施加各种荷载进行研究得到的。通过此研究,得到条款*6.4.3(1)段(a)*和*段(b)*对跨度和荷载的限制。

$\bar{\lambda}_{LT}$的简化表达式,以及英国 UB 轧制型钢的使用

表6.1 仅适用于 IPE 和 HE 轧制型钢。其他轧制的 I 和 H 型钢的标准在附录 A 中推导。该方法的依据如下。

一些采用 UB 轧制型钢的组合梁,对无直接算法的侧向扭转稳定性验算的符合情况 表6.1

型 钢	式(D6.15)的右边	S275 钢,无外包 (13.9)	S355 钢,无外包 (12.3)	S275 钢,有外包 (18.0)	S355 钢,有外包 (15.8)
457×152 UB52	16.4	否	否	是	否
457×152 UB67	14.9	否	否	是	是
457×191 UB67	13.6	是	否	是	是
457×191 UB98	11.8	是	是	是	是
533×210 UB82	14.4	否	否	是	是
533×210 UB122	12.5	是	否	是	是
610×229 UB125	14.1	否	否	是	是
610×299 UB140	13.5	是	否	是	是
610×305 UB149	12.2	是	是	是	是
610×305 UB238	9.83	是	是	是	是

对于满足适用于M_{cr}式(D6.11)的条件的无外包梁,具有双对称钢截面,并且无外包混凝土,1类或2类截面的长细比可保守地取为:

$$\bar{\lambda}_{LT}=5.0\left(1+\frac{t_w h_s}{4b_f t_f}\right)\left(\frac{h_s}{t_w}\right)^{0.75}\left(\frac{t_f}{b_f}\right)^{0.25}\left(\frac{f_y}{E_a C_4}\right)^{0.5} \tag{D6.14}$$

式(D6.11)的推导在附录 A 中给出。式(D6.14)中的大多数项定义了 I 型钢的特性;b_f 是下翼缘的宽度,其他符号如图6.9a)所示。

为了检验特定截面是否符合"简化验算",计算了截面参数 F。由式(D6.14)得:

$$F=\left(1+\frac{t_w h_s}{4b_f t_f}\right)\left(\frac{h_s}{t_w}\right)^{0.75}\left(\frac{t_f}{b_f}\right)^{0.25} \tag{D6.15}$$

对于表6.1 中列出的名义钢材等级,附录 A(见图 A.5)给出了 F 的限值 F_{lim}。在绘制点 F 处或其上方的水平"S"线给出最高等级的钢材,对该钢材截面可运用条款*6.3.3* 的方法。

表6.1 所列标题给出了一些 F_{lim} 值的例子。采用 S275 钢的许多较重的宽翼缘截面符合无直接算法的验算,但采用 S355 钢的 UB 截面很少符合。

在 ENV 1994-1-1 中,对于与符合表6.1 的 IPE 和 HE 截面"形状类似"且几何条件类似于 F 的限制的热轧制截面,允许进行无直接算法的验算。在 EN 1994-1-1 中已被国家附件的参考文件所取代。英国国家附件确定使用图 A.5 中给出的 BS 4-1

和类似 I 形或 H 形钢截面的 F 限值,但不包括焊接截面。鉴于这些截面的 λ_{LT} 限值从 0.4 降为 0.2(如前述),如此看来在英国,*条款6.4.3* 不宜用于焊接截面。

符合条款 5.5.3(2)带有外包腹板的 UB 轧制截面的使用

据附录 A[见式(DA.4)],腹板外包层的作用是将 F_{lim} 至少增加 29%。表 6.1 的所有截面都符合 S275 钢的要求,且除了一个截面外也都符合 S355 钢。因此,腹板外包层是改善连续组合梁中轧制钢截面的侧向稳定性的有效选择。

如果钢截面不符合条件,则宜使用*条款6.4.2* 的方法。

中间侧向支撑的使用

当由前述方法之一求得的抗弯承载力 $M_{b,Rd}$ 明显小于所考虑截面的抗弯承载力设计值 M_{Rd} 时,为钢下翼缘提供离散的侧向约束可能是经济有效的。如果混凝土板是组合截面的,则可需要钢横梁[图 6.10a)],但对于实心混凝土板,其他解决方案也是可能的[例如图 6.10b)]。

EN 1993-1-1 的条款 6.3.2.1(2)指的是"受压翼缘具有足够约束的梁",但并没有对"足够的"进行规定。条款 6.3.2.4(3)的注释参考了关于"有约束"的建筑结构构件屈曲的欧洲结构设计标准的附录 BB.3。条款 BB.3.2(1)给出了"侧向约束之间的稳定长度"的最小值,但这适用于侧向扭转屈曲,可能不适合畸变屈曲。对钢结构 EN 1993-2(英国标准化协会,2006b)给出了进一步规定,文献(Hendy 和 Johnson,2006)给出了进一步指导建议。

EN 1994-1-1 中没有关于侧向约束必须具有的最小强度或刚度的指导建议。Lawson 和 Rackham(1989)基于 BS 5950-1 的条款 4.3.2(英国标准化协会,2000b)给出了指导建议。这说明宜设计离散约束以承受翼缘中的 2% 最大压力。文献(Lawson 和 Rackham,1989)建议在离散和连续约束同时作用的情况下,如在组合梁中,力的设计值可以减小到翼缘中力的 1%。用离散支撑来弥补连续约束的缺陷的规定原则上是好的,但两种类型约束的相对刚度必须使它们同时有效。

另一个建议是将约束力与设置支撑的截面处的翼缘与腹板所受的总压力联系起来,以利用负弯矩区的弯矩的斜坡式变化。

在 Warwick 大学的试验中(Johnson 和 Chen,1993),采用该方法,支撑能够有效地抵抗总压力 1%。该压力的计算包括截面的弹性分析,尽管不是必需的,并且该方法在反弯点附近是不安全的。目前没有比上面引用的 2% 规定更好的简单设计方法,尽管其过于保守。若将翼缘中的应力取为屈服应力,可不进行弹性分析。

基于 M_{cr} 式(D6.11)的设计方法适用于完整跨径,但对于侧向支撑之间的短梁长度则不能令人满意(过于保守)。这是因为系数 C_4 的修正值是侧向约束间长度的函数。为简单起见,本指南附录 B 中的图仅给出了 C_4 的最小值,这些值适用于屈曲半波长小于式(D6.11)中的长度 L 的情况。当 L 的是一个完整跨度时,总是适用,但是当 L 为部分跨度时,给定的值可能过于保守。

连续梁的设计流程图

图 6.11 的流程图涵盖了连续组合梁内跨设计的一些方面。其范围仅限于 1 类、2

类或 3 类横截面、无外包腹板、均匀的钢截面，以及与支承构件的无弯曲相互作用。图 6.11a）参考以下注释：

1 如果使用“未开裂”模型，整体弹性分析会更简单。对负弯矩重分配的限制包括允许开裂的影响，但是在需要考虑侧向扭转屈曲的情况下不允许重分配[条款 *5.4.4(4)*]。优先使用开裂分析，是因为开裂分析可以给出更小的内部支座处的负弯矩。

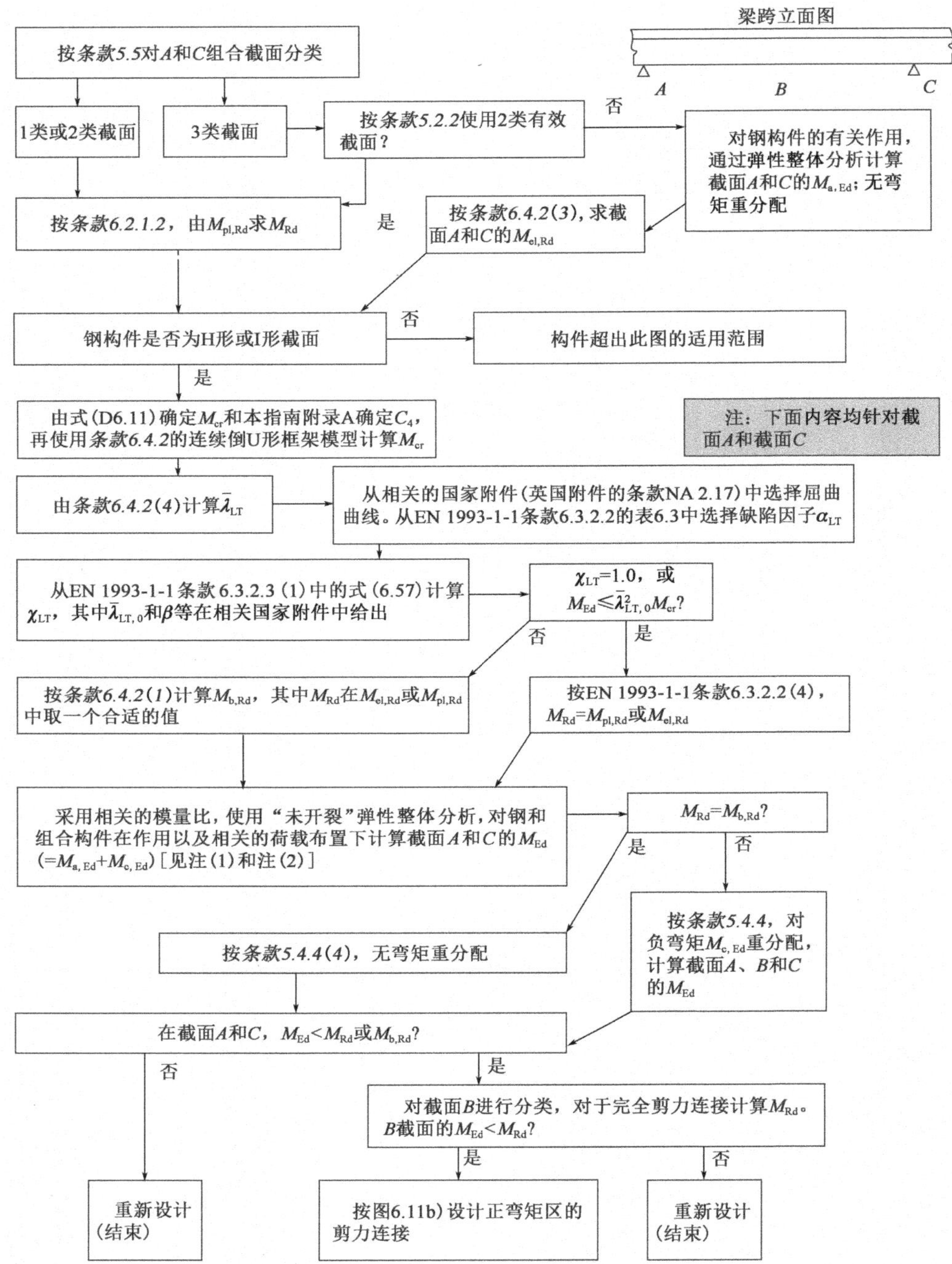

a）建筑物采用 H 或 I 型钢均匀截面且非 4 类截面的连续组合梁内部跨度承载能力极限状态设计流程图，不包括条款*6.4.3* 的简化方法

图 6.11

续上图

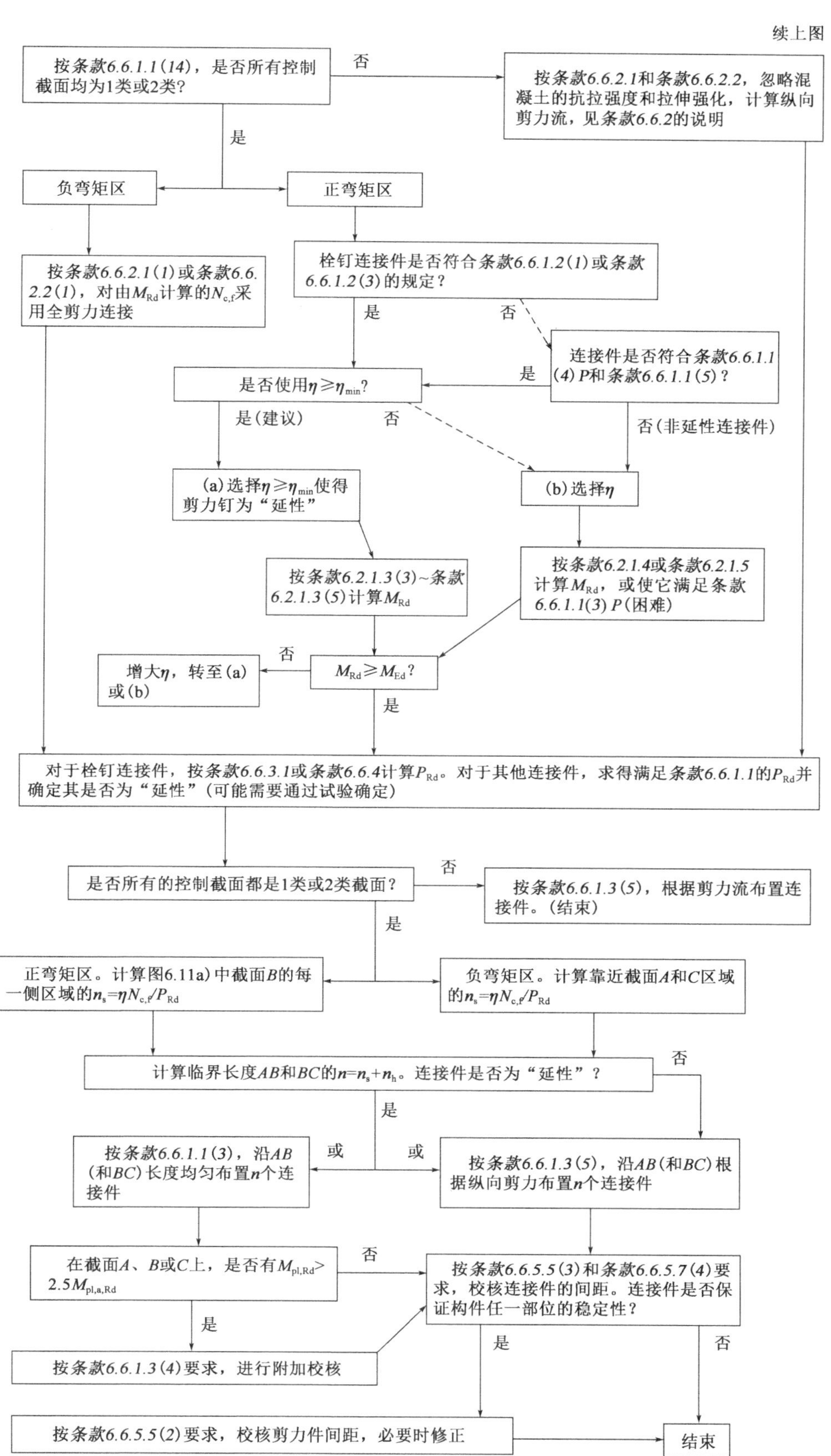

b)建筑物中连续梁内跨设计流程图——剪力连接

图　6.11

2 如果使用全支撑施工,所有横截面上的 $M_{a,Ed}$ 可能为零。

在例 6.8 结尾给出了对图 6.11b)的说明。

例 6.3:两跨梁的侧向扭转屈曲

应用附录 A 中的理论,例 6.7 说明了*条款6.4.2* 的设计方法,该部分内容位于*条款6.6* 的说明之后。该方法的长度使得应尽可能使用*条款6.4.3* 的"简化验算"。

参考例 6.7 中的两跨连续梁,说明了该简化方法的局限性。该梁采用 S355 级钢的 IPE 450 钢截面,且沿两个 12m 跨连续。具体见图 6.23 ~ 图 6.25。

图 6.23c)中支座 B 处组合截面在负弯矩作用下的相关结果如下:

$M_{pl,Rd} = 781\text{kNm}$

$\bar{\lambda}_{LT} = 0.43$

$M_{b,Rd} = 687\text{kNm}$

由表 6.2 得每单位长度梁的极限荷载设计值为:

永久荷载:7.80 + 1.62 = 9.42kN/m

可变荷载:26.25kN/m

钢截面不符合*条款6.4.3(1)(g)* 的条件,其将截面高度限制为 400mm。该梁满足了除*段(b)*的条件外的所有其他条件,因为其永久荷载与总荷载之比仅为:

9.42/35.67 = 0.26

远低于规定的最低值 0.4。

满足*段(g)*的最简单方法是将混凝土外包在腹板上,这将截面高度限制增加到 600 mm,永久荷载增加到 11.9kN/m。

*段(b)*的条件非常严苛。在这种情况下,其为:

$11.9 \geqslant 0.4(11.9 + q_d)$

故:$q_d \leqslant 17.8\text{N/m}$

这对应于楼面荷载特征值:$17.8/(1.5 \times 2.5) = 4.75\text{kN/m}^2$

该值比规定的 7kN/m^2 大幅降低,即使 $\bar{\lambda}_{LT}$ 值(减至 ≤0.4)的减小量小于 10%。

这个结果说明了"简化"方法的一个共同特征:它们必须包含各种情况,以至于在某些情况下过于保守。

6.5 腹板上的横向力

未加劲且外包的腹板对通过钢翼缘施加的力(通常是竖向力)的局部承载力可以假设在组合构件中与在钢构件中是相同的,因此***条款6.5*** 主要参考 EN 1993-1-5。EN 1993-1-5 第 8 章的规定不限于轧制型钢,也适用于组合梁中常见的中性轴不在板厚中部的腹板。

条款6.5

建筑中,当组合梁沿支撑钢梁是连续的,可能会发生腹板的局部屈服或屈曲。1

类或 2 类轧制 I 形截面可能不易受影响，但被视为等效 2 类截面的 3 类截面的腹板通常宜加劲［***条款6.5.1(3)***］。

条款6.5.1(3)

在滑动支座上架设的板梁不能在每个截面都加劲，因此安装条件可能是关键；但这种情况在建筑结构中很少见。

条款6.5.2

根据***条款6.5.2***，当大的受压翼缘受到较为薄弱或较薄的腹板的约束而无法发生面外屈曲时，可能会发生翼缘引起的腹板屈曲。这可以通过限定腹板的长细比来预防，该长细比是翼缘面积与腹板面积比值的函数。如果翼缘在高度上弯曲，则长细比的限值将会减小，以确保腹板能够承受翼缘内力的径向分量。轧制 I 形截面不会发生这种形式的腹板屈曲。只需要对非常规比例的板梁和高度急剧弯曲的构件进行这种屈曲的验算。

本文以 S355 钢的 IPE 400 截面为例，其在安装前已经绕其强轴进行冷弯，通过例子说明了曲率突变的影响。假设要使用其塑性抗弯承载力，EN 1993-1-5 条款 8(2) 给出的最小允许曲率半径为 2.1m。对于热轧截面，翼缘引起的腹板屈曲并不常见。

6.6　剪力连接

6.6.1　一般规定

设计基础

条款6.6.1.1(1)

条款6.6 适用于组合梁的剪力连接。***条款6.6.1.1(1)*** 也涉及“其他类型的组合构件”。组合柱中的剪力连接在*条款6.7.4* 中进行了说明，但对于栓钉剪力连接件的设计承载力参考了*条款6.6.3.1*。同样，用于组合板端部锚固的栓钉在*条款9.7.4* 中进行了说明，但*条款6.6* 中的某些规定是适用的。

条款6.6.1.1(2)P

虽然***条款6.6.1.1(2)P*** 排除了粘结的不确定效应，但并没有排除摩擦的影响。它与粘结的本质区别在于必须在相关表面上施加压力。这通常由凝结水泥的楔紧作用所致。*条款6.7.4.2(4)*（柱）和*条款9.1.2.1*（组合板）中给出了通过摩擦进行剪力连接的规定。

条款6.6.1.1(3)P

条款6.6.1.1(4)P

条款6.6.1.1(5)

在许多允许连接件均匀分布的规定中都依据于“剪力的非弹性重分布”［***条款6.6.1.1(3)P***］。***条款6.6.1.1(4)P*** 使用了“延性”一词来表示具有足够变形能力以满足剪力连接的理想塑性性能假定的连接件。***条款6.6.1.1(5)*** 将该变形能力量化为 6mm 的滑移能力标准值（Johnson 和 Molenstra，1991）。在实践中，设计人员不希望出现计算所需的和可用的滑移能力。*条款6.6.1.2(1)* 通过限制部分剪力连接的范围并指定剪力连接件的类型和范围，可以避免这种计算。

条款6.6.1.1(6)P

对于荷载/滑移特性能的协调性要求［***条款6.6.1.1(6)P***］是粘结和粘合剂都不能用于增加栓钉的抗剪承载力的一个原因。有如出于同样的原因，不鼓励剪力栓钉和方钢-圆钩连接件混合使用，尽管有如螺栓和翼缘板端部有效地嵌固到混凝土板中，确实有助于剪力连接。

条款6.6.1.1(7)P

条款6.6.1.1(7)P 中的“脱离”是指足以使两个构件的曲率在横截面上不同

或者存在局部腐蚀风险的脱离。EN 1994-1-1 中的设计方法都没有考虑到曲率的不同,非常小的脱离都可能产生曲率的不同。即使通常情况下大多数荷载是由板施加或施加在板上,当采用无头栓钉的梁进行试验,也会显示出脱离的现象,尤其是发生在塑性行为开始之后。这是由于混凝土和钢构件的弯曲刚度的为局部变化,以及混凝土板有离开焊环的趋势。栓钉连接件的标准栓钉头已被认为足够大,可以控制脱离,而**条款6.6.1.1(8)**中的规定旨在确保其他类型的连接件(如有必要带有锚固装置)也可以达到这样。

条款6.6.1.1(8)

混凝土板底部附近的钢筋对抗拔力的影响很大,因此如果要通过试验校核锚点的承载力,则宜在试样中布置符合*条款6.6.6*的钢筋。同时,锚点也不可避免地受到剪切作用。

条款6.6.1.1(9)

条款6.6.1.1(9)提到"直接拉力"。例如,来自悬吊钢构件的移动式起重机的荷载。在桥梁中,它可以由相邻梁在一定外加荷载作用下的挠度差异引起。如果存在,必须确定其大小的设计值。

条款6.6.1.1(10)P

条款6.6.1.1(10)P是制定许多应用性规定的原则。剪切力必然属于"集中"力。一项研究(Johnson 和 Oehlers,1981)发现,栓钉上70%的剪切力由其焊环承受,以及混凝土中的局部(三轴)应力是其立方体强度的几倍。横向钢筋具有双重作用。它作用混凝土翼缘的水平抗剪钢筋,并控制和限制劈裂。当连接件靠近板的自由表面时,其细节至关重要。

在使用预制板的地方会产生更大的集中力,因此连接件成组地布置在板上的孔中。这会影响这些孔附近钢筋的细节,并在EN 1994-2的第8章中提到。

条款6.6.1.1(12)

条款6.6.1.1(12)旨在允许使用其他类型的连接件。ENV 1994-1-1包括除栓钉以外的许多类型连接件的规定:方钢连接件、锚、环钩、角钢和摩擦夹紧螺栓。由于它们使用的限制,已都被省略了,以缩小规范篇幅。开孔板连接件(最初称为"Perfobond")主要用于桥梁。通常,它们由在钢梁上翼缘顶上的带孔纵向板(即,类似于腹板的竖向延伸)组成,孔中贯穿横向钢筋并用作销钉。竖向板在施工时对操作者的风险小于剪力钉的风险,并且该连接件具有良好的滑动能力。学者们已经对它们的静态和疲劳承载力进行了研究(Marecek 等,2005; Kim 等,2007)。

一些连接件(例如方钢)没有延性。文献(Leskela,2006)已经对这种连接件的作用进行了研究。

条款6.6.1.1(13)

条款6.6.1.1(13)规定连接件宜至少能承受剪力设计值,即作用效应。对1类和2类截面的连接件基于设计抗弯承载力设计值(见*条款6.6.2*),因此基于通常超过作用效应的剪力设计。

条款6.6.1.1(14)P

由**条款6.6.1.1(14)P**所述,部分剪切连接的原则*条款6.2.1.3*的应用规则。

图6.11b)中的流程图是针对腹板无外包的梁。该图有助于遵循*条款6.2*和*条款6.6*的说明。

建筑用梁中部分剪力连接的使用限制

如*条款6.2.1.3*的说明所述,部分剪力连接的规定基于6mm的可用滑移量。

延性连接件是那些已证明(或被认为)具有滑移能力标准值[在*条款B.2.5(4)*中定义]超过6mm的连接件。

对滑移能力的预测是困难的。在许多出版物中已经报道了栓钉连接件的推出试验,但是对于超过3mm的滑动,很少进行试验。滑移能力取决于混凝土及其钢筋对连接件的限制程度,因此取决于自由表面(例如,在梁腋或边梁中)的位置以及连接件的形状、尺寸和间距。这些信息已被总结(Aribert,1990;Johnson和Molenstra,1991)。结论使得某些栓钉连接件以及摩擦夹紧螺栓被认可为"延性的"[***条款6.6.1.2(1)***],这些都在ENV 1994-1-1的适用范围内。 ***条款6.6.1.2(1)***

与使用实心板的一些推出试验的结果相比,这些结论似乎是乐观的,但是在按Eurocode要求加固的梁中,连接件的性能比在小尺寸推出试件中更好,因为劈裂会导致过早破坏。在强度很高的混凝土中可能会希望栓钉有较低的可用滑移量,但是通过采用圆柱体抗压强度为$f_{cm} \approx 86\text{N/mm}^2$的四次推出试验证实了6mm的滑移极限(Li和Cederwall,1991)。

对于某些类型的轧型钢板,发现可用滑动量大于6mm(Mottram和Johnson,1990;Lawson等,1992)。这些结果和其他试验数据放松了较低剪力连接度的使用对有效跨径的限制,如图6.4a)的下半部分所示。这仅适用于满足***条款6.6.1.2(3)*** *条件(a)~条件(e)*的情况,因为这些都是可获得试验数据的情况。由于没有经过验证的包含所有相关变量的理论模型,因此只有当力N_c由*条款6.2.1.3*(插值方法)中给出的两种方法中较保守的方法确定时,才允许放松限制。 ***条款6.6.1.2(3)***

使用该条款的条件包括对b_0/h_p和h_p的限制。当如果顶部板肋如*条款6.6.4*的说明所述,加劲肋为"小尺寸"如图6.14b)所示,净高度h_{pn}是合适的。

图6.4a)总结了在建筑中使用部分剪力连接的限制,其中L_e是有效跨度。线*PQ*至*RS*给出的跨度限制是来自*条款6.6.1.2*中对"延性"连接件的规定。具有低剪力连接度的大跨度梁的设计可能取决于对其变形限制的需要,除非它在施工期间是有支撑的或是连续的。

对于受正弯矩的组合梁,钢上翼缘必须足够宽,以抵抗在安装过程中的侧向屈曲,以及用于剪力件的连接,但通常可以小于下翼缘。较小的翼缘降低了组合截面的塑性中性轴,并增加了局部相互作用设计模型的滑移量。这就是*条款6.6.1.2(1)*和*条款6.6.1.2(2)*给出的剪力连接程度的限制要比具有相同钢翼缘的梁的限制更宽松的原因。

当使用横跨于梁的组合板时,凹槽中的空间可能不够布置这些规定要求的栓钉,因此有必要放松这些规定的要求。在英国,这促使钢结构研究所资助进行了这些简支梁的试验和参数研究以及对梯形钢板栓钉进行了推出试验(Hicks,2007;Simms和Smith,2009;Smith和Couchman,2010,2011)。

结果表明,位于凹槽中心或"有利"位置(见*条款6.6.4.2*说明的定义)的栓钉至少具有10mm的滑移能力标准值。由此得出更为宽泛的规定,作为与Eurocode 4(钢结构研究所,2010)一起使用的非矛盾性补充信息(NCCI)进行发布,也作为 BS 5950-3-1(英国标准化协会,2010)的修订。参考图6.12对它们进行的解释,图中显示了具有相同翼缘和栓钉连接件的 S355 钢梁在剪力连接度 η 下对应的最大有效跨径 L_e。跨径 L_e 是*条款6.6.1.2(1)*定义的正弯矩区的梁长。

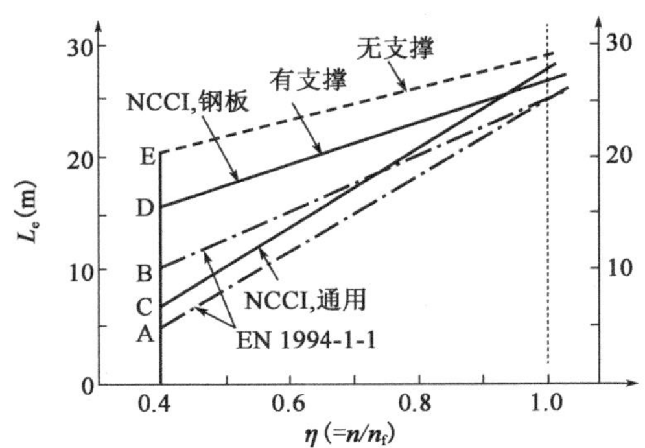

图6.12 Eurocode 对带栓钉的 S355 钢梁的最小部分剪力连接度的规定,
Eurocode 与 NCCI 的规定比较

线 A 和线 B 来自*条款6.6.1.2*的内容。下线 A 为通用的情况。上线 B 则是用于横向板的梯形凹槽中的单根直径为19mm的栓钉,对其尺寸进行限制。这些规定不考虑施工方法。

在 NCCI 中,假设采用无支撑施工时,则剪力连接件要求有更小的变形量。线 C 为通用规则适用于与线 A 相同尺寸的栓钉,但外加荷载设计值限制在 $9kN/m^2$。对于有支撑施工,通用规则仍与线 A。这些线均假设可提供6mm的滑移能力。

基于10mm滑移能力的新规定适用于19mm的栓钉,其通过桥面板焊接在横向板的梯形凹槽中,这些规则对有支撑施工情况表示为线 D,对无支撑施工情况表示为线 E。线 E 比 EN 1994 更宽泛,尤其是对有效跨径为20m的梁,其最小剪力连接度为0.4,而 Eurocode 线 B 对应于0.8。

对于如此长的跨径,限制变形会妨碍这种特例的充分利用。EN 1994-1-1 的*条款7.3.1(4)*允许在某些条件下忽略局部相互作用对变形的影响。NCCI 指出这些条件不会满足,并给出了增加挠度的计算公式。这些在*条款7.3.1*的说明中有相关讨论。

当钢梁的下翼缘宽度大于上翼缘时,EN 1994 和 NCCI 都给出了比上下翼缘宽度相同的梁更严格的规定。

新规定的有限适用范围源于其试验基础,不包括跨径超过12m的情况。

建筑物梁中剪力连接件的间距

条款6.6.1.3(1)P

条款6.6.1.3(1)P 对*条款6.6.1.1(2)P*进行了一些扩展,包括连接件的"间距"和纵向剪力的"合理分布","合理"的解释取决于所使用的分析方法和连接件的延性。

当连接件按具有普适性的*条款6.6.1.3(5)*"弹性地"分布时,可假设满足该原则性规定。更方便地使用均匀间距要求连接件满足*条款6.6.1.3(3)*,这意味着

（但不要求）使用塑性抗弯承载力。按条款6.6.1.1(4)*P* 和条款6.6.1.1(5)中的规定，剪力件必须是“延性的”。这通常通过满足条款6.6.1.2 来实现。条款6.6.1.1(3)*P* ~条款6.6.1.1(5)提供了一种替代方案，可以使用基于试验研究的证据，但该方案的使用不适合常规设计。

实际上，在建筑结构的大多数梁中可以均匀地布置连接件，因此，对于连续梁，**条款6.6.1.3(2)*P*** 要求负弯矩区抗拉钢筋的缩短量与剪力连接件的间距有关，如果这导致钢筋长度超过按沿梁弯矩变化所需的长度。 **条款6.6.1.3(2)*P***

条款6.6.1.3(4)适用于具有较大的混凝土板和相对较小的钢上翼缘的简支梁或连续梁。沿临界长度均匀布置的连接件可能不具有足够的可用滑移量。使用附加控制截面可以得到更合适的连接件分布。 **条款6.6.1.3(4)**

例 6.4：剪力连接件的布置

作为使用这些规定的一个例子，考虑了一个跨径为 10m 的简支梁。它具有分布荷载、等宽翼缘、2 类均匀截面、S355 钢和栓钉连接件。在跨中，M_{Ed}比$M_{\mathrm{pl,Rd}}$小得多。横截面应能使用 40% 的完全剪力连接（$n/n_{\mathrm{f}}=0.4$）提供所需的抗弯承载力。

条款6.6.1.2(1)给出 $n/n_{\mathrm{f}}\geqslant 0.55$。然而，如果为组合板，且满足条款6.6.1.2(3)的其他条件，则可以使用 $n/n_{\mathrm{f}}=0.4$。

现假设梁的跨径是 12m。前述对 n/n_{f}的限值分别增加到 0.61 和 0.48。可以使用这些限值进行设计，也可以采用条款6.6.1.3(5)的规定，即“采用弹性理论计算纵向剪力”。这可能意味着使用 $v_{\mathrm{L}}=V_{\mathrm{Ed}}A\bar{y}/I$，其中 v_{L}为单位梁长的剪力，V_{Ed}为组合截面上的垂直剪力。这给出了纵向剪力的三角形分布，或者独立分布，如果使用若干模量比考虑徐变，则进行叠加。在跨中板上的力现在取决于施加在组合构件上的 M_{Ed}的比例，以及截面的比例。由此，与这个力相对应的连接件可进行布置，可能在跨中附近额外布置连接件，以满足条款6.6.5.5(3)关于栓钉最大间距的规定。

严格地说，V_{Ed}宜采用竖向剪力包络线，使跨中剪力不为零。对于典型的永久和可变分布荷载比，这只需增加 2% 的剪力连接，但包络肯定宜用于更复杂的可变荷载。

对于跨中 M_{Ed}远小于 $M_{\mathrm{pl,Rd}}$的连续梁，由于只允许在混凝土板受压时进行部分剪力连接，因此该方法更为复杂。宜采用整体分析得到的竖向剪力设计值的包络线。为了简单起见，纵向剪力总是以使用未开裂截面的特性得出，因为在开裂区域会高估其值。

例 6.7 和例 6.8（见下文）是相关的。

在本例中，在梁的 6m 剪跨内定义附加控制截面是没有帮助的，因为条款6.6.1.2的限值是根据有效跨径而不是临界长度给出的。

6.6.2 建筑用梁的纵向剪力

条款6.6.2.1

条款6.6.2.1 和*条款6.6.2.2* 实际上说明了设计纵向剪力宜与所考虑临界长度末端的截面抗弯承载力一致,而不宜与设计竖向剪力(作用效应)一致。这样做有两个原因:

■ 简洁性——由于设计弯矩通常位于弹性和塑性承载力之间,因而纵向剪力的计算变得复杂;

■ 鲁棒性——对于其他纵向剪切破坏可能首先发生,它可能比弯曲破坏更脆弱。

条款6.6.2.1(1) 中"分别与*条款6.2.1.4* 或*条款6.2.1.5* 相一致"令人费解,因为尽管这些条款提供了替代方法,但它们都在*条款6.2.1.4*中,参考*条款6.2.1.5*,给出了进一步的说明。

支承处使用3类截面且跨中使用1类或2类截面的梁

条款6.6.2.1 适用这类情况,因为非线性或弹性理论将"应用于截面"。然后根据组合截面的弯矩,用弹性理论计算了3类截面上的板中的纵向力。在跨中,

条款6.6.2.2

不清楚***条款6.6.2.2*** 是否适用,因为它的标题没有说明对所有截面的承载力。更简单、推荐的方法是假设它适用,并基于该截面处的 M_{Rd} 计算跨中纵向力,这与弯曲模型一致。支承与跨中之间的总剪力流是这些点处的纵向力之和。另一种方法是用弹性理论计算施加在组合截面上的弯矩作用下跨中的纵向力,即使弯曲应力可能超过规定的极限。

条款6.6.2.2(3)

标题中没有"所有的"一词也与***条款6.6.2.2(3)*** 中关于使用部分剪力连接的使用有关。内部支座处3类截面梁的设计限制了这些区域的曲率,因此跨中极限荷载曲率将会过低,而无法达到完全相互作用的抗弯承载力。那么,当 M_{Rd} 小于 $M_{pl,Rd}$ 时,采用部分剪力连接是合理的。

6.6.3 实心板混凝土外包层中的栓钉连接件

纵向受剪承载力

在 BS 5950-3-1(英国标准化协会,2010)和早期的英国标准中,栓钉的抗剪承载力标准值由表给出,其仅适用于栓钉材料具有特殊性能的情况。对抗剪承载力没有理论模型。

条款6.6.3.1(1)

Eurocodes 必须适用于更广泛的产品,因此设计公式是必不可少的。***条款6.6.3.1(1)*** 中所给出的公式是基于钉杆直径 d 和极限强度 f_u 的栓钉模型,其设置于标准强度 f_{ck} 和平均割线模量 E_{cm} 的混凝土中,并可在钢或混凝土截面中单独破坏。

试验中发现混凝土的破坏受混凝土刚度和强度的影响。

由此得出了式(D6.18)~式(D6.21),其中数值常数和分项安全系数 γ_V 由试验数据分析得到。在式(D6.18)和式(D6.19)的承载力相似的情况下,试验表明,两种假定失效模式之间存在相互作用。基于试验数据分析而非定义模型的公式(Oehlers 和 Johnson, 1987):

$$P_{Rk}=k(\pi d^2/4)f_u\ (E_{cm}/E_a)^{0.4}(f_{ck}/f_u)^{0.35} \tag{D6.16}$$

给出了一条形状更接近于试验数据和 BS 5950 表中的值的曲线。常数 k 与剪跨内的栓钉数量略有关系。

在对 EN 1994-1-1 进行的统计分析中（Roik 等，1989；Stark 和 van Hove，1991）对这两种方法都进行了研究。式（D6.16）给出的结果离散性略小，但由于*条款6.6.3.1(1)*的公式在一些国家有明确的使用基础和经验而更可取。此外及第 6 章的其他地方，对这些分析的系数都稍作修改，以便所有类型的剪力连接都推荐一个单独的分项系数，γ_V（V 表示剪切）取 1.25。

这项研究（Stark 和 van Hove，1991）得出的结论，是式（*6.19*）中的系数宜为 0.26。该结果是基于推出试验得出的，试验中每个试件的平均栓钉数量仅为 6 个，且窄试验板的横向约束通常比组合梁的混凝土翼缘的刚度要小。许多梁中栓钉的强度也由于板的横向负弯曲的存在而增加。由于这些原因，系数从 0.26 增加到 0.29，这一数值得到了后续基于部分剪力连接梁的标定研究（Johnson 和 Huang，1994）的支持。

条款6.6.3.1 给出的实心板中 19mm 栓钉的设计承载力如图 6.13 所示。假定短栓钉的惩罚[式（*6.20*）]不适用。对于任意给定的 f_u 和 f_{ck} 值，图中显示了哪种失效模式起支配作用。如果 $h/d \geqslant 4$，则可用于其他直径的栓钉。

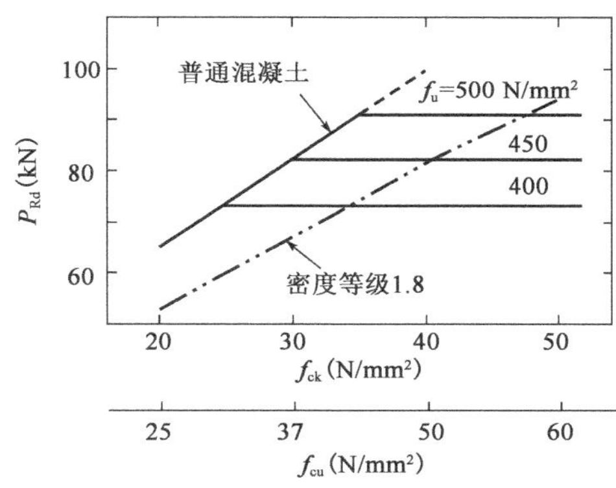

图 6.13　实心板中直径 19mm 栓钉当 $h/d \geqslant 4$ 时的抗弯承载力设计值

对于承受疲劳荷载的栓钉，研究（Hanswille 等，2007）发现在疲劳寿命期间，静力抗剪强度会逐渐降低。从理论上讲，其将降为疲劳寿命结束时的疲劳强度。目前的设计方法中没有考虑到这一点，主要是因为没有可以归因于这种影响的破坏。*条款6.8.2* 有进一步的说明。

对于横向钢板槽中的栓钉对，英国国家附件中的 NCCI 提供了应用于式（*6.19*）中 P_{Rd} 的折减系数。*条款6.6.4.2* 的说明对此进行了解释。

在式（*6.20*）和式（*6.21*）中使用的栓钉的"总公称高度"是制造商给出的长度。"焊后长度"（LAW）与焊接到梁翼缘后的长度大致相同，但可以比通过压型钢板焊接后的长度短 5mm，因此，此处的例子中对于 100mm 的栓钉都假设为 95mm。

*条款6.6.3.1(1)*中的承载力不适用于直径超过25mm的栓钉。可以找到直径不超过30mm的栓钉的静力和疲劳强度的数据(Lee等,2005)。

焊环

条款6.6.3.1(2)

关于焊环的***条款6.6.3.1(2)***参考了EN 13918(英国标准化协会,2003),其中给出了焊环高度和直径的“指导值”,但这些值在贯穿桥面板的栓钉焊接中可能有所不同。众所周知,对于带有正常焊环的栓钉,很大一部分剪力是通过焊环传递的(Johnson和Oehlers, 1981)。不宜假定*条款6.6.3.1*中的抗剪承载力适用于无焊环的栓钉(如采用高速旋转摩擦焊接)。一个正常的焊环宜与栓钉杆熔合。推导设计公式的试件的典型焊环直径不小于1.25d,最小高度不小于0.15d,式中d为钉杆直径。

穿过压型钢板焊接的栓钉焊环可能与直接焊接到钢翼缘的栓钉焊环的形状不同,抗剪强度也可取决于钢板与翼缘之间焊缝的有效直径,这方面的资料很少。如果焊接符合EN ISO 14555(英国标准化协会,1998)的要求,则*条款6.6.3.1*的承载力适用。

建筑中很少使用直径超过20mm的栓钉,因为穿过钢板焊接变得更加困难,需要更强大的焊接设备。

板的劈裂

条款6.6.3.1(3)

条款6.6.3.1(3)关于“板厚度方向上的破裂力”。栓钉轴线位于与混凝土板轴线平行的平面上时,会产生这些力:例如,如果栓钉焊接在T形钢截面的腹板上,而腹板伸入混凝土翼缘。这些在已发表的关于防止或控制劈裂的局部配筋的研究(Kuhlmann和Breuninger, 2002)中被称为“横向栓钉”。在EN 1994-2 (BSI, 2005a)的资料性附录和文献(Hendy和Johnson,2006)中都有关于该问题的阐述。类似的问题也出现在栓钉靠近板自由边的L形组合梁上。*条款6.6.5.3(2)*对此进行了说明。

栓钉中的拉力

栓钉连接件钉头下的压力和钉杆的摩擦通常会导致栓钉焊缝在剪切破坏之前受到竖向拉力。这就是*条款6.6.1.1(8)*要求剪力连接件的抗拉承载力至少为

条款6.6.3.2(2)

抗剪承载力的10%的原因。因此,***条款6.6.3.2(2)***允许忽略小于此值的拉力。

研究发现,栓钉对更高拉力的承载力取决于许多变量,特别是局部钢筋的布置,因此不能给出简单的设计规定。通常可以找到其他方法来抵抗发生的竖向拉力:例如,移动式起重机由组合梁的钢构件支撑的情况。

6.6.4　建筑中压型钢板栓钉的设计承载力

(钢板的)槽或(混凝土的)肋两个术语都有使用(图6.14)内栓钉连接件的荷载-滑移性能,该性能比在实心板中更复杂。其受到以下因素的影响:

- 肋相对于梁跨的方向;
- 它们的平均宽度b_0和高度h_p;

- 栓钉直径 d 和高度 h_{sc}；
- 单个槽内栓钉的数值 n_r 及其间距；
- 栓钉是否位于槽内的中心，如果不是，则取决于其偏心距和剪力方向。

通过沿梁连续的钢板试验研究了这些参数之间的相互联系。很明显，最重要的是比值 h_{sc}/h_p 和 b_0/h_p，对垂直于支承梁的肋来说，n_r 和偏心距（如有）是最重要的。在 EN 1994-1-1 中，与早期的标准一样，给出了适用于实心板中栓钉设计承载力的折减系数 k（$\leqslant 1.0$）。这些系数完全基于试验和经验给出。

有顶肋的钢板

自 EN 1994 编写以来，图 6.14a）所示的带有小顶肋的钢板已经开始使用，所以钢板剖面有两个高度，这里表示为 h_{pn}（净高度）和 h_{pg}（毛高度）。在*条款 1.6* 中，h_p 符号定义为"总高度"。其在 EN 1994-1-1 中差不多 20 个不同的地方使用或引用。如有疑问，本指南给出了使用 h_{pn} 还是 h_{pg} 的指导建议，如*条款 6.2.1.2(1)(d)* 及*条款 6.6.6*。这是基于共识而不是研究给出的。

在英国，认为小顶肋不会对槽内发生的剪切破坏产生影响，对"小"的定义在 BS 5950-3-1 中给出（英国标准化协会，2010）。板肋的尺寸不可超过 55mm 宽和 15mm 高，支撑板肋的上翼缘必须至少 110mm 宽，如图 6.14b）所示。在*条款 6.6.4.2* 中讨论的 NCCI 中重述了该定义。

板肋平行于支承梁的钢板（*条款 6.6.4.1*）　　*条款 6.6.4.1*

有两种情况。钢板可跨梁连续——其侧壁随后对栓钉周围的混凝土提供侧向约束，亦可不连续，如图 6.14a）所示。于是，板腋可比槽宽 b_0 大。从*条款 6.6.4.1(3)* 可知，可按*条款 6.6.5.4* 将其视为不是由钢板形成的加腋。

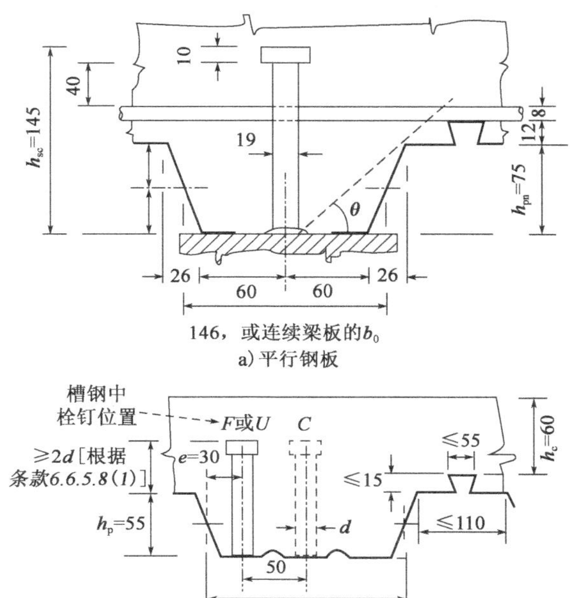

图 6.14　板腋细节图（尺寸单位：mm）

图6.14a)按比例显示了符合*条款6.6.5.4*的板腋。

具体规定为:

- 角度 $\theta(\leqslant 45°)$;
- 混凝土侧保护层至栓钉的距离($\geqslant$50mm);
- 横向钢筋在栓钉头底面下方的深度($\geqslant$40mm)。

使用正常高度的栓钉(100mm 或 125mm)无法满足最后一条规定,在英国,它不适用于这种情况。在*条款6.6.5.1(1)*中讨论了关于在钢筋上方突出栓钉的另一条规定。

条款6.6.4.1(2)

现考虑将***条款6.6.4.1(2)***用于此腋,折减系数为:

$$k_1 = 0.6(b_0/h_p)[(h_{sc}/h_p) - 1] \leqslant 1 \tag{6.22}$$

式中,h_{sc}不可取大于 h_p +75mm。对 h_p、h_{pg}的更宽泛的解释可以适用于这一限制,因为它很少起控制作用。对于标准中*图6.12* 和*图6.13*定义的 b_0,与顶肋无关,宜使用 h_{pn},如图6.14 所示。

式(*6.29*)来自 Grant 等(1977),它可以追溯到1977年,因为最近很少有关板肋平行于梁的研究(Johnson 和 Yuan, 1998a)。这一结果受到 h_p的显著影响。如果使用 h_{pn},对于图6.14a)的板腋,其给出:

$$k_1 = 0.6(146/75)[(146/75) - 1] = 1.09$$

因此,并没有减小。如果使用 h_{pg},则结果为 k_1 = 0.67。因此,如果顶部肋较小,则宜采用 h_{pn}。

对于更典型高度为125mm 的栓钉,使用 h_{pn}可得结果为 k_1 =0.78。在无板加腋上,*条款6.6.5.4*则要求在比图6.14a)更低的水平上设置横向钢筋,这可能是不切实际的。

条款6.6.4.1(3)

对于不连续的钢板,用于安装的边缘固定件可能不会提供太多的侧向约束,并且槽可能太窄而不适用*条款6.6.5.4*的规定。***条款6.6.4.1(3)***中对“适当锚固”的引用提供了另一种选择。英国国家附件参考 NCCI 在 www.steel-ncci.co.uk 上关于提供适当锚固的规定。它的基本原理是,钢板每边的锚固宜与梁垂直的力一样强,该力将通过凹槽顶部和底部边缘的塑性铰“展开”钢板。此力不超过4kN/m。NCCI 给出了边缘适当紧固件的细节和间距:自攻螺钉或射钉。

*条款6.6.4.1*关于连续或锚固钢板的规定通常宜确保良好的细部构造。对平行板槽中的偏心栓钉没有折减。宜避免栓钉集中,因为很少有研究给出在一个截面上使用多个栓钉的指南建议。

当钢板在梁上连续并采用贯穿板的栓钉焊接时,可能存在从钢板到梁的剪力传递。对于这种复杂的情况,没有任何指南,在设计中可被忽略。

条款6.6.4.2

板肋垂直于支承梁的钢板(*条款6.6.4.2*)

在前几段中,可能的失效模式是由于板腋破裂(侧向扩张)导致栓钉底部失去约束。如图 6.14b)所示,具有典型尺寸与梁垂直的肋,受力更大,因为它必须将大部分剪力从栓钉底部传递到上面的连续板上。三种失效模式如图 6.15a)~图 6.15c)所示:

(a)短栓钉上方的破坏面("混凝土拔出");

(b)太纤细的板肋,栓钉上有塑性铰分布;

(c)中心"弱"侧的偏心距,即"不利的"位置,会减小肋的有效宽度(Mottram 和 Johnson, 1990),以及造成"肋冲切"破坏(Johnson 和 Yuan, 1998b)。

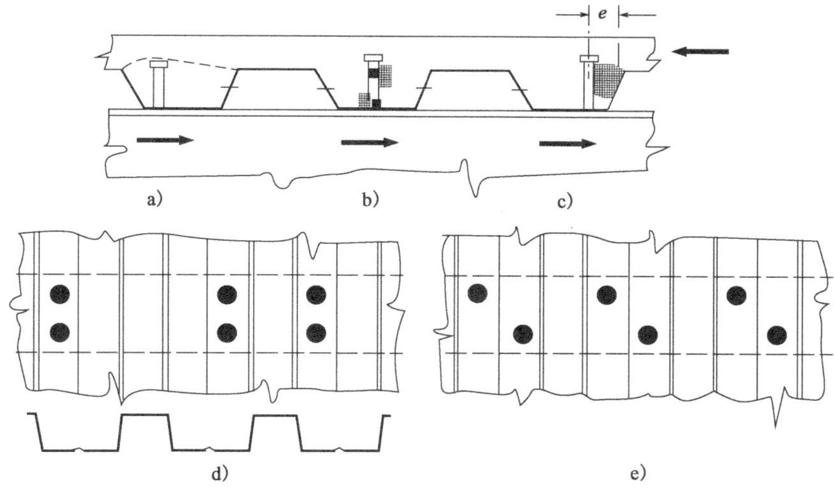

图 6.15　压型钢板凹槽中栓钉的破坏模式及布置,钉对有利和不利的交替布置如图 d)所示,栓钉对的对角布置如图 e)所示

实心板中栓钉的抗剪承载力需要乘以由类似于 k_l 的公式给出的折减系数 k_t,但是研究结果使得 ENV 版本产生重要变化,使得它更具限制性。

条款6.6.4.2(1) 中 n_r 的定义被误用,已改为:　*条款6.6.4.2(1)*

n_r——在梁交界处的单根肋中栓钉连接件的数量,在计算折减系数 k_t 和连接的纵向抗剪承载力时不超过 2 个。

大部分试验数据来自厚度超过 1.0mm 的钢板,且采用贯穿钢板焊接的栓钉直径达 20mm。后续的工作得出 $k_{t,max}$ 在*条款6.6.4.2(3)表6.2* 给出的其他情况下减小的结论,如采用更薄的钢板及穿过孔焊接的栓钉。研究还发现,在实心板中,当将较强的栓钉布置在相对较弱的肋中时,则对栓钉强度采用折减系数是不合适的,因此对适用范围进一步限制:　*条款6.6.4.2(3)*

- 栓钉直径不超过*表6.2* 所列的限值;
- 钢板中栓钉的极限强度不超过 450N/mm^2。

延性

延性,或槽内栓钉连接件的滑移能力,成了另一个问题。澳大利亚的一系列试验(Ernst 等,2006,2007,2009;Mirza 和 Uy,2010)表明槽中的栓钉滑移能力远小于 6mm。在槽内使用所谓的"波形"钢筋可提高延性;预制钢筋和钢筋网已经市场化,并试图编入标准。BS 5950-3-1 和 EN 1994-1-1 被认为在这方面"不安全"。其他一系列的试验结果给出了相互矛盾的结论(Bradford, 2005;Ranzi 等,2009)。在技术期刊上有激烈的辩论。很明显,滑移能力取决于多个参数,包括板槽内栓钉的数目和位置,栓钉在钢板上方的突出宽度以及板中钢筋的水平位置。即使在澳大利亚,目前使用的槽内设置钢筋的必要性也不被接受,但 Eurocodes 中规定的漏洞变得明显:它们没有充分考虑到压型钢板断面形状的最新变化,如板槽中设置中肋的情况。

在单根肋中挤满栓钉会降低延性(Mottram 和 Johnson, 1990)和强度。在大跨中最需要的是延性,幸运的是,在建筑结构中,纵向剪力通常较低,其与可布置栓钉的钢上翼缘的宽度有关。这是相关的,因为图 6.15 所示的破坏模式实际上是三维的,承载力与单肋中栓钉对布置方式有复杂的依赖关系。

有关槽内栓钉位置的说明见*条款6.6.5.8(3)*。

栓钉和板中钢筋的相互作用

条款6.6.5.1 规定了板中底部钢筋上方剪力连接件的最小高度。在起草 EN 1994时,假定本规定适用于组合板翼缘。在*条款6.6.4.1* 中讨论了类似的 40mm 规则在梁上不连续钢板的应用。这些规则需要超长的剪力钉;目前普遍采用单层钢筋网加强薄组合板。在梁的上部,将其布置在靠近顶面的位置,以控制板在负弯矩作用下引起的裂缝宽度。于是,没有“底部钢筋”,因此,*条款6.6.5.1(1)*被认为不适用。

根据剪切试验,当有钢板时,与面内剪切破坏有关的其他规则似乎提供了实心板底部钢筋所给的承载力:栓钉在板上方的最小突出高度和栓钉承载力的折减系数 k_l 和 k_t。

在英国,认为针对实心板设计的*条款6.6.5.1(1)*不适用于遵循现行工程实际的组合板。

英国标准中的非矛盾性补充信息

这些问题引起了针对横向槽中栓钉的梁和推出试件的进一步大量试验(Hicks 和 Couchman, 2006;Hicds,2007;Johnron,2007b;Simms 和 Smith, 2009)。这项工作使得 2010 年对 BS 5950-3-1 进行了修订(英国标准化协会,2010),并在 EN 1994-1-1 的英国国家附件中引用了出版的 NCCI:横向钢板中栓钉连接件的承载力(钢结构协会,2010),现对此进行解释和讨论。

NCCI 对 EN 1994-1-1 中的多个条款进行了修改,其中一些条款似乎并非“不矛盾的”。然而,大多数结果本可以通过允许修改分项系数 γ_{VS}来实现,但却不太方便。

详细定义了 NCCI 的适用范围:在带有横向梯形盖板的梁上的 19mm 剪力钉。引入了一个新的系数 k_{mod},应用于计算式(*6.19*)给出的混凝土破坏时实心板中栓钉的承载力 P_{Rd}。它的使用与放弃*条款6.6.5.1(1)*中对栓钉需突出底部钢筋 30mm 的规定有关。

它只能在下述条件下使用(采用 Eurocode 的符号):$b_0 \geqslant 100\text{mm}$,$h_{sc} \geqslant 95\text{mm}$,

h_{pn} ≤80mm 并且 t_p ≥0.86mm（裸金属厚度）。

对于槽内的单个栓钉（n_r），系数 $k_{mod}=1$。NCCI 的主要目的是使多个栓钉的使用更加保守。EN 1994 中的定义"n_r是梁交叉处单根肋中栓钉连接件的数量，在计算中不超过 2"，在实践中被解释为允许使用任意数量的栓钉。在 EN 1994-1-1 的下一修订版中，它将改为"在计算连接的纵向抗剪承载时不超过 2"。永远不宜使用 3 个或更多的栓钉，因为在某些布置中，3 个剪力钉可能比两个更弱，延性更差。

在 NCCI 中，$n_r>2$ 是被禁止的。k_{mod}系数在一定程度上削弱了钢槽中的栓钉对，这取决于板中的钢筋网是否至少低于栓钉头部 10mm。如果是，$k_{mod}=0.9$；如果不是，$k_{mod}=0.7$。这是在式（6.23）中 $n_r^{-1/2}$ 项引起每根栓钉承载力减小 29% 以及表6.2 中给出的 k_t上限的基础上附加的折减。

位于槽中"不利"侧的栓钉［见条款6.6.5.8（3）的说明］弱，且滑移能力更低。NCCI 要求栓钉位于中心位置或"有利"位置，栓钉对中有一根可能位于不利位置的情况除外。这与条款6.6.5.8（3）中的指导意见不同，其建议交替的槽的不利侧可使用单根栓钉，但 NCCI 认为宜忽略这一点。

将 NCCI 与式（6.23）和表6.2 结合使用得到的一些结果，如图 6.16a）所示。此图的适用范围仅限于公称厚度 1.0mm 或 1.00mm 以下的钢板。它给出了乘积 $k_{mod}k_t$，这是应用式（6.19）计算 P_{Rd}的折减系数。对钢板厚度和栓钉标准名义长度（100mm 和 125mm）的限制是使得 h_{sc}/h_{pn}的比值通常在 1.5～2.0 之间。使用这些值时，板槽的形状特性 b_0/h_{pn}绘制在 x 轴上。标注的"高钢筋网"和"低钢筋网"对应的系数 k_{mod}分别为 0.7 和 0.9。

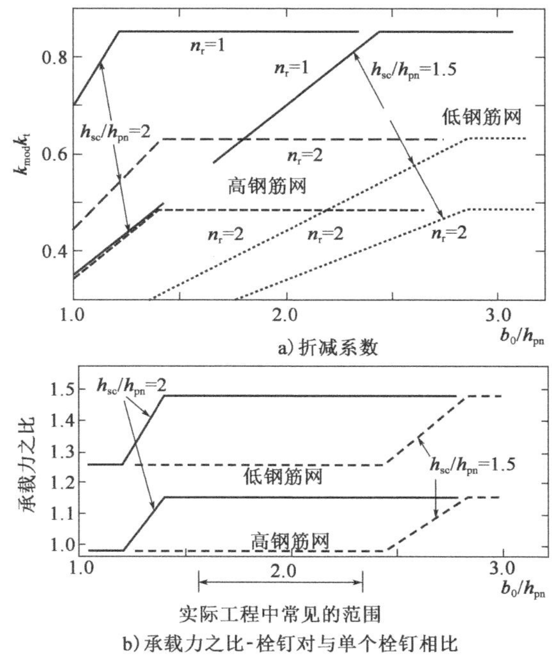

图 6.16　对 d≤20mm 且贯穿板焊接的栓钉的 P_{Rd}折减

每个槽中的单根栓钉替换为 2 根后所得的额外抗剪承载力变化很大。其在图 6.16b)显示为每个槽的承载力之比,即:

$$2\ (k_{\mathrm{mod}}k_{\mathrm{t}})_{n=2}/(k_{\mathrm{mod}}k_{\mathrm{t}})_{n=1} \tag{D6.17}$$

这表明采用低钢筋网的承载力之比为 1.26 ~ 1.48,高钢筋网的承载力之比为 0.99 ~ 1.15,取决于比值 $h_{\mathrm{sc}}/h_{\mathrm{pn}}$。因此,除非布置了低钢筋网,否则使用栓钉对可能不经济(Simms 和 Smith,2009)。

剪力连接件的双向荷载

条款6.6.4.3

条款6.6.4.3 所述的双向水平荷载发生在采用栓钉连接件为组合板提供端部锚固的情况下,如*图9.1c*)所示。*条款9.7.4(3)*给出的设计锚固承载力小于*条款6.6* 给出的值和*由式(9.10)*得到的钢板承载力 $P_{\mathrm{pb,Rd}}$。即使在轻质混凝土中使用 16mm 的栓钉,其承载力(通常约为 18kN)也会较低。

这些栓钉承受来自混凝土板和钢梁的水平剪力。*条款6.6.4.3(1)*的相互作用方程是基于两个剪力矢量相加的。

例 6.5:横向钢板的折减系数

钢板如图 6.14b)所示,假定厚度 $t=0.9$mm,包括锌涂层。腋高 h_{pn} 为 55mm。对位于槽中央的单根栓钉[如图 6.14b)中虚线所示],$b_0=160$mm,$h_{\mathrm{sc}}=95$mm,及 $n_{\mathrm{r}}=1$。由式(*6.23*)和表*6.2* 给出:

$k_{\mathrm{t}}=(0.7\times160/55)(95/55-1)=1.48$(要求≤0.85)

对于每个槽中两根栓钉的情况,按*条款6.6.5.8(2)*在槽中央并排布置,横向间距≥4d,则:

$k_{\mathrm{t}}=1.48/1.41=1.05$(要求≤0.7)

关于折减系数的进一步计算参见例 6.7。

6.6.5 剪力连接的构造和施工影响

证明构造的应用性规定的普遍有效性几乎是不可能的,因为它们适用于太多不同的情况。它们在一定程度上是基于以前的实践。不利的经验使有关规定更加受限。研究中,在设计试件时往往会违反现有的规定,希望丰富的良好经验可使现有的规定得到放宽。

规定通常以限制尺寸的形式表示,尽管大多数性能(不包括腐蚀)更多地受尺寸比值的影响,而不是单个值的影响。适用于异常大型结构构件的最小尺寸可能超过规范中给出的尺寸。类似地,规范的最大值可能太大,无法在小构件中使用。设计师盲目地遵循细节规定是不明智的,因为没有一本规定是全面的。

抗剥离力和"底部钢筋"

条款6.6.5.1(1)

条款6.6.5.1(1) 中关于抗剥离力的目的是确保混凝土的破坏面不能通过连接件上方和钢筋下方,两者也不能交叉。测试发现这些界面可能不是平面;因此问

题是三维的。图 6.17 所示为通过可能破坏面 *ABC* 的纵剖面。栓钉的间距为*条款6.6.5.5(3)*允许的最大间距。

条款6.6.5.1 只规定了底部钢筋的最高位置。理想情况下，还应该规定其相对于栓钉的纵向位置，因为其目的是防止角度 α 较小时出现破坏面(图6.17)。指定最小角度 α 或将钢筋细节的规定与栓钉细节的规定联系在一起是不切实际的。

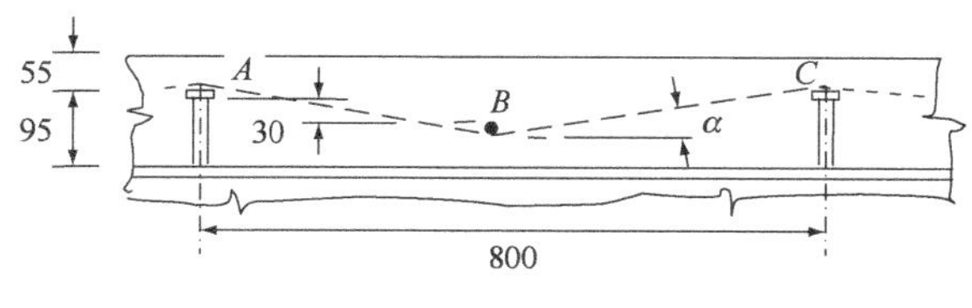

图　6.17

角度 α 显然取决于底部钢筋的间距，在图 6.17 中假设为 800mm。对于这个间距 α 的最大允许值是多少？答案相当复杂。

条款6.6.6.3(1) 参照 EN 1992-1-1 条款 9.2.2(5)，其中的注释建议采用最小配筋率。对于此厚度为 150mm 的板，f_{ck} = 30N/mm^2，f_{sk} = 500N/mm^2，则配筋率为 0.088%，或 131mm^2/m。然而，如果板在梁上是连续的，那么大部分钢筋可能位于板的顶部。

底部配筋的最小值取决于板是否连续。如果其在梁上是简支的，则底部钢筋为 EN 1992-1-1 条款 9.3.1.1(3)所述的“主筋”，其中一注释给出了对于本例主筋的最大间距为 400mm，“辅筋”的最大间距为 450mm。*条款6.6.5.3(2)* 关于剥离的规定也可适用。

如果板在梁上是连续的，则按 EN 1992-1-1 可能不需要底部受弯钢筋。让我们假设有一排 19mm 栓钉单根设计承载力为 91kN，这在 C40/50 强度等级的混凝土中是可能的(图 6.13)。对于 b-b 型或 c-c 型的剪切面，底部横向钢筋将根据*条款6.6.6.1* 的规定确定。这些表明 12mm 的钢筋布置成 750mm 的间距是足够的。似乎没有规定要求更小的间距，但按 EN 1992-1-1 将这些钢筋视为辅助受弯钢筋是明智的，尤其是因为它增加了角度 α。使用最大间距 450mm，则 10mm 钢筋即足够。于是，最小斜率约为 15°，实际情况会更大。

组合板底部钢筋在*条款6.6.4.2* 中讨论。

连接件保护层

组合板通常只在干燥环境中使用，在这种情况下，***条款6.6.5.2*** 对最小保护层厚度的放宽是适当的。　***条款6.6.5.2***

施工过程中剪力连接件的荷载

由于几乎所有关于施工的规定都出现在钢或混凝土结构的标准中，所以在 EN 1994-1-1 中没有“施工”一节。这就是***条款6.6.5.2(4)***存在的原因。　***条款6.6.5.2(4)***

组合梁和板的施工方法(即有或无支撑)，以及混凝土的浇筑顺序，都会影响弹性理论计算的应力和挠度大小。因此，对 3 类或 4 类截面承载力的验算和适用性校核具有重要意义。

当采用有支撑施工时,通常要保持支撑,直到混凝土达到其抗压强度设计值的至少75%。如果不这样做,在拆卸支撑时宜根据折减的抗压强度进行验算。

*条款6.6.5.2(4)*给出了混凝土强度折减的下限。它还与无支撑组合梁的混凝土翼缘分阶段浇筑有关,实际上设置了连续浇筑阶段之间的最小时间间隔。

板的局部配筋

条款6.6.5.3(1)
条款6.6.5.3(2)

当剪力连接件靠近混凝土翼缘的纵向边缘时,U形钢筋几乎是提供***条款6.6.5.3(1)***要求的完全锚固的唯一方法。***条款6.6.5.3(2)***中提到的劈裂是窄板推出试验的试件常见的破坏模式(例如,在英国标准中为300mm,之后为600mm的板)。在足尺试验中,也发现它是采用预制板构成的L形组合梁的正常破坏模式(Johnson和Oehlers, 1982)。*条款6.6.5.3(2)*给出了对于图6.18所示边距e小于300mm的板的细节规定。单位长度梁所需的底部横向钢筋面积A_b宜采用*条款6.6.6*确定。在图6.18所示的无加腋板中,由于具有不对称混凝土翼缘的L形梁a-a面上的剪力较小,因此破坏面b-b将是关键(除非板很厚)。

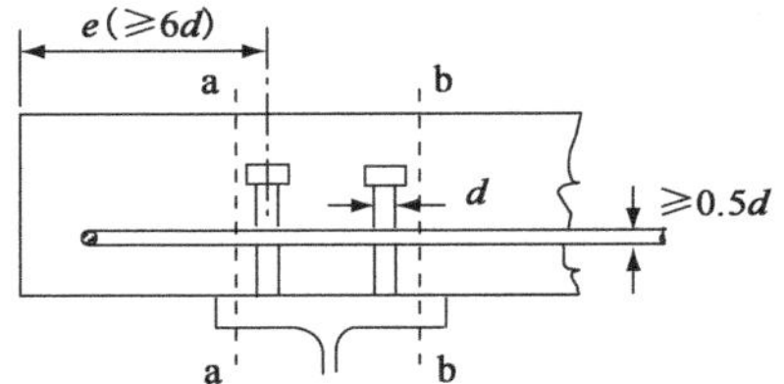

图6.18　L形梁中的纵向抗剪钢筋

为确保钢筋完全锚固在a-a线左侧,建议使用U形钢筋。这些可以布置在水平面上,或者当需要顶部钢筋时则布置在垂直面上。

对于与支承梁垂直且肋伸到混凝土板悬臂端的压型钢板的横向钢筋,没有对其有效性给出规定。根据组合板的设计方法,可以得到完全发挥板的抗拉承载力所需的长度,其总是大于$6d$的最小边距,且通常大于300mm。当超过可用长度e时,可能需要布置底部横向钢筋。这种情况可以通过将所有连接件布置在靠近钢翼缘的内缘来改善。不宜认为肋平行于自由边的钢板可以抵抗混凝土板的纵向劈裂。

横向栓钉

当栓钉的钉杆("横向栓钉")平行且靠近混凝土板的自由面时,也有劈裂的危险,如图6.19所示。此时,U形钢筋宜布置在垂直面内。研究(Kuhlmann和Breuninger, 2002)发现,*条款6.6.5.3(2)*所述的"$6d$"边距规则和箍筋的规定可能不足以保证栓钉达到设计抗剪承载力。栓钉和纵筋的高度也很重要。

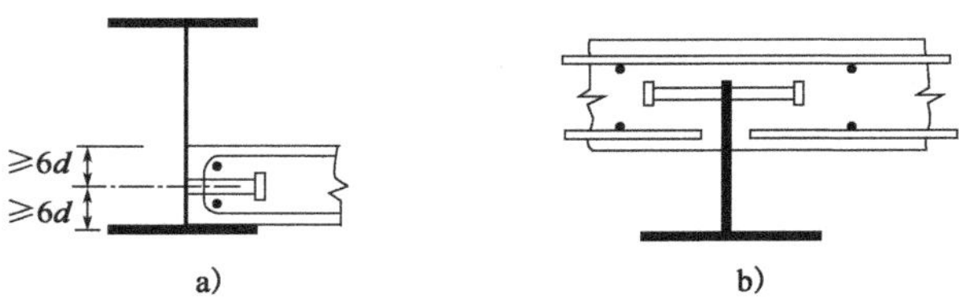

图6.19　易产生纵向劈裂的构造示例

滑移能力可能小于6mm,因此剪力连接可能不是"延性"的。图6.19b)所示的栓钉可能同时受到轴向拉伸以及竖向和纵向剪切，因为宜避免采用同此类构造。

EN 1994-1-1 没有对横向栓钉进行规定。EN 1994-2 的资料性附录和有关文献（Kuhlmann 和 Breuninger，2002；Kuhlmann 和 Kürschner，2006）中有相关内容。

悬臂梁端的钢筋

在组合悬臂梁的末端，连接件对混凝土施加的力作用于离板最近的边缘。收缩和温度效应进一步增加应力（Johnson 和 Buckby，1986），这些应力往往会导致图 6.20 中区域 *B* 的劈裂，因此对该区域的配筋需要深化设计。***条款6.6.5.3(3)P*** 可以通过设置足够的“人字形”底部钢筋（图 6.20 中的 *ABC*）将连接件的作用力锚定到板上来满足，并确保所布置的用于承受该力的纵向钢筋被锚定在其与 *ABC* 相交的区域之外。　***条款6.6.5.3(3)P***

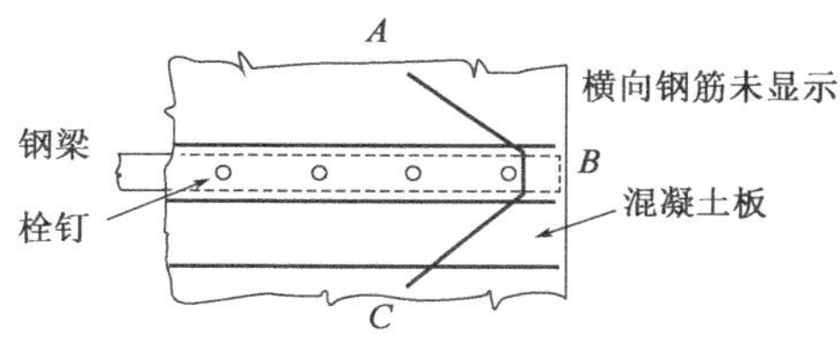

图 6.20　悬臂梁末端的钢筋

在点 *B* 有柱子支承的情况尤其关键。钢梁与板的竖向刚度不匹配会引起板的局部剪切破坏，即使钢梁本身就具有局部强度以承载柱的情况也是如此。

梁腋

条款6.6.5.4 的构造规定虽基于有限深的试验验证，但却制定很久了（Johnson，2004）。在纵向剪切力较大的区域，宜小心使用深腋，因为不会产生破坏征兆。　***条款6.6.5.4***

条款6.6.4.1 考虑了由压型钢板形成的梁腋。

连接件的最大间距

混凝土板通过与钢梁的连接来保证其稳定性的情况在建筑物中不太可能出现。相反地，只有当受压钢翼缘不在 1 类截面内时，钢翼缘的稳定才有意义，所以使用轧制 I 型钢很少出现这种情况。

当钢梁为板梁，1 类截面中不太可能需要上翼缘。除非在施工过程中需要采用一宽而薄的翼缘来避免侧向屈曲，否则通常可以选择其比例使其属于 2 类截面。

条款6.6.5.5(2) 实际上没有约束性。以板梁为例，其采用 $f_y = 355\text{N/mm}^2$ 的钢材，上翼缘的厚度 $t_f = 20\text{mm}$，总宽为 350mm，且外伸宽度 c 为 165mm。比值 ε 为 0.81，其长细比为：　***条款6.6.5.5(2)***

$$c/t_f\varepsilon = 165/(20 \times 0.81) = 10.2$$

因此，根据 EN 1993-1-1 表 5.2，翼缘属于 3 类截面。按*条款6.6.5.5(2)*，对于实心板，如果在每个自由边的 146mm 范围内布置纵向间距不超过 356mm 的剪力连接件，则可假定为 1 类截面。

本条的比值 22 是基于钢翼缘不可能向板侧弯曲的假定。当有横向肋时（如，由于采用压型钢板),此假定可能不正确,因此将该值降为 15。于是本例中的最大间距为 243mm。

公式 $9t_f(235/f_y)^{0.5}$ 中边距的比值 9 与 BS 5400-5(英国标准化协会,1987)相同,纵向间距的比值 22 与 BS 5400 中交错排的比值相同。

条款6.6.5.5(3)

条款6.6.5.5(3) 规定建筑中的最大纵向间距 $6h_c \leq 800$mm,这比 BS 5950-3-1(英国标准化协会,2010)的一般规定更为宽松,尽管该标准允许有条件地增加交替 $8h_c$。EN 1994-1-1 规定是基于试验观察到的行为,特别针对那些只在板肋上交替布置栓钉的组合板上。于是中间肋会出现些隆起。在某些情况下,800mm 的间距只允许每隔三根肋进行剪力连接,而 ENV 1994-1-1 要求对每根肋进行锚固,但不一定要进行剪力连接。在 EN 1090 中对于钢结构的施工没再出现此规定(英国标准化协会,2008)。

栓钉连接件的构造

条款6.6.5.6
条款6.6.5.7

条款6.6.5.6 的规定是为了防止剪力件附近的钢翼缘局部应力过大,并避免栓钉焊接产生的问题。***条款6.6.5.7*** 给出了最小翼缘厚度的应用性规定。*条款6.6.5.7(1)* 和*条款6.6.5.7(2)* 是关于抗拔承载力。按栓钉承载力、最小保护层厚度和栓钉在底层钢筋上方突出高度的规定,会采用大于 $3d$ 的栓钉。

条款6.6.5.7(3)

条款6.6.5.7(3) 中比例 d/t_f 的限值 1.5 影响桥梁闭口箱梁的剪力连接件设计。对于建筑结构,通常适用*条款6.6.5.7(5)* 中更宽松的限制,这在早期的多部标准中出现过。

条款6.6.5.7(4)

在***条款6.6.5.7(4)*** 中,与 BS 5950-3-1 中的 $4d$ 相比,"实心板"中栓钉的最小横向间距已减小到 $2.5d$。虽然预制板的连接不在 EN 1994-1-1 的适用范围内,但这一规定有助于采用支撑在钢翼缘边缘上的大型预制板,其将外伸 U 形钢筋绕过栓钉才形成环形钢筋。对于这种结构形式有很多经过试验验证的工程经验(Lam 等,2000),尤其是多层停车场。密布的栓钉对必须充分进行侧向约束。因此,"实心板"一词应理解为不包括加腋。

条款6.6.5.8

条款6.6.5.8 进一步给出了在压型钢板槽内布置栓钉的构造规定。第 1 条规定与抗拔承载力有关,并以"钢面板的顶面"作为参考。如果肋顶较"小",可以按图 6.14b)所示解释。如*条款6.6.4.1* 所述,对于平行钢板沿钢梁不连续的情况,可能需要更长的栓钉。*条款6.6.5.8(2)* 的规定旨在确保栓钉周围的混凝土具有良好的压实性。

条款6.6.5.8(3)

条款6.6.5.8(3) 涉及一种常见情况:钢板上的一根小加劲肋阻碍了将栓钉布置于槽中央。明智的做法是将栓钉布置在"有利"的一侧[见图 6.15a)],对于受对称荷载的简支跨,这是最靠近内支座的一侧。这条不是应用性规定,因为在现场很难保证所选的"有利"侧是正确的。相反,EN 1994 中建议采用交替侧布置,即在"不利"侧交替布置栓钉[见图 6.15c)]。然而,研究发现(Johnson 和 Yuan,1998b)布置在槽两侧的栓钉对的平均强度比布置在中央的平均强度低 5% 左右,且对于厚度小于 1mm 的钢板,强度降低幅度更大。根据*条款6.6.4.2* 讨论的英国

NCCI 建议,宜忽略这一指导意见。

槽足够宽的设置偏心加劲肋的压型钢板比有中心加劲肋的钢板更适合于组合板。此条款中不涉及每个槽需要两个栓钉的设计。这些在*条款6. 6. 4. 2* 的说明中讨论。

6.6.6　混凝土板的纵向剪力

条款6. 6. 6 是关于通过合理的配筋规定来避免剪力连接附近的混凝土翼缘局部破坏。这些钢筋增强了薄混凝土板对面内剪切的承载力,就像箍筋增强混凝土腹板对竖向剪切的承载力一样。还需要横向钢筋来控制和限制板由单个连接件的局部作用力引起的纵向劈裂。对这方面的构造问题比混凝土 T 形梁翼缘的构造问题更为突出,后者来自腹板的剪力作用更为均匀。 ***条款6. 6. 6***

与早期标准的主要变化是,计算横向钢筋的需面积的公式已被交叉引用 EN 1992-1-1所取代。其对 a-a 型剪切面的规定(*图6. 15*)与以前一样,是基于桁架模型,但更通用,其中桁架构件之间的角度可以由设计者选择。它是拉-压杆模型的一种应用,这在 EN 1992-1-1 中广泛应用。

条款6. 6. 6. 1(2)P 中对剪切面的定义及基本设计方法与之前相同。表述的方法反映出有必要将“一般”条款(*条款6. 6. 6. 1* ~*条款6. 6. 6. 3*)与限制于“建筑”的条款(*条款6. 6. 6. 4*)分开。 ***条款6.6.6.1(2)P***

剪切面

条款6. 6. 6. 1(3) 是关于“剪切面”的。*图6. 15* 中的 b-b 型、c-c 型和 d-d 型剪切面与 a-a 型表面不同,因为它们几乎能承受全部纵向剪力。相关钢筋与它们相贯两次,如*图6. 15* 表中系数 2。靠近连接件的 a-a 型剪切面的剪力占总的纵向剪力的比例是由板的有效宽度与梁两侧宽度的相对值给出的(如对称 T 形梁则为一半)。 ***条款6.6.6.1(3)***

对于钢截面靠近混凝土翼缘一侧的梁中的 c-c 型剪切面,假定一半剪力作用于一半的 c-c 型剪切面显然是错误的。然而,在这种情况下,a-a 型面的相邻平面上的剪力将起控制作用,因此该方法并非不安全。

条款6. 6. 6. 1(4) 要求纵向剪力设计值与用于设计剪力连接件的值“一致”。这意味着混凝土板的面内抗剪承载力沿梁的布置应与剪力连接件设计所假设的一样。例如,当剪力连接件均匀布置时,对纵向剪力流的承载力(v_L)宜均匀分布,即使沿所考虑长度的竖向剪力不是恒定的。但这不意味着,例如,如果出于考虑构造的原因,连接件的 $v_{L,Rd} = 1.3v_{L,Ed}$,则必须布置相同程度过强的横向钢筋。 ***条款6.6.6.1(4)***

在应用***条款6. 6. 6. 1(5)***时,假定混凝土翼缘的纵向弯曲应力在其有效宽度范围内是恒定的且在该范围外为零,这是足够准确的。例如,该条款与确定*图6. 15* 所示加腋梁的 a-a 型平面上的剪力有关,对于对称的翼缘,这种剪力小于连接件所承受剪力的一半。 ***条款6.6.6.1(5)***

混凝土翼缘的纵向抗剪承载力

条款6.6.6.2(1)

条款6.6.6.2(1) 参照 EN 1992-1-1 条款 6.2.4,该条款是为作用于厚度 h_f 截面上的纵向剪应力设计值 v_{Ed} 而编写的。该条款要求横向钢筋在间距 s_f 内的面积 A_{sf} 满足:

$$A_{sf}f_{yd}/s_f \geqslant v_{Ed}h_f/\cot\theta_f \qquad \text{(EN 1992-1-1 中 6.21)}$$

且纵向剪应力满足:

$$v_{Ed} \leqslant \nu f_{cd}\sin\theta_f\cos\theta_f \qquad \text{(EN 1992-1-1 中 6.22)}$$

式中,$\nu = 0.6(1 - f_{ck}/250)$,$f_{ck}$ 的单位为 N/mm^2。

在此处和 EN 1992-1-1 中使用希腊字母 ν 表示强度折减系数,不宜与用于表示剪应力的罗马字母 v 混淆,也不宜与用于表示单位长度的剪力而不是应力的符号 ν_L 混淆。

斜撑与梁轴线之间的夹角 θ_f 由设计人员选择(在一定范围内)。下面的例子说明了该方法的使用。

剪切面的有效面积 A_{sf} 如*图6.15* 所示。对于 a-a 型剪切面,顶部钢筋被设计用来承受板的横向弯曲。同时也认为其对纵向抗剪承载力也有贡献。因为横向负弯曲在一定程度上提高了板下半部的纵向抗剪承载力,从而补偿了钢筋的双重用途。

条款6.6.6.2(2)

条款6.6.6.2(2) 似乎是*条款6.6.6.2(1)*的简化,其避开了 EN 1992-1-1 条款 6.2.4(5),因为它只参考了第(4)段。在实际应用中,b-b 型和 c-c 型剪切面的规定保证至少有一半承受纵向剪力所需的钢筋(A_s),将被布置在截面上较低的位置处。设 A_b 为承受横向负弯矩所需的钢筋面积,总的钢筋面积将至少为 $A_b + A_s/2$,其满足 EN 1992-1-1 的条款 6.2.4(5)对剪切和弯曲组合作用的配筋要求。

例 6.6:承受纵向剪力的横向钢筋配置

图6.21 为有效厚度 h_f 的混凝土翼缘的 *ABCD* 区域平面图,假定翼缘纵向受压,剪应力 v_{Ed},横向钢筋在间距离为 s_f 内的截面面积为 A_{sf}。则每根钢筋的剪力为:

$$F_v = v_{Ed}h_fs_f$$

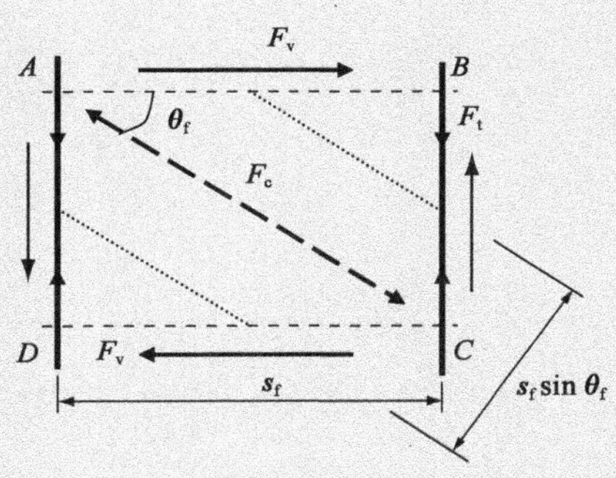

图6.21 混凝土翼缘面内受剪的桁架模型

上述剪力作用于如图所示矩形的 AB 边。其通过混凝土杆 AC 传递到 CD 边，AC 与 AB 夹角为 θ_f，且 AC 杆的边缘通过 AB 边的中点，如图所示，因此杆的宽度为 $s_f\sin\theta_f$。

根据 A 点的受力平衡，杆的内力为：

$$F_c = F_v\sec\theta_f \tag{D6.18}$$

根据 C 点的受力平衡，横向钢筋 BC 的内力为：

$$F_t = F_c\ \sin\theta_f = F_v\ \tan\theta_f \tag{D6.19}$$

为满足横向钢筋的最小面积，θ_f 的取值宜尽可能小。对于受压翼缘，EN 1992-1-1中的条款6.2.4(4)给出 θ_f的限值为：

$$45° \geqslant \theta_f \geqslant 26.5° \tag{D6.20}$$

因此，θ_f的初始取值为 26.5°，则由式(D6.19)可知：

$$F_t = 0.5F_v \tag{D6.21}$$

由上述 EN 1992-1-1 的式(6.22)可知：

$v_{Ed} < 0.40\nu f_{cd}$

如果满足上述不等式，说明 θ_f的取值是合理的。但是此处假设混凝土杆的应力超限，因为：

$v_{Ed} = 0.48\nu f_{cd}$

为满足 EN 1992-1-1 中的式(6.22)，则：

$\sin\theta_f\cos\theta_f \geqslant 0.48$

由此可得：

$\theta_f \geqslant 37°$

设计人员将 θ_f增大为 40°，满足式(D6.20)。由式(D6.19)可知：

$F_t = F_v\tan40° = 0.84F_v$

由式(D6.21)知，为限制混凝土杆 AC 的压应力改变 θ_f，从而使得横向钢筋所需的面积增加了 68%。

图 6.21 中三角形 ABC 的边长与力 F_v、F_t和 F_c成正比。若给定 F_v和 s_f，随着 θ_f的增大，F_c的值也会增加，但是当 $\theta_f < 45°$时（最大允许值），宽度 $s_f\sin\theta_f$ 的增加最大，因此降低了混凝土中的应力。

最小横向配筋率

关于此方面的**条款*6.6.6.3*** 在关于抗剥离力的条款*6.6.5.1* 中讨论。　　***条款6.6.6.3***

条款6.6.6.4

带组合板的梁中的纵向剪力(*条款6.6.6.4*)

本条给出了与钢梁跨垂直或平行的带槽压型钢板的设计规定。当压型钢板与梁以另一个角度相交时,既可以使用两套规划中更不利的规定,也可以将它们以适当的方式组合使用。*条款6.6.6.4(1)*中的钢板上方混凝土的厚度 h_f采用钢板的毛厚度确定,因为混凝土压杆(见图 6.21)必须从钢板的顶肋(如有)上方穿过。这也适用*条款6.6.6.4(3)*、*条款6.6.6.4(4)*以及*条款6.6.6.4(6)*中的规定。

条款6.6.6.4(2)

在***条款6.6.6.4(2)***中,“b-b 型”剪切面如图 6.16 所示,图中剪切面的标注与*图6.15* 中的不相同。

钢板对纵向抗承载剪力的贡献不仅取决于其方向,还取决于设计人员能否确定单个钢板两端的位置,以及两端是否通过栓钉连接件的贯穿焊接到钢梁上。如果这些决定是由承包商随后做出的,设计人员可能无法使用横向钢板作为板平面内剪切的强化材料。当其在梁上连续时,它对抗剪承载剪力的贡献很大[***条款6.6.6.4(4)***],且当使用贯穿板焊接时也很有用[***条款6.6.6.4(5)***]。

条款6.6.6.4(4)
条款6.6.6.4(5)

*条款6.6.6.4(5)*中的符号 A_p已更正为 A_{pe}。

对纵向抗剪承载力的贡献主要是 $Kdt_p f_{yp,d}/s$,其中 s 是直径为 d 且将钢板的边缘锚固在梁翼缘上的栓钉的纵向间距。在 BS 5950-3-1 的对应规定中,系数 K 为 4.0。在 EN 1994-1-1 中,K 取决于从贯穿焊接栓钉到钢板自由端之间的距离。它的允许范围(*条款9.7.4*)是 2.75 ~ 6.6,但实际上不太可能超过 4。*条款6.6.6.4(5)*在例 6.7 中使用,其中 K 确定为 3.2,这一贡献提供了所需纵向抗剪承载力的 45%。

仅由安装用的固定件连接的钢板和与梁跨平行的钢板作为横向钢筋是无效的。

栓钉采用贯穿板焊接也用于提高组合板的纵向抗剪承载力。EN 1994-1-1没有说明这两种方法是否可以同时使用。

根据图 6.22 讨论该问题,图中显示了穿过一层钢板焊接到钢翼缘上的栓钉底座的剖面图,其中钢板向图的右侧延伸。组合板跨中区域的混凝土对栓钉上部施加力 A,使其能够承受住钢板中的拉力 A。力 B 是由钢上翼缘和等效为横向钢筋的钢板的相互作用力引起的。

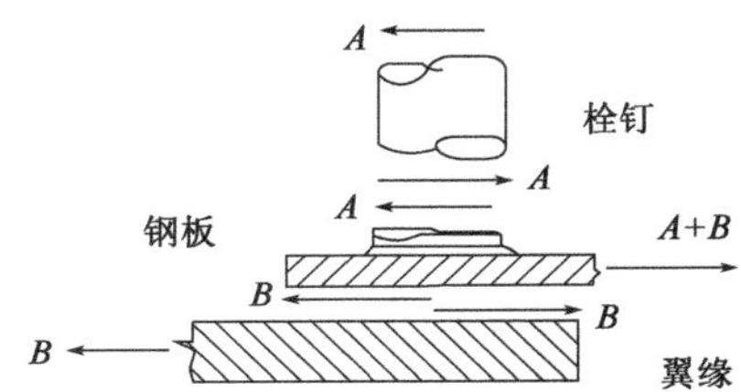

图 6.22　作为组合板端部锚固,且为横向钢筋提供连续性的贯穿焊接栓钉

从图 6.22 中可以明显看出,力 A 和力 B 并不叠加作用于栓钉上,因为 A

存在于钢板上方，B 存在于钢板下方，但它们叠加作用于钢板上。在条款*9.7.4(3)*中计算承载力 $P_{pb,Rd}$ 的模型，不是针对栓钉的剪切破坏，而是针对钢板的承压破坏，它取决于栓钉到钢板边缘的距离。

分析表明，如果对同一栓钉采用这两种方法，则可用的承载力 $P_{pb,Rd}$ 宜按所需的比例在两者之间进行分配。

条款*6.6.6.4* 不涉及板肋平行于梁跨的压型钢板。设计人员不太可能控制钢板中搭接接头的位置，其横向刚度非常低。因此忽略了其对纵向抗剪承载力的贡献。

例 6.7：带有组合板的两跨连续梁——承载能力极限状态

百货公司的楼板结构由等截面、间距为 2.50m 的组合梁组成，在长度为 12m 的两个等跨上完全连续。楼板由总厚度 130mm 的组合板组成，横跨在梁之间。每根梁的三个支撑可视为点支撑，提供横向和竖向约束。需要对仅承受竖向荷载的内梁进行设计。设计使用寿命为 50 年。

这个特定的设计构思实际上不太可能被采用。会发现该设计是由内支撑处的承载力控制的，并且只有一小部分跨中抗弯承载力可以使用。然而，它说明了 EN 1994-1-1 中许多规定的使用，因此被选为示例。梁的正常使用极限状态验算和半连续梁柱节点的影响，是本指南后面章节中工程实例的对象。

这里假设的组合板不是例 9.1 中设计的组合板。关于该梁的关键性设计审查在例 7.1 给出。

最初，假定采用无支撑施工结构，并且整个 24m 长的混凝土翼缘在该长度上任一位置的关键组合作用形成之前完成浇筑。

荷载与材料

外加荷载标准值及分项系数为：

$q_k = 7.0\ \mathrm{kN/m^2}$，$\gamma_F = 1.50$

式中，γ_F 是分项安全系数。考虑楼板铺装：

$g_{k1} = 1.20\ \mathrm{kN/m^2}$，$\gamma_F = 1.35$

这些荷载施加于组合结构。

根据初步研究，选择了密度等级为 1.8 和强度等级为 LC25/28 的轻质混凝土。在绝干密度值不超过 1800 $\mathrm{kg/m^3}$ 的情况下，EN 1992-1-1 的条款 11.3 中的表 11.1 给出了该钢筋混凝土的密度设计值为 1950 $\mathrm{kg/m^3}$，现假设其包含了钢板。

所选择的钢截面为 IPE 450，其尺寸如图 6.23 所示。其荷载 $g_{k3} = 0.76\mathrm{kN/m}$，$\gamma_F = 1.35$。表 6.2 给出了梁间距为 2.5m 的荷载。

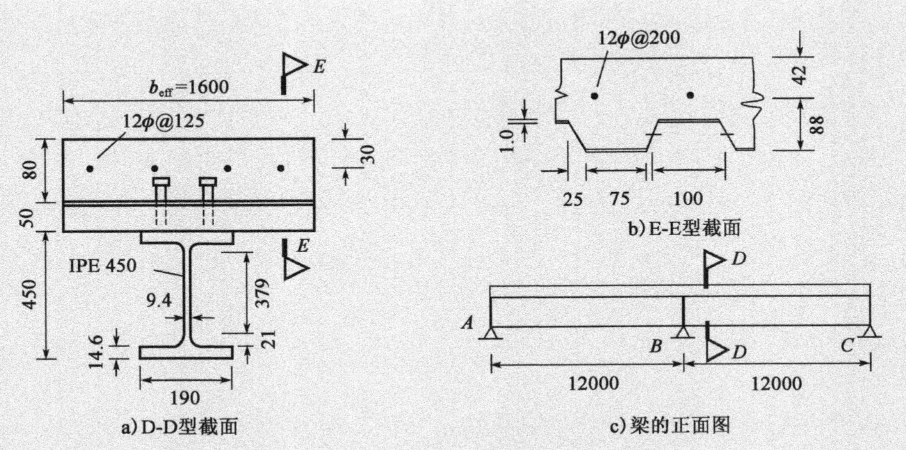

图 6.23　两跨梁的正面图和断面图(尺寸单位:mm)

梁上单位长度荷载(kN/m)　　表 6.2

荷载类型	标准值	下限值	上限值
组合板	5.02	6.78	6.78
钢梁	0.76	1.02	1.02
钢梁总荷载	5.78	7.80	7.80
楼板铺装	1.20	1.62	1.62
外加荷载	17.50	0	26.25
组合梁总荷载	18.7	1.62	27.9
竖向剪切总荷载	24.5	9.42	35.7

在这个阶段,假定压型钢板形状如图 6.23 所示。楼板的平均厚度为 0.105m,则荷载标准值为:

$g_{k2} = 0.105 \times 1.95 \times 9.81 = 2.01\text{kN/m}^2$

分项安全系数:$\gamma_F = 1.35$。

材料特性

结构钢:等级 S355,$\gamma_M = 1.0$,故:

$$f_y = f_{yd} = 355\ \text{N/mm}^2 \quad \text{(D6.22)}$$

$$\varepsilon = \sqrt{235/355} = 0.81$$

混凝土:$f_{ck} = 25\text{N/mm}^2$,$\gamma_C = 1.5$

$$0.85 f_{cd} = 14.2\ \text{N/mm}^2 \quad \text{(D6.23)}$$

根据 EN 1992-1-1 中条款 11.3.1 的规定:

$\eta_1 = 0.4 + 0.6 \times 1800/2200 = 0.891$

所以平均抗拉强度为:

$$f_{lctm} = 0.891 \times 2.6 = 2.32\text{N/mm}^2 \quad \text{(D6.24)}$$

根据 EN 1992-1-1 中条款 11.3.2 的规定:

$E_{lctm} = 31 \times (18/22)^2 = 20.7\text{kN/mm}^2$

故短期的模量比为：

$n_0 = 210/20.7 = 10.1$

根据资料性附录 C 和“干燥”环境条件，“名义总自由收缩应变”是：

$\varepsilon_{cs} = -500 \times 10^{-6}$

实际上，这个值过高，还需要进行更准确的评估。此处用来说明其后果。

钢筋：$f_{sk} = 500\ \text{N/mm}^2$，$\gamma_S = 1.15$

$f_{sd} = 435\ \text{N/mm}^2$

为了保证延性，钢筋按条款*5.5.1(5)*规定选为 B 类或 C 类。

剪力连接件：假定采用直径 19mm 的栓钉，穿过钢板焊接，其极限抗拉强度为：

$f_u = 500\text{N/mm}^2$

$\gamma_v = 1.25$。

耐久性

假设楼板铺装使板顶部暴露于“低空气湿度”环境中。从 EN 1992-1-1 中条款 4.2 可以得知，暴露等级为 XC1。最小保护层厚度（条款 4.1.1）按 50 年使用寿命取为 15mm，加上取决于质量保证系统的 5 ~ 10mm 的容许误差，此处取为 9mm。在内支撑处，直径 12mm 的纵向钢筋布置在横向钢筋上方，顶部保护层厚度为 24mm，如图 6.23 所示。

IPE 450 横截面的特性

在截面表中：

■ 面积：$A_a = 9880\text{mm}^2$，倒圆角半径：$r = 21\text{mm}$；

■ 截面惯性矩：$10^{-6}I_{ay} = 337.4\text{mm}^4$，$10^{-6}I_{az} = 16.8\text{mm}^4$；

■ 截面扭转惯性矩：$10^{-6}I_{at} = 0.659\text{mm}^4$；

■ 回转半径：$i_y = 185\text{mm}$，$i_z = 41.2\text{mm}$，$i_x = 190\text{mm}$；

■ 截面模量：$10^{-6}W_{ay} = 1.50\text{mm}^3$，$10^{-6}W_{az} = 0.176\ \text{mm}^3$；

■ 塑性截面模量：$10^{-6}W_{pl,a,y} = 1.702\text{mm}^3$。

系数 10^{-6}用于使弯矩单位为 kNm 与应力单位 N/mm^2 对应，无须进一步调整，同时由于其给出了方便的尺寸数值。

混凝土翼缘的有效宽度

在条款5.4.1.2 的图5.1 中，$L_1 = L_2 = 12.0\text{m}$，对于 $b_{eff,1}$，$L_e = 10.2\text{m}$。假定 $b_0 = 0.1\text{m}$，则：

$b_1 = b_2 = 2.5/2 - 0.05 = 1.20\text{m}$

在跨中：

$b_{eff} = 0.1 + 2 \times 10.2/8 = 2.65\text{m}$（要求≤2.5m）

故:

$b_{ei} = 2.4/2 = 1.2\text{m}$

在内支撑处,对于 $b_{eff,2}$:

$L_e = 0.25 \times 24 = 6\text{m}$

故:

$b_{eff} = 0.1 + 2 \times 6/8 = 1.60\text{m}$

在端点支撑处,$b_{ei} = 1.20\text{m}$;

$\beta_i = (0.55 + 0.025 \times 10.2/1.20) = 0.762$

$b_{eff} = 0.1 + 2 \times 0.762 \times 1.2 = 1.83\text{m}$

组合横截面的分类

腹板的类别对内支座处的板内纵筋面积相当敏感。在保证其合理设计的验算之前,有必要对其假定一个值。大直径的钢筋可能无法有效的控制裂缝宽度,因此假定钢筋直径为12mm,间距为125mm,在1.625m的宽度范围内布置13根纵筋,故:

$A_s = 1470\text{mm}^2$

混凝土板的有效面积为1.6m×80mm,故:

$A_s/A_c = \rho_s = 0.0113$

在裂缝宽度控制设计时,将确定 ρ_s 是否满足*条款5.5.1.(5)*中的最小值要求,详见例7.1。

钢筋屈服时的轴向力为:

$$F_{s,y} = 1470 \times 0.435 = 639\text{kN} \qquad (D6.25)$$

假设对于一个2类截面,需要考虑 $M_{pl,Rd}$ 作用下的应力重分配。由 $M_{pl,a,Rd}$ 的应力分布开始,钢腹板从受拉转为受压的高度为:

$639/(9.4 \times 2 \times 0.355) = 96\text{mm}$

对于腹板分类,*条款5.1.1(1)P* 考虑了 EN 1993-1-1 的条款5.5.2。其表5.2定义了腹板高度 c,以根部半径为界。此处,$c = 379\text{mm}$,其中受压区高度为:

$379/2 + 96 = 285\text{mm}$

由此:

$\alpha = 285/379 = 0.75$

此值超过了 $c/2$,所以根据表5.2,此腹板属于2类截面,则:

$c/t \leqslant 456\varepsilon/(13\alpha - 1) = 42.2$

实际值 $c/t = 381/9.4 = 40.5$;故在内支座处,腹板属于2类截面。在跨中处,腹板显然属于1类或者2类。

对于受压翼缘,由表5.2知:

$c = (190 - 9.4)/23 - 21 = 69.3\text{mm}$

因此：

$c/t\varepsilon = 69.3/(14.6 \times 0.81) = 5.86$

1 类翼缘的上限是 9.0，因此底部翼缘属于 1 类。

构件在内支座处属于 2 类截面，在跨中属于 1 类或者 2 类截面

根据*条款5.4.2.4(2)*，对于承载能力极限状态的整体分析（假设侧向扭转屈曲不起主导作用），可以假定全部荷载作用在组合结构上；根据*条款6.2.1.1(1)P*，刚塑性理论可用于梁各截面的抗弯承载力的计算。

根据*条款6.6.2.2*，对于"*采用塑性理论计算截面承载力的梁*"（即 1 类或者 2 类截面），部分剪力连接使用*条款6.2.1.3(1)*仅限于正弯矩区。

因此，当没有 3 类或者 4 类截面梁时，设计就简单很多。这种情况通常在建筑结构件中可见，但很少出现在多跨梁中。

值得注意的是，如果钢上翼缘属于 3 类截面，它与混凝土板的连接并不会提高它的受力，因为*条款6.6.5.5(2)*规定栓钉的间距不超过 $15t_f\varepsilon$，即 $15 \times 14.6 \times 0.81 = 177$mm。这对于图 6.23 所示的压型钢板是不可行的。

塑性抗弯承载力（*条款6.2.1.2*）

在内支座处，发现（如前述）腹板上半部分的 96mm 高处于受压状态。负弯矩作用下的塑性承载力设计值为钢截面的塑性承载力加上钢筋的效应，如图 6.24a）所示。

$M_{pl,a,Rd} = 1.702 \times 0.355 = 604$kNm　　（负弯矩和正弯矩区）

$M_{pl,Rd} = 604 + 639 \times 0.277 = 781$kNm　　（负弯矩区）

同时也需要塑性承载力标准值，对于钢筋，$\gamma_s = 1$，其屈服力增加至 $639 \times 1.15 = 735$kN；应力改变的腹板高度为 110mm；以及采用计算 $M_{pl,Rd}$的方法，则：

$M_{pl,Rd} = 802$kNm　　（负弯矩区）

所有这些承载力可能需要折减，以考虑侧向扭转屈曲或竖向剪切。

对于跨中的正弯矩作用，忽略受压钢筋，且混凝土的可用面积为宽 2.5m 和厚 0.08m。如果混凝土截面受力达到 $0.85f_{cd}$，则压力为：

$$F_c = 14.2 \times 2.5 \times 80 = 2840\text{kN} \tag{D6.26}$$

如果整个钢截面屈服，则拉力为：

$F_a = 9880 \times 0.355 = 3507$kN

假设采用完全剪力连接，塑性中性轴位于钢梁顶部翼缘，则翼缘由受拉变到受压的厚度为：

$t_{f,c} = (3507 - 2840) \div (2 \times 0.355 \times 190) = 5.0$mm

于是纵向剪力如图 6.24b）所示，则：

$$M_{pl,Rd} = 2840 \times 0.315 + 667 \times 0.222 = 1043\text{kNm}（正弯矩） \tag{D6.27}$$

之后如果采用部分剪力连接，此承载力会有所降低。

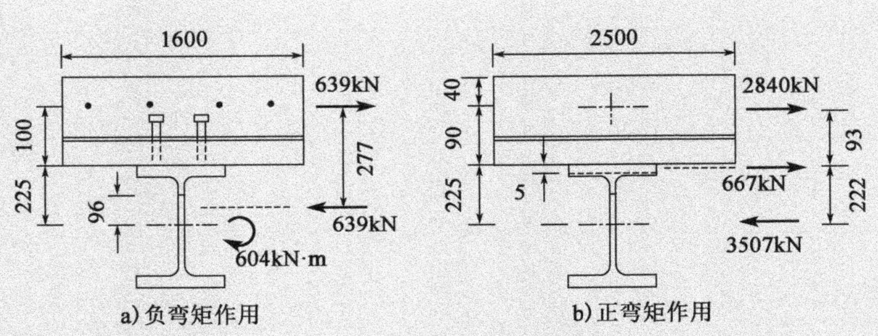

图6.24 塑性抗弯承载力(尺寸单位:mm)

竖向塑性抗剪承载力

条款6.2.2.2 参考了 EN 1993-1-1 的条款6.2.6。某定义了轧制 I 型钢的受剪截面面积为:

$$A_v = A - 2bt_f + (t_W + 2r)t_f = 9880 - 380 \times 14.6 + 51.4 \times 14.6 = 5082\text{mm}^2$$

同时,还给出了塑性抗剪承载力设计值:

$$V_{pl,Rd} = A_v(f_y/\sqrt{3})/\gamma_{M0} = 5082 \times 0.355/\sqrt{3} = 1042\text{kN}$$

对于受剪屈曲,*条款6.2.2.3* 参考了 EN 1993-1-5 的第5章。此处不需要进行屈曲验算,因为按翼缘之间的高度算钢腹板的高厚比 h_w/t 为45,低于限值48.6。

弹性截面的弯曲特性

由于模量比和等效宽度的变化,以及"开裂"和"未开裂"截面的使用,即使当钢梁为均匀截面时,也需要若干组弹性性能。此处,"未开裂"分析中忽略混凝土板钢筋。误差是偏安全的(除了剪力连接)且通常很小。开始时计算这些特性很简便(表6.3)。

组合横截面的弹性截面特性 表6.3

横截面	模量比	b_{eff} (m)	中性轴 (mm)	$10^{-6}I_y$ (mm^4)	$10^{-6}W_{c,top}$ (mm^3)
(1)支座处,开裂,加筋	—	1.6	42	467	—
(2)支座处,未开裂	10.1	1.6	177	894	50.7
(3)支座处,未开裂	20.2	1.6	123	718	62.5
(4)跨中处,未开裂	10.1	2.5	210	996	69.5
(5)跨中处,未开裂	20.2	2.5	158	828	84.7
(6)跨中处,未开裂	28.7	2.5	130	741	94.5

由*条款5.4.2.2(11)*知,对于短期荷载和长期荷载,混凝土徐变均可通过模量比 $n = 2n_0 = 20.2$ 来考虑。$n = n_0$ 的结果列在表6.3中,用于第7章。在本例中,收缩效应非常大。针对这些因素,采用更准确的模量比28.7是有利的,后面进行解释。

现举个例子计算 $n = 10.1$ 时内支座处的未开裂特性。在"钢"部件中,板的宽度为1.6/10.1 = 0.158m,因此组合截面如图6.25所示。其截面特性为:

面积：

$A = 9880 + 158 \times 80 = 9880 + 12640 = 22520\text{mm}^2$

中性轴在钢截面中心上方的距离：

$z_{na} = 12640 \times 315/22520 = 177\text{mm}^2$

截面惯性矩：

$10^{-6} I_y = 337.4 + 9880 \times 0.177^2 + 12640 \times 0.138^2 = 894\text{mm}^2$

弯曲刚度：

$10^{-6} E_a I_y = 210 \times 894 = 187700\text{kN} \cdot \text{mm}^2$

混凝土板顶部，截面模量：

$10^{-6} W_{c,top} = 894 \times 10.1/178 = 50.7\text{mm}^3$

对所需的其他弹性截面特性也做了类似的计算，结果如表 6.3 所示，“中性轴”一列给出了中性轴到钢梁截面中心上方的距离，如图 6.25 所示。

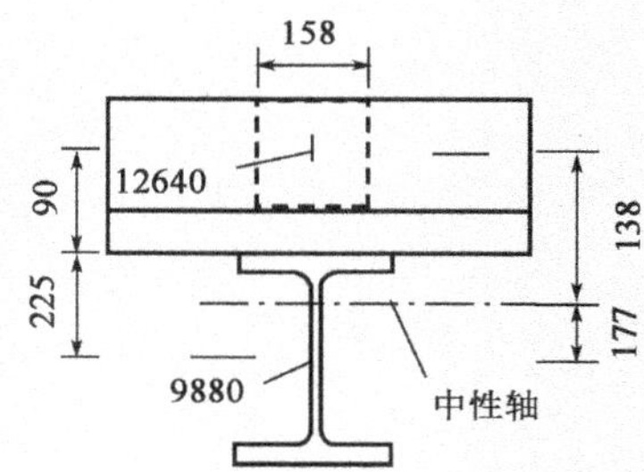

图 6.25　内支座处的未开裂组合截面 $n_0 = 10.1$（尺寸单位：mm）

整体分析

内支座附近的梁侧向扭转屈曲承载力 $M_{b,Rd}$ 取决于弯矩的分布，因此接下来进行整体分析。

只要有可能，*第5章*中整体分析的规定对正常使用极限状态和承载力极限状态下均适用。在允许有替代方案的情况下，在选择之前均宜考虑这两种极限状态。

对于此梁，不需要考虑节点的柔度（*条款5.1.2*）。可采用一阶弹性理论［*条款5.2.2(1)*和*条款5.4.1.1(1)*］。

满足了*条款5.2.2(4)*关于缺陷的规定，因为侧向扭转屈曲是唯一需要考虑的失稳类型，且其承载力计算公式已经考虑了缺陷的存在。

*条款5.4.2.3(3)*中考虑开裂的简化方法适用于此处，并将再次使用。在连续梁中，几乎总会发生开裂。在本算例中，采用*条款5.4.2.3(2)*中的更见长的方法对未开裂截面进行计算发现，在两跨施加极限荷载时，内支座处的混凝土拉应力超过其抗拉强度的 3 倍。此处忽略了收缩效应，因此进一步增加了拉应力。

对于此梁,*条款5.4.2.3(3)*需要使用内支座处每侧1.8m的长度内的开裂截面特性。对于整体分析,*条款5.4.1.2(4)*是允许对整个跨径使用跨中的有效宽度,但是由于使用了"开裂"特性,对整个跨径不再是均匀截面,故设有采用。负弯矩区的纵筋都在1.6m的有效宽度范围内,在此宽度外的钢筋可能相当轻。因此,每12m跨度都有如图6.26所示的非均匀截面。截面惯性矩之比 λ 如表6.4所示。

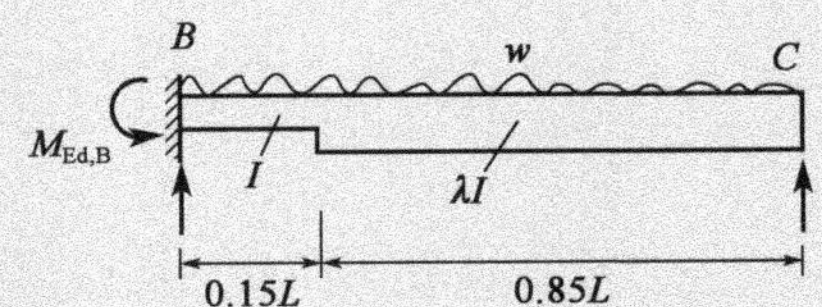

图6.26　在0.15L处变截面的弹性支承悬臂梁

支承悬臂梁固定端的极限弯矩设计值　　表6.4

荷　载	w(kN/m)	n	$10^{-6}I_y$(mm^4)	λ	$M_{Ed,B}$(kN)
永久	9.42	10.2	996	2.13	133
永久	9.42	20.2	828	1.77	142
可变	26.25	10.1	996	2.13	370
可变	26.25	20.2	828	1.77	394

对于未开裂区域使用 $n = 20.2$ 的建议值得讨论。永久荷载大部分作用在钢梁上,没有使混凝土产生徐变,但是承载力是基于作用在组合梁上的全部荷载由内支座处的弯矩决定。徐变会增加此弯矩,而且收缩的长期效应非常的明显,因此 $t \to \infty$的情况比 $t \approx 0$ 更重要。

对于准永久荷载组合,EN 1990 中的条款 A1.2.2(1)给出百货大楼中可变荷载的系数 ψ_2 为0.6,且 $0.6q_k$ 为 $1.5q_k$ 的40%,所以组合梁可能会有一些徐变。

本例中,除收缩效应外,对所有作用效应都会使用 $n = 2n_0 = 20.2$,对于收缩效应采用的如下更精确的方法确定。

收缩效应的模量比

根据*条款5.4.2.2(4)*,加载龄期可以假设为1天。普通混凝土的徐变系数由 EN 1992-1-1 图3.1的有关横截面名义尺寸 h_0中给出。对于顶底面都暴露在外界环境中的板,h_0就等于板厚;但此处的板有一面是密封的,则 h_0等于板厚的2倍。板厚为105mm(图6.23),所以$h_0 = 210$mm。

对于普通硬化水泥和"内部条件",图3.1给出的徐变系数$\varphi(\infty, t_0)$为5.0,对于轻质混凝土,EN 1992-1-1 中的条款11.3.3(1)给出了一个修正系数,在本例中为$(18/22)^2$,可得 $\varphi = 3.35$。*条款5.4.2.2(2)*中的徐变系数 ψ_L 考虑了对所考虑效应的应力-时间曲线的形状,对于收缩效应为0.55。所以收缩效应的模量比为:

$n = n_0(1 + \psi_L\varphi_t) = 10.1(1 + 0.55 \times 3.35) = 28.7$

弯矩

虽然开裂后的梁为非均匀截面，但是由于梁两跨相等，弯矩的代数计算比较简单。当两跨都满载时，只需要考虑一根有支撑的悬臂梁（见图6.26）。依据表6.2中的荷载，永久荷载为$(5.78 + 1.20) \times 1.35 = 9.42$kN/m，可变荷载为$17.56 \times 1.5 = 26.2$kN/m。

对于单位长度的分布荷载 w 和抗弯刚度比 λ，在 Johnson 和 Buckby 的第一版书中（1986 年，375 页）推导了 B 点处的弹性弯矩 M_{Ed}的计算式，即：

$M_{Ed,B} = (wL^2/4)(0.110\lambda + 0.890)/(0.772\lambda + 1.228)$

结果如表 6.4 所示。

因此，不考虑收缩效应，$n = 20.2$ 时，内支座处的弯矩设计值为：

$M_{Ed,B} = 394 + 142 = 536$kNm

内支座处的竖向剪力为：

$V_{Ed,B} = (9.42 + 26.25) \times 6 + 536/12 = 259$kN

IPE 450 截面的塑性抗剪承载力 $V_{pl,Rd}$ 在之前已确定为 1042kN。根据*条款6.2.2.4(1)*，抗弯承载力在 $V_{Ed} > V_{pl,Rd}/2$ 时才会因剪切而折减，因此，此处没有折减。

由于*条款5.4.4(4)*中规定，在考虑侧向扭转屈曲时不允许进行弯矩重分配，所以本阶段也不考虑弯矩重分配。

收缩的次效应

混凝土板的收缩组合构件的下挠曲率和缩短，即“主效应”。在连续梁中，曲率产生弯矩和剪力，即“次效应”。在假定为开裂的区域，忽略主效应产生的曲率和应力[*条款5.4.2.2(8)*和*条款6.2.1.5(5)*]。

现计算此梁中一个重要的次效应，即内支座处的负弯矩。收缩是个永久作用，因此不采用组合系数 ψ_0 进行折减。承载能力极限状态下的分项系数为1.0。

如图 6.27a）所示，假设混凝土板与钢梁分离，其面积 A_c就是钢板上方的混凝土面积。板收缩时，通过施加一个力，使其恢复至初始长度：

$$F = A_c(E_a/n)|\varepsilon_{cs}| \tag{D6.28}$$

这个力作用在板中心，在组合截面形心上方距离为 z_{sh}处。梁的各部分之间重新连接。为了恢复平衡，在组合截面施加反作用力 F 和正弯矩 Fz_{sh}。

梁未开裂部分的曲率半径为：

$$R = E_a\lambda I_y/Fz_{sh} \tag{D6.29}$$

如果撤去中间支座，则按图的几何形状[图 6.27b）]得该点的挠度 δ 为：

$$\delta=(0.85L)^2/(2R) \tag{D6.30}$$

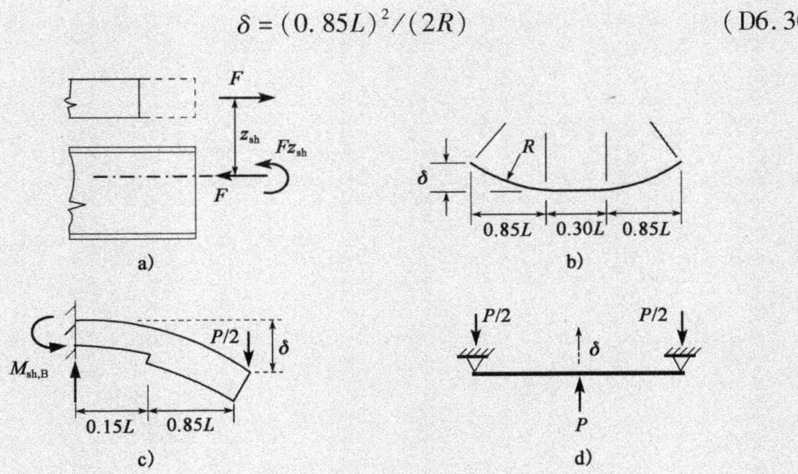

图 6.27　收缩的次效应

还需要计算在该点上施加的力 P,将跨中挠度降为 0,才能取代中间支座[图 6.27d)]。B 点处的次负弯矩为:

$$M_{Ed,sh,B}=PL/2 \tag{D6.31}$$

且竖向剪力为 $P/2$。

利用悬臂梁的斜率和变形系数[如图 6.27c)],由下式可以得到 P。

$$\delta=(P/2)L^3(0.13\lambda+0.20)/(E_a I_y\lambda) \tag{D6.32}$$

计算如下:

$A_c=2.5\times0.08=0.20\text{m}^2$

$E_a=210\text{kN/mm}^2$

$n=28.7$

$\varepsilon_{cs}=-500\times100^{-6}$

因此,从式(D6.28)可得:

$F=732\text{kN}$

从表 6.3 可得:

$\lambda I_y=741\times10^6\text{mm}^4$

$z_{sh}=225-40=185\text{mm}$

故从式(D6.29)可得,$R=1149$;从式(D6.30)可得 $L=12\text{m}$,$\delta=45.3\text{mm}$;从表 6.3 可得:

$I_y=467\times10^6\text{mm}^4$

故:

$\lambda=741/467=1.587$

根据式(D6.32)可得:

$P/2=10.0\text{kN}$

$M_{Ed,sh,B} = 10 \times 12 = 120kNm$

极限荷载下宜忽略收缩效应吗？

对于两跨相等的连续梁，使用具有高收缩性的材料，会得到 120kNm 这一异常高的弯矩值，使 B 点极限弯矩设计值增大了 22%。*条款5.4.2.2(7)*规定，如果承载力不受侧向扭转屈曲的影响，则可以不考虑收缩效应。

理由是由于梁的截面抗弯承载力是由塑性理论确定的，因此极限条件接近一种破坏机制，其中弹性变形量（例如由收缩引起的）与总变形相比可以忽略不计。

然而，如果内支座处的承载力受侧向扭转屈曲控制，而且屈曲弯矩（待计算）远低于塑性弯矩，则在内支座破坏前，非弹性行为可能都不足以使收缩效应变得忽略不计。因此，在此阶段不可忽略收缩引起的次效应，即使该梁跨中恰巧有较大的强度储备，且直到支座处截面进入后屈曲阶段才破坏收缩。

侧向扭转屈曲承载力

钢梁的上翼缘的位移和转角都受到了组合板的约束，靠近内支座处的下翼缘的侧向屈曲伴随着腹板弯曲发生，所以此处的问题是侧向畸变屈曲。

EN 1994-1-1 由标题为"侧向扭转屈曲(*条款6.4*)"的规定实际上是畸变屈曲。作为备选方案，*条款6.4.1(3)*允许使用 EN 1993-1-1 中关于钢梁的规定。这些规定比较保守，而且是基于一个不太合适的力学模型，所以此处采用*条款6.4.2*的方法。需要宜参考正文以及附录 A 中关于该方法的详细说明。该方法需要计算内支座处的弹性临界屈曲弯矩 M_{cr}，相关的信息在 ENV 1994-1-1 的表中给出，这些表重新画成图放在附录 A 中（图 A.3 和图 A.4）。由于荷载不符合*条款6.4.3.(1)(b)*，因此*条款6.4.3* 中的简化方法不能用。

在与满载跨相邻且受最小荷载的梁跨内，靠近内支座处的屈曲通常是最危险的。在此梁中发现，尽管当梁两跨都受载时，屈曲弯矩 $M_{b,Rd}$ 增大（因为受压下翼缘的长度变短），但是施加弯矩 M_{Ed} 会增大得更多，所以两跨受载的情况更为危险。现对这种情况进行考虑，取 $n = 20.2$。假设全部荷载均作用在组合构件上，因为塑性承载力时基于此假设的。

根据表 6.4，梁中的弯矩如图 6.28 所示。收缩分开考虑。"简支"梁的弯矩 M_0 为：

$35.7 \times 12^2/8 = 643kNm$

故，由关于 C_a 的图 A.3（见附录 A）得：

$\psi = M_B/M_0 = 536/643 = 0.834$

$C_4 = 28.3$

弹性临界屈曲弯矩之前已给出：

$M_{cr} = (k_c C_4/\pi)[(G_a I_{at} + k_s L^2/\pi^2) E_a I_{afz}]^{1/2}$

式中,I_{at}为钢梁截面的扭转惯性矩,当使用I形钢截面时,$G_a I_{at}$项可以忽略不计,因为I形钢几乎没有扭转刚度。本例考虑该项,M_{cr}也只增加了2%。因此简化为下式[式(D6.11)]:

$M_{cr} = (k_c C_4/\pi)(k_s E_a I_{afz})^{1/2}$

式中,k_c为绕组合截面的性质,在6.4.2中给出,k_s由条款6.4.2(6)定义,I_{afz}是钢梁下翼缘绕弱轴的截面惯性矩:

$10^{-6} I_{afz} = 1.90^3 \times 14.6/12 = 8.345\text{mm}^4$

现确定刚度k_s,其取决于组合板在支座和跨中处的开裂抗弯刚度的较小值$(EI)_2$,以支座处的值为主导。该值的推导见附录A,即:

$(EI)_2 = E_a[A_s A_e z^2/(A_s + A_e) + A_e h_p/12]$

式中,A_e为受压混凝土单位宽度的等效换算面积:

$A_e = b_0 h_p / n b_s$

式中,b_0为板槽的平均宽度,b_s是槽的间距,h_p为钢板高度(此处为净高度h_{np}),A_s为单位板宽内的上层钢筋面积,z为"杠杆",如附录A中的图A.1所示。

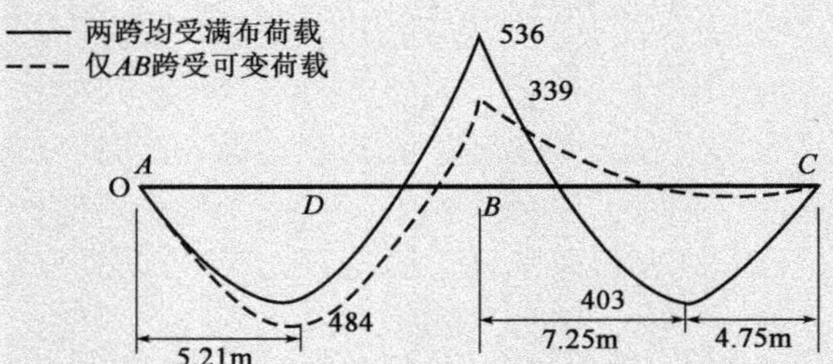

图6.28 承载能力极限状态下的弯矩分布(不考虑收缩)

组合板的$(EI)_2$与k_s的计算

假设钢梁上方横向钢筋位于纵向钢筋的下方,且直径不小于12mm,间距不小于200mm,则$A_s = 565\text{mm}^2/\text{m}$,$d_s = 42\text{mm}$,$z = 63\text{mm}$(图6.29)。

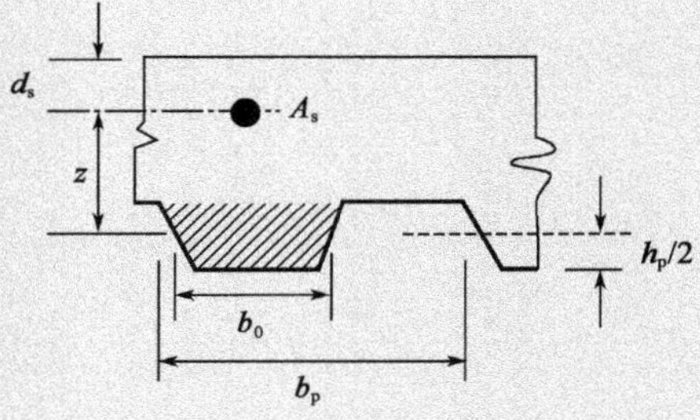

图6.29 组合板的横截面

由图6.23可知,$b_0/b_s = 0.5$,$h_p = 50\text{mm}$,$n = 20.2$时$A_e = 1237\text{mm}^2/\text{m}$。因此:

$$(EI)_2 = 210\{[0.565 \times 1.237 \times 63^2/(1237+565)] + 1.237 \times 50^2/12000\}$$
$$= 377\text{kNmm}^2/\text{m}$$

根据条款*6.4.2(6)*，对于在间距为 a 的钢梁上连续分布的板的单位宽度上，假设该梁为由至少 4 根相似的梁组成的内梁，使得 $\alpha = 4$，则在每米宽度上有：

$$k_1 = 4(EI)_2/a = 4 \times 377/2.5 = 604\text{kNm/rad}$$

$$k_2 = E_a t_w^3/[4h_s(1-v_a^2)]$$

式中，h_s为 IPE 450 截面的翼缘中心距，为 435mm。因此：

$$k_2 = 210 \times 9.4^3/(4 \times 435 \times 0.91) = 110\text{kN/rad}$$

$$k_s = k_1 k_2/(k_1 + k_2) = 604 \times 110/714 = 93.0\text{kN/rad}$$

k_c 的计算

对于双对称钢梁截面，由式(D6.12)和式(D6.13)可得：

$$k_c = (h_s I_y/I_{ay})/[(h_s^2/4 + i_x^2)/e + h_s]$$

其中：

$$e = AI_{ay}/[A_a z_c(A - A_a)]$$

这些式中的符号均表示钢梁的截面特性，如前述定义，除了 A 为开裂组合截面的面积：

$$A = A_a + A_s = 11350\text{mm}^2$$

以及 z_c为钢梁形心与板中间厚度的距离。此处，“板”是指 130mm 厚的组合板，而不是组合截面中 80mm 厚的混凝土板。正是组合板的横向刚度限制了翼缘板的转动，故：

$$z_c = 225 + 130/2 = 290\text{mm}$$

因此：

$$e = 11350 \times 337 \times 10^6/(9880 \times 290 \times 1470) = 909\text{mm}$$

$$k_c = (435 \times 467/337)/[(218^2 + 190^2)/909 + 435] = 1.15$$

M_{cr}和 $M_{b,Rd}$的计算

根据 M_{cr}的计算式(D6.11)可得：

$$M_{cr} = (1.15 \times 28.3/\pi)(93.0 \times 210 \times 8.345)^{1/2} = \mathbf{4182kNm}$$

EN 1993-1-1 的条款 6.3.2.2 规定，如果 $M_{Ed} \leq \bar{\lambda}_{LT,0}^2 M_{cr}$，则侧向扭转屈曲效应可忽略。EN 1993-1-1 的条款 6.3.2.3(1)建议对于轧制截面，$\bar{\lambda}_{LT,0} = 0.4$，这在英国国家附件中得到了证实。此外，还要考虑收缩效应，$M_{Ed} = 659\text{kNm}$，且：

$$\bar{\lambda}_{LT,0}^2 M_{cr} = 0.16 \times 4182 = 669\text{kNm}$$

所以不需要考虑侧向扭转屈曲。根据条款*5.4.2.2(7)*，收缩效应现在可忽略不计，因此支座 B 处的 M_{Ed}减小至 536kNm。

此处,这一重要简化方法造成安全富余量变得很小,所以还是考虑侧向扭转屈曲计算 B 点处的抗弯承载力来说明该方法。

由条款*6.4.2(4)*,相对长细比为:

$\bar{\lambda}_{LT}=\sqrt{M_{Rk}/M_{cr}}=(802/4182)^{1/2}=0.438$

对于轧制截面的折减系数 χ_{LT},条款*6.4.2(1)*参考了 EN 1993-1-1 条款 6.3.2.3,其中规定了该 IPE 截面的屈曲曲线 c,可将其取为 EN 1993-1-1 的图 6.4 中曲线 c 的均值,但是该曲线是针对 $\bar{\lambda}_{LT,0}=0.2$ 的柱屈曲的情况,可以理解为,EN 1993-1-1 的表 6.3 中针对曲线 c 给出的 $\alpha_{LT,0}$ 宜用于计算 χ_{LT}。χ_{LT} 的值取决于在国家附件中给出的 $\bar{\lambda}_{LT,0}$ 和 β。此处取英国的建议值分别为 0.4 和 0.75。

由 EN 1993-1-1 条款 6.3.2.3 中的公式,当 $\bar{\lambda}_{LT}=0.438$ 时,得出:

$\Phi_{LT}=0.581$

$\chi_{LT}=0.979$

$\boldsymbol{M_{b,Rd}}=\chi_{LT}M_{pl,Rd}=0.979\times781=\mathbf{765kNm}$

此值超过了考虑收缩效应的 $M_{Ed}=656\text{kNm}$,证明了上述简化方法。

负弯矩的重分布

现在不需要考虑侧向扭转屈曲,该梁满足了条款*5.4.4(4)*中所有关于弯矩重分布的条件。此处采用"开裂"弹性分析,因此根据条款*5.4.4(5)*的表*5.1*,支座 B 处的弯矩 M_{Ed} 可以减小达 15%。这将减少该区域纵向钢筋,从而减小了 $M_{pl,Rd}$。于是,该梁就可以不满足上述所用的可忽略侧向屈曲的条件了。另一个不作改变的原因是如后所述挠度可能过大,且 B 点处的截面削弱还将增大挠度。

正弯矩的设计

当一跨承受最小荷载时,则在另一跨产生最大正弯矩。虽然徐变会使正弯矩稍减小,但是对所有荷载使用 $n=2n_0=20.2$ 时,该梁满足条款*5.4.2.2*的条件,因此仍采用此值。当移除一跨的可变荷载时,会使其在内支座上引起的弯矩减半,因此,由表 6.4 可知,内支座处的弯矩为:

$M_{Ed,B}=142+394/2=339\text{kNm}$

对于 AB 跨满布荷载时,端部反力为:

$V_{Ed,A}=35.67\times6-339/12=186\text{kN}$

所以,最大弯矩点位于距支座 186/33.67 = 5.2m 处,而且最大正弯矩为:

$\boldsymbol{M_{Ed}}=188\times5.2/2=\mathbf{484kNm}$

此值远小于 $M_{pl,Rd}=1043\text{kNm}$,从而使用剪切连接程度的最小允许值。M_{Ed} 甚至小于钢截面的塑性承载力 $M_{pl,a,Rd}=604\text{kNm}$。

由条款*6.6.1.2(1)*可知，此处弯矩区长度可取为0.85L，即10.2m。根据式(*6.12*)，$f_y = 355\text{N/mm}^2$，则最小剪切连接程度为：

$$\eta = n/n_f = 1 - (0.75 - 0.03 \times 10.2) = 0.56$$

在条款*6.6.1.2(3)*中的一些条件下允许使用更低值。但发现这其中有一个条件不能满足，即钢板的每根肋宜仅有一个栓钉连接件。因此，正弯矩区每一半长度上都至少有0.56n_f个连接件，其中n_f为采用完全剪力连接的连接件数量。于是从图6.24b)可得，混凝土板上的压力为不小于：

$$2840 \times 0.56 = 1590\text{kN}$$

再用之前的方法重新计算$M_{pl,Rd}$，得到：

$$\boldsymbol{M_{pl,Rd} = 946\text{kNm}}$$

这个值几乎是所需承载力的2倍。

这并不意味着将该梁设计为非组合梁是合适的。例7.1表明其挠度将可能过大。

剪力连接的设计

此处采用的剪切连接程度使得栓钉被视为“柔性的”。例6.8给出了采用刚性连接件的替代设计。

根据条款*6.6.5.8(1)*，直径为19mm的栓钉的高度必须至少为：

$$50 + 2 \times 19 = 88\text{mm}$$

公称长度100mm的栓钉在贯穿板焊接后高度约为95mm，这满足上述要求。条款*6.6.5.1(1)*要求栓钉头底面至少要高出底部钢筋上方至少30mm，这对于组合板是不可能的，如该条的说明中所述。

每根栓钉的抗剪承载力设计值由条款*6.6.3.1(1)*的式(*6.19*)确定：

$$P_{Rd} = 0.29d^2(f_{ck}E_{cm})^{1/2}/\gamma_V = 0.29 \times 19^2(25 \times 20700)^{1/2}/(1000 \times 1.25)$$
$$= 60.25\text{kN}$$

此结果采用条款*6.6.4.2*给出的系数k_t进行修正。该系数取决于栓钉的高度h_{cs}、钢板凹槽的尺寸(见图6.23)、钢板厚度(假定为1.0mm)以及每个凹槽内的栓钉数量n_r。

$n_r = 1$时：$k_t = 0.7(b_0/h_p)[(h_{sc}/h_p) - 1] = 0.7 \times 100/50 \times (95/50 - 1) = 1.26$(要求≤0.85)

$n_r = 2$时：$k_t = 1.26/\sqrt{2} = 0.89$(要求≤0.70)

假设栓钉不需要用于锚固钢梁，因此承载力为：

$$P_{Rd,1} = 0.85 \times 60.25 = 51.2\text{kN} \qquad (D6.33)$$

$$P_{Rd,2} = 0.7 \times 60.25 = 42.2\text{kN} \qquad (D6.34)$$

因此，一个有两根栓钉的凹槽相当于2×42.2/51.2=1.65个有单根栓钉的槽钉。

从图 6.28 可知,在最大正弯矩处的栓钉需要布置在距端部支座 5.2m 的长度范围内,凹槽的间距为 0.2m,所以可布置 26 个,混凝土板的压力设计值为 1590kN,所以剪力流设计值为:

1590/5.2 = 306kN/m

所需单根栓钉的数量为:

$n_s = 1590/51.2 = 31$

因此,在部分跨径上每个槽必须布置两根栓钉。

对于建筑结构的剪跨,EN 1994-1-1 没有规定非均匀剪切连接如何布置。当连接件布置的密度与单位长度的剪力相匹配时,滑移最小,所以在靠近处应布置栓钉对。

如果有两根栓钉的凹槽的最小数量为 n_{2s},则:

$1.65n_{2s} + 26 - n_{2s} = 31$

由此:

$n_{2s} \geqslant 7.8$

对于负弯矩区的开裂截面,根据式(D6.25)可知 $A_s f_{sd} = 639$kN,这就需要 12.5 个单根栓钉。当负弯矩最大时,最大正弯矩截面距离内部支座的距离为 7.25m(见图 6.28),所以可设置 36 个凹槽,总共布置 31 + 12.5 = 43.5 个单根栓钉。现在最大正弯矩更低了,只有 403kN(见图 6.28),但是仍需要 31 根栓钉,因为需要保证最低的剪力连接程度。

如果有两根栓钉的凹槽的最小数量为 n_{2h},则:

$1.65n_{2h} + 36 - n_{2h} = 43.5$

由此:

$n_{2h} \geqslant 11.6$

剪力流设计值为:

(1590 + 639)/7.2 = 310kN/m

如图 6.30 所示的栓钉布置,等效于在 5.2m 和 7.2m 的剪跨内分别布置 32.2根和 43.8 根栓钉。

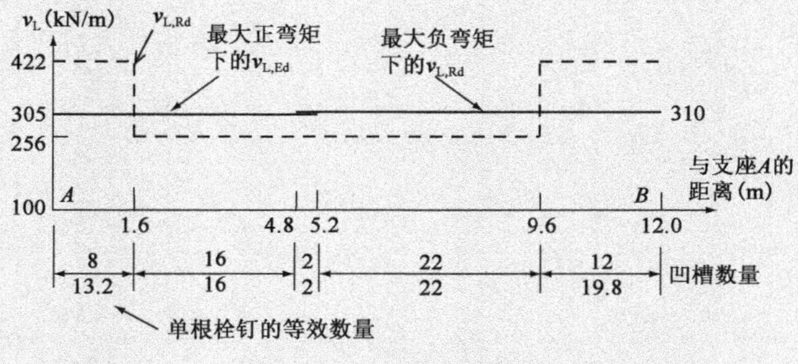

图 6.30 12m 跨径内栓钉连接件的布置

最大正弯矩和最大负弯矩是由不同的加载方式引起的，这种计算方法考虑了这一点，结果表明，靠近跨中的两根栓钉对两个剪跨都是有效的。

如果假设最大正弯矩和最大负弯矩是由单个荷载引起的，那么计算会更快。由此导致的栓钉数量的增加可以忽略。缺点是不清楚靠近每跨端部宜布置多少个有两根栓钉的凹槽。

$v_{L,Rd}$和$v_{L,Ed}$的图不一致，是因为$v_{L,Ed}$的计算中假设在每个剪跨的剪力流分布是均匀的。这种方法依赖于栓钉的滑移能力。

横向钢筋的设计

*条款6.6.6.1(4)*规定混凝土板的纵向剪力设计宜"*与剪力连接件的设计和间距要求一致*"。这就意味着，决定纵向剪力的是剪力连接件的承载力，而不是设计荷载。纵向剪力的最大值出现在有两根栓钉的凹槽处，计算如下：

$v_{L,Ed} = 10 \times 42.2 = 422\text{kN/m}$

根据*条款6.6.6.4(2)*，绕过栓钉的剪切面不需要考虑。因此，关键的情况是钢板沿梁不连续。假如钢板采用栓钉进行锚固，如图6.31所示。根据对称性，关键的剪切面，标记为a-a，被设计为承受剪力211kN/m。

钢板的抗剪承载力由*条款6.6.6.4(5)*给出，其参考了*条款9.7.4*中钢板承载力设计值。对图6.31所示的构造，端距a为40mm。焊环的直径取为：

$1.1 \times 19 = 20.9\text{mm}$

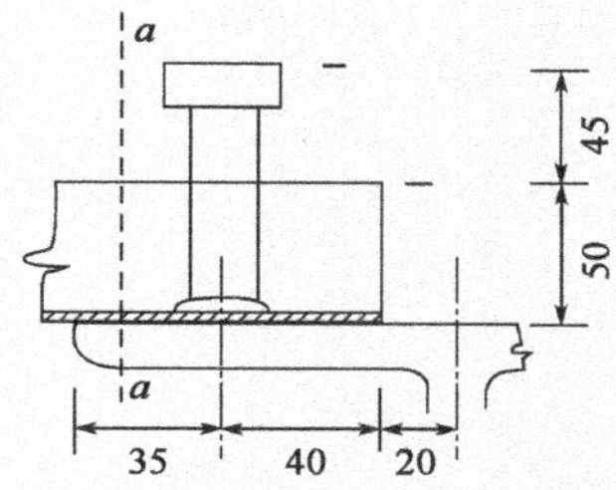

图6.31　穿透不连续的压型钢板焊接的栓钉构造(尺寸单位:mm)

由此可得*条款9.7.4(3)*中的k_{φ}为：

$k_{\varphi} = 1 + 40/20.9 = 2.91$

图6.23中的型钢板厚度为1.0mm；但是组合板还没有设计。此处，假设组合板中的钢板厚度至少为0.9mm，屈服强度为350N/mm²。钢板的系数γ_{M0}推荐值为1.0[见EN 1993-1-3中条款2(3)的注释]。该值在英国国家附件中得到确认，并在此处采用。根据*式(9.10)*有：

$P_{pb,Rd} = k_{\varphi} d_{do} t f_{yp,d} = 2.91 \times 20.9 \times 0.9 \times 0.35 = 19.1\text{kN/栓钉}$

根据*条款6.6.6.4(5)*，当栓钉间距为200mm时，钢板的抗剪承载力为：

$v_{L,pd,Rd} = 19.1/0.2 = 95\text{kN/m}$

这个值不得超过钢板的屈服强度$A_p f_{yp,d}$，对该钢板其大于400kN/m。

80mm 厚的混凝土板的剪力设计值为:

$v_{L,Ed} = 211 - 95 = 116\text{kN/m}$

关于T形截面的腹板与翼缘之间的剪力,*条款6.6.6.2(1)*参考了 EN 1992-1-1 的条款6.2.4。该方法采用了桁架模型,如例6.6所示。为简单起见,EN 1992-1-1 中条款6.2.4(4)给出受拉翼缘的最小倾角为38.6°,将用于整个跨度。

单位长度横向钢筋的面积为:

$A_{sf} > v_{L,Ed}/(f_{sd}\cot\theta_f) = 116/(0.435 \times 1.25) = 213\text{mm}^2/\text{m}$

这个值远小于侧向屈曲设计所需的钢筋面积(565mm^2)。为了控制由于楼板在梁上连续导致的裂缝,还是需要横向钢筋,所以其面积在组合板的设计中进行校核(例9.1)。

例6.7的总结与替代设计

除了组合板的设计之外,本例已经考虑了梁在永久状况下的承载能力极限状态设计的所有重要方面。例7.1对其正常使用极限状态进行验算和对设计进一步说明。例8.1和例10.1研究了与本例一样的梁,但在支座 *B* 处采用半连续节点。

计算可能看起来很复杂,但是根据经验可以省略其中的很多验算。对于普通混凝土,收缩效应通常可以忽略。组合板是主要的永久荷载,且可能先于梁进行设计。此处是按照 EN 1994 中的章节顺序进行的。

跨中多余的抗弯承载力表明,这些12m跨径本可以按照简支梁来设计。结果发现,采用相同的荷载、材料和施工方法,相同的组合截面满足所有的承载能力极限状态验算。例7.1的末尾表明,其存在的问题是裂缝宽度控制以及挠度变形过大。

例6.8:采用刚性连接件的部分剪力连接

前例中正弯矩作用下的设计弯矩图如图6.28所示。*AB* 跨中长度 *AD* 的剪力连接设计成满足*条款6.6.1.2*中"柔性"的定义的连接件。结果如图6.30所示。

现在使用相同的数据重复这项工作,但所提出的连接件不是"柔性"的,来说明*条款6.6.1.3(5)*的使用。这需要通过弹性理论计算剪力流 $v_{L,Ed}$。不需要"剪力的非弹性重分配",因此关于变形能力的*条款6.6.1.1(3)P*不再适用。

不允许通过塑性理论计算抗弯承载力 M_{Rd}[*条款6.2.1.3(3)*],因此应力采用弹性理论计算,并按*条款6.2.1.5(2)*中的限值进行验算。由式(D6.22)和式(D6.23),这些限值是:

$$f_{cd} = f_{ck}/\gamma_C = 25/1.5 = 16.7\text{N/mm}^2 \tag{D6.35}$$

$$f_{yd} = f_{yk} = 355\text{N/mm}^2 \tag{D6.36}$$

在这种连续梁中,由于跨中混凝土开裂,徐变降低了跨中处的刚度,这比内部支座处降低得更多,因此负弯矩和纵向剪力(对于恒定荷载)随时间变小。

将短期模量比取为 10.1，则施工后考虑的时间不长。考虑到采用无支撑施工，对于表 6.2 中的荷载，发现作用在组合截面的最大正弯矩 $M_{c,Ed}$ 发生在离端部支座 5.4m 处，其值为：

$M_{c,Ed} = 404\text{kNm}$

$M_{a,Ed} = 110\text{kNm}$

该梁中混凝土的收缩减少了跨中弯矩和混凝土的压应力，但不会完全发展。为简单和安全起见，忽略其效应。

使用表 6.3 第 4 行的弹性截面特性，发现应力远低于上面给出的限值。80mm 厚、有效宽度 $b_{eff} = 2.5\text{m}$ 的混凝土板平均应力为 4.20N/mm^2，可得板中的纵向力为：

$N_c = 4.2 \times 2.5 \times 80 = 840\text{kN}$

根据式（D6.26），完全剪力连接的力为：

$N_{c,f} = N_c = 2840\text{kN}$

故所需的剪力连接程度为：

$\eta = N_c / N_{c,f} = 840/2840 = 0.30$

弹性剪力流图是三角形的，因此支座 A 处的剪力流是：

$v_{L,Ed} = 2 \times 840/5.4 = 311\text{kN/m}$

和前面一样，采用栓钉连接件。在这种低剪力连接程度下，它们不具有“延性”。其承载力由式（D6.33）和式（D6.34）给出。对于所用的压型钢板［见图 6.23b)］，每米有 5 个槽。靠近支座 A 处每个槽设量一个栓钉（$v_{L,Rd} = 256\text{kN/m}$）是不够的。每个槽设置两个栓钉可以提供 422kN/m 的抗力。靠近跨中处，可以按槽间距 400mm 每隔一个槽设置一个栓钉（$v_{L,Rd} = 128\text{kN/m}$），此剪力值小于条款 *6.6.5.5(3)* 中设定的限值。

栓钉的可能布局细节如图 6.32 所示。图中也显示了沿图 6.30 中 5.4m 长度所提供的承载力。图 6-30 中的值更高，因为在前例中 $\eta = 0.56$，而不只是 0.30，并且对全部荷载设置了剪力连接，而不只是针对作用于组合构件的荷载。

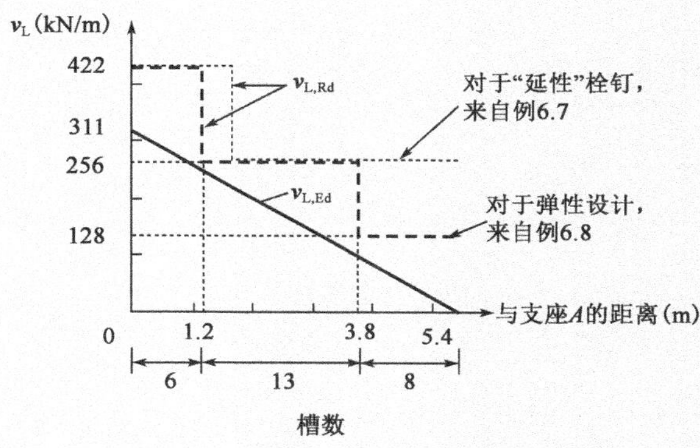

图 6.32　图 6.28 中梁的长度 AD 的纵向剪力和抗剪承载力

这不是典型的结果,因为此处的正弯矩设计值异常低,与正弯矩作用下的塑性承载力有关。

在图6.11b)中,到框a)的设计路径的是"建议"的,因为如本例所示,替代方案更复杂,尤其当连接件不是栓钉的情况。因此有必要满足*条款6.6.1.1*的原则。除非之前有大量可靠的使用经验,否则可能需要试验证明,如荷载/滑移曲线。

例6.9:弹性抗弯承载力、剪力连接程度和连接件类型对抗弯承载力的影响

本例利用例6.7中的两跨梁的材料和横截面的特性,以及例6.8关于刚性连接件的结果。随后发现最大正弯矩的截面,即*D*点,距离图6.28中的支座*A*点5.4m。

为简单起见,现假设梁是简支的,跨度为10.8m,因此该截面位于跨中,与前面一样采用无支撑施工,因此钢梁在该截面上的弯矩 $M_{a,Ed}=110\text{kNm}$。收缩效应是有益的,且被忽略。

根据*条款6.2.1.3*~*条款6.2.1.5*、*条款6.6.1.2*和*条款6.6.1.3*,确定剪力连接程度 η 和梁跨中抗弯承载力之间的关系。结果如图6.33所示。

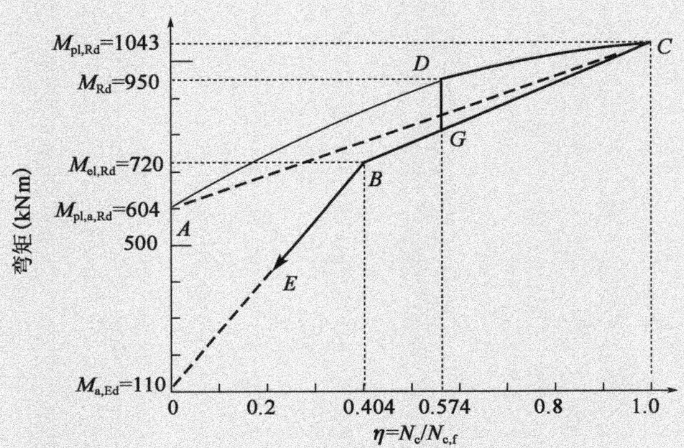

图6.33 部分剪力连接的设计方法

在低剪力连接程度下,只允许弹性设计,因此需要根据*条款6.2.1.4(6)*确定弹性抗弯承载力 $M_{el,Rd}$,其取决于模量比。结果发现极限应力[式(D6.35)和式(D6.36)]首先在钢下翼缘中达到,并且由于徐变而增加,因此假定 $n=20.2$。

对于 $M_{a,Ed}=110\text{kNm}$,钢梁中的最大应力为73N/mm²,剩下 355 − 73 = 282N/mm²作用在组合梁上。使用表6.3第5列的弹性截面特性,当组合截面上的弯矩为610kN·m时,钢材屈服,因此:

$\boldsymbol{M_{el,Rd}}=110+610=\mathbf{720kNm}$

混凝土板中的压力 $N_{c,el}=1148\text{kN}$,因此:

$\eta=N_{c,el}/N_{c,f}=1148/2840=\mathbf{0.404}$

图 6.33 基于 EN 1994-1-1 的*图6.5* 和*图6.6b*）。根据上述结果可以绘制出 *B* 点。

当 $M_{ed}=110\text{kNm}$ 时，$N_c=0$。根据*条款6.2.1.4(6)*中的式（*6.2*），如图所示，将直线 *BE* 绘制到点(0,110)。没有定义 η 的下限。它实际上将由剪力连接的构造规则确定。

对于完全剪力连接，根据式(D6.7)得：

$M_{pl,Rd}=1043\text{kNm}$

这确定了图 6.33 中的点 *C*，并绘制了直线 *BC*［根据式(*6.3*)］。直线 *EBC* 对“柔性”和刚性连接件都适用。

对于次梁，$f_y=355\text{N/mm}^2$ 及钢翼缘相等，*条款6.6.1.2(1)*中的式（*6.12*）给出：

$\eta \geqslant 1-(0.75-0.03\times 10.8)=0.574$

于是：

$N_c \geqslant 0.574\times 2840=1630\text{kN}$

使用针对柔性连接件的*条款6.2.1.3(3)*中的方法，如图 6.3 所示，塑性抗弯承载力为：

$M_{Rd}=950\text{kNm}$

这给出了图 6.33 中点 *D*。

当 $\eta=0$ 时，塑性承载力为 $M_{pl,a,Rd}$。IPE 450 截面的塑性截面模量为 $1.702\times 10^6\text{mm}^3$，因此：

$M_{pl,a,Rd}=1.702\times 355=604\text{kNm}$

这是图 6.33 中的 *A* 点。

对假设的剪力连接程度进行类似计算得出了曲线 *ADC*，为简单起见，其可以用直线 *AC* 代替［*条款6.2.1.3(5)*］。曲线和直线都只有当 η 足够高使得连接成为“柔性的”时才有效。

因此，本例的抗弯承载力设计值由图 6.33 中 *EBGDC* 给出。直线 *BE* 给出了当 $M_{Ed}<M_{el,Rd}$ 时可用的最小剪力连接，而不限制连接件的类型。

对于更高的 M_{Ed} 值，刚性连接件所需的剪力连接程度由直线 *BC* 给出。使用柔性连接件（如*条款6.6.1.2* 中所定义）的增幅是 *GDC* 区域，其中直线 *GD* 的位置由梁的跨度确定，并随着跨度的增加向右移动。

对于此处分析的梁，$M_{a,Ed}=110\text{kNm}$，如果使用*条款6.6.1.2* 的栓钉，例如总弯矩 $M_{Ed}=1000\text{kNm}$ 时，需要能承受约 2100kN（$\eta\approx 0.74$）的剪力连接件，但是对于刚性剪力件，将会增加至超过 2600kN。

6.7 组合柱和组合受压构件

6.7.1 一般规定

适用范围

组合柱在*条款1.5.2.5*中定义为“主要受压或压弯的组合构件”。*条款6.7*的标题包括“受压构件”,以明确其范围不只限于竖向构件,也包括例如华伦式或空腹式梁中的组合受拉构件,EN 1994-2 中给出了这些构件的规定。

在本指南中,除非另有说明,否则“柱”包括其他组合受压构件,对于建筑,“柱”是指相邻侧向约束之间的柱长;通常取层高。

柱的设计规定有时指“有效长度”,该术语一般不用于*条款6.7*,而在*条款6.7.3.3(2)*中定义为“相对长细比”,N_{cr}则定义为“*相关屈曲模式的弹性临界法向力*”。

在*条款6.7.3.3*的条文说明中对N_{cr}进行了解释。

条款6.7.1(1)P

条款6.7.1(1)P 参考了*图6.17*,图中截面都为双轴对称;但*条款6.7.1(6)*明确规定,*条款6.7.2*的通用方法应用范围包括非对称截面的构件(Roik 和 Bergmann,1990)。

柱中弯矩取决于轴向力 N 作用线的位置。若横截面双轴对称,取对称轴的交点。其他情况下,宜采用整体分析模型中的选择,用于横截面的分析。对于细微的不对称情况(例如由于预埋管道),可通过在计算中忽略其他位置混凝土面积的方法,认为其保持对称性。

*在图6.17*的横截面中没有示出剪力连接件,因为在柱长范围内,纵向剪力通常远低于梁中的剪力,且可通过粘结或摩擦提供足够的相互作用。根据*条款6.7.4*,宜设置剪力连接件以施加荷载。

对构件被视为柱而不是梁的最小压力未作说明。如例6.11所示,*图6.17*中无剪力连接件的横截面,可通过*条款6.7.4.3*规定的低设计剪切强度来防止其被用作梁构件。

条款6.7.1(2)P

条款6.7.1(2)P 中材料的强度也适用于梁构件,但不包括C60/75等级混凝土和轻质混凝土。对于这些混凝土,需要另作规定(例如徐变、收缩和应变能力)(O'Shea 和 Bridge,1997;Kilpatrick 和 Rangan,1999;Wheeler 和 Bridge,2002)。Bergmann 和 Hanswille(2006)已对高强度钢的应用开展了研究。

条款6.7.1(3)

条款6.7.1(3) 和*条款5.1.1(2)*均涉及 EN 1994-1-1 的适用范围。它们似乎不涉及高层建筑中的具有核心钢筋混凝土的组合柱。对于这些“混合”结构,可能需要另外考虑收缩、徐变和柱缩短对整体分析的影响。中国建造了许多这种类型的结构,其中钢管混凝土柱的直径已达到1.6m。在一个设计对比中,按照1999年的中国标准和 EN 1994-1-1 设计指南得到了非常相似的结果(Zhong 和 Goode,2001)。

条款6.7.1(4)

钢的贡献率[***条款6.7.1(4)***]本质上是结构钢构件截面承担的受压荷载比

例，如果超出规定限值，则宜视为钢筋混凝土或结构钢构件。

*条款6.7.1(6)*定义了*条款6.7.3*简化方法的适用范围，由于没有参考*图6.17*，因此，它不仅限于*图6.17*中的横截面类型。近期的实践还包括配置大量钢芯的截面，将300mm直径的实心钢截面配置在400×6.3mm圆形空心截面内的研究发现，核心钢表面的残余压应力达到屈服应力，且适用于EN 1993-1-1中柱的屈曲曲线(Bergmann和Hanswille,2006)。本节不适用*条款6.7.3*"简化方法"的范围。 条款6.7.1(6)

单一力的作用

柱横截面的N-M强度相关曲线如*图6.19*所示，且在本指南图6.38中以多边形示出，在BD区域，N_{Ed}与M_{Rd}正相关。*条款6.7.1(7)*指的是在极限荷载作用下，弯矩$\gamma_F M_{Ek}$可能与"独立"轴力(小于其设计值$\gamma_F N_{Ek}$)共存的情形，指出验算宜取较低值，即$0.8\gamma_F N_{Ek}$。 条款6.7.1(7)

本规定如图6.34所示，*图6.19*中相关曲线的BDC区域关于AD线对称。如果：

$$\gamma_F N_{Ek} < N_{pm,Rd}/2 \tag{D6.37}$$

则M_{Rd}宜取轴力为$0.8\gamma_F N_{Ek}$时的E点值，M_{Rd}的折减通常很小。

ENV 1994-1-1给出了一个更简单但更保守的规定，明确定义"独立作用"：如果对应于$\gamma_F N_{Ek}$的M_{Rd}超过$M_{pl,Rd}$，则M_{Rd}宜取为$M_{pl,Rd}$，除非屈服弯矩M_{Ed}仅由力N_{Ed}的偏心引起。其作用是将图6.34中的曲线BDC用线BC替代。

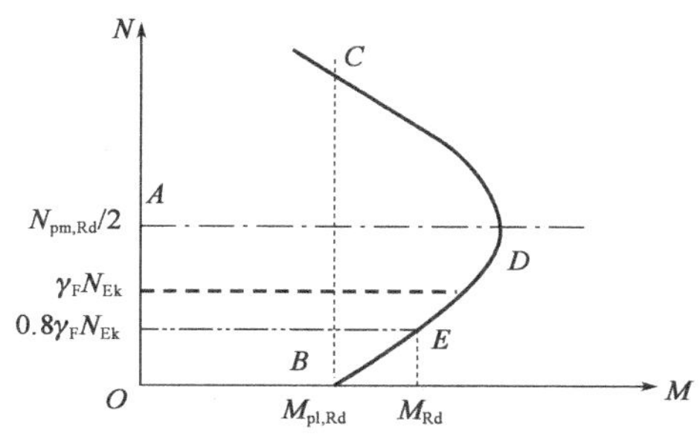

图6.34 独立弯矩和法向力(示意)

局部屈曲

原则性规定*条款6.7.1(8)P*后面是其应用性规定，确保混凝土(根据EN 1992-1-1配筋)约束钢材并防止其屈曲(即使钢材屈服)。 条款6.7.1(8)P

对于部分外包混凝土的截面，外包混凝土阻止了钢腹板局部屈曲的发生，并阻止了钢翼缘在其与腹板连接处的扭转，因此，可采用比无外包混凝土钢截面更高的b_f/t值。*表6.3*给出了44ε的限值，而EN 1993-1-1中2类翼缘规定的限值约为22ε(EN 1994与EN 1993的规定相同，$\varepsilon=\sqrt{235/f_y}$，单位为N/mm²)。

矩形钢管混凝土截面的限值为52ε，而矩形钢管截面的限值约为41ε。圆钢管混凝土截面的d/t限值为$90\varepsilon^2$，而EN 1993-1-1中的2类截面为$70\varepsilon^2$。

6.7.2 通用设计方法

设计人员通常会确保组合柱在*条款6.7.3*简化方法的适用范围内，但由于需要非均匀或不对称截面构件，因此，提供了*条款6.7.2*的"通用方法"，供高级软件 条款6.7.2

编程方法采用。

条款6.7.2 更像是一系列原则而非设计方法。开发满足这些原则的软件是一项复杂的任务。**条款6.7.2(3)P** 指的“内力”,是柱长范围内的作用效应,作用于柱的端部,由第5章的整体分析确定。这本质上是分析是否包括或排除构件缺陷和二阶变形的影响,这会影响其结果的采用。

条款6.7.2(3)P

条款6.7.2(3)也涉及“弹塑性分析”,其在 EN 1990 的条款 1.5.6.10 中定义为“采用包括线弹性和具有或不具有硬化效应的塑性的应力-应变、弯矩-曲率曲线的结构分析”。

由于组合截面中的三种材料具有不同的非线性关系,因此不可能采用横截面直接分析。首先要假定构件的尺寸和材料,然后采用相关的材料特性,根据假定的轴向应变和曲率 ϕ 值,确定横截面的轴向力 N 和弯矩 M。依据类似的多次计算,可得到每个截面的 M-N-ϕ 关系。双轴弯曲的情形将更为复杂。

沿柱长度积分,得到非线性的构件刚度矩阵,该矩阵将轴力、杆端弯矩和轴长变化、端部转动相关联。

6.7.3 简化的设计方法

简化方法的适用范围

条款6.7.3.1

条款6.7.3.1(1)

该方法已与试验结果进行比较验证(Roik 和 Bergmann,1992),其研究背景资料已经出版(Uy,2003)。其适用范围(**条款6.7.3.1**)主要受限于可用结果的范围,这导致**条款6.7.3.1(1)**中规定$\bar{\lambda} \leqslant 2$。对于绝大多数柱子,该方法需要进行二阶分析,并明确考虑初始缺陷的影响。条款6.7.3.5 的解释中说明柱子曲线仅适用“轴向受压构件”。

条款6.7.3.1(1)中对无连接钢截面的限制,是为了防止由于两个截面之间发生滑移而导致刚度损失,这将使柱横截面的 EI 计算公式无效。这适用于圆钢管混凝土内配置实心钢芯的情况。

条款6.7.3.1(2)

条款6.7.3.1(2)中混凝土保护层的限值,源于考虑混凝土应变软化会使相关曲线失效(图6.19),以及较厚保护层柱的试验数据较少。这些规定通常保证每个弯曲轴的钢截面抗弯刚度对总刚度有显著贡献。可通过在计算中忽略超出限值混凝土的方法,来采取较厚的混凝土保护层。

条款6.7.3.1(3)

条款6.7.3.1(3)中规定计算中可采用的配筋率限值为6%,比 EN 1992-1-1 中建议的4%(搭接处除外)更为宽松。实际中,该限值和最大长细比往往并不是一种约束。

条款6.7.3.1(4)

条款6.7.3.1(4)旨在防止使用易发生侧向扭转屈曲的截面。规定 $h_c < b_c$ 的原因是 h_c 定义为垂直于钢截面主轴方向的总高度(图6.17),术语“主轴”可能会产生误导,因为一些组合柱的横截面即使 $I_{a,y} > I_{a,z}$,其仍具有 $I_z > I_y$。

截面承载力

对于具有三种材料的组合截面,其计算比钢筋混凝土复杂,因此,在 EN 1994-1-1

对 EN 1992-1-1 中的一些规定进行了简化。根据强度设计值而不是标准值指定抗力来确定承载力，以避免涉及材料的安全分项系数：例如，**条款*6.7.3.2(1)***中的受压塑性承载力计算公式(*6.30*)。塑性抗压承载力 $N_{pl,Rd}$ 是指在结构钢和钢筋屈服且混凝土被压溃的情形下，短柱承受的极限设计轴向荷载。　条款*6.7.3.2(1)*

对于外包混凝土截面，压溃应力取为圆柱体设计强度的 85%，见条款*3.1* 的条文说明。对于填充混凝土截面，由于钢截面的约束效应，混凝土强度提高，不考虑 15% 的折减，见条款*6.7.3.2(6)*的条文说明。

压弯承载力

柱截面的塑性抗弯承载力 $M_{pl,Rd}$ 按照 1 类或 2 类的组合梁[**条款*6.7.3.2(2)***]进行计算。图*6.18* 和图*6.19* 中所示相关曲线上的点表示受压轴向荷载 N 和弯矩 M 的组合限值，其对应于截面塑性抗弯承载力。　条款*6.7.3.2(2)*

承载力可以通过矩形的应力分布图式计算得到，混凝土应力可简化为假定延伸到中性轴，如图 6.35 所示的抗弯承载力计算(图*6.19* 和图 6.38 中 B 点)。这种简化与实际混凝土的应力-应变曲线以及 EN 1992-1-1 的规定相比，是偏不安全的，这在条款*3.1(1)*的条文说明中进行了解释。为弥补这一点，条款*6.7.3.6(1)*规定，柱截面的塑性抗弯承载力采用系数 α_M 进行折减。

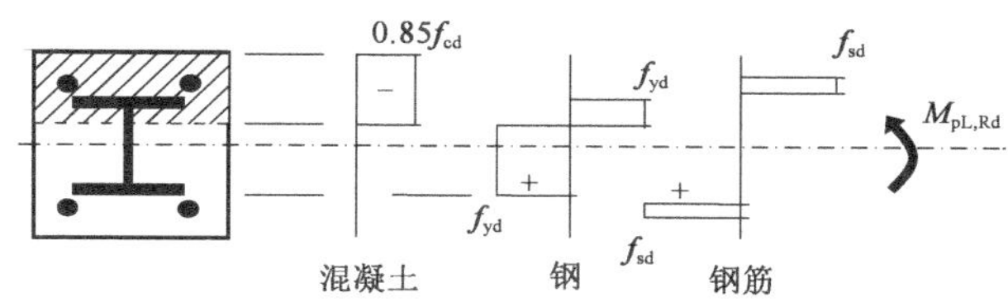

图 6.35　抗弯承载力的应力分布(受拉时为正)

随着轴向压力的增加，中性轴移动：如图 6.35 中所示截面向下缘移动，然后超出截面。因此，相关曲线通过沿截面移动中性轴增量，并在应力图式中找到对应的 M 和 N 的值来确定。若不采用条款*6.7.3.2(5)*中的简化方法，则需要计算机程序来完成。附录 C 中给出了相关曲线上 B、C 和 D 点坐标的简化公式，例 6.10 和例 C.1给出了进一步的说明。

横向剪力的影响

条款*6.7.3.2(3)*和**条款*6.7.3.2(4)***中横向剪力对相关曲线的影响，与条款*6.2.2.4*中梁的竖向剪力对抗弯承载力的影响大体相同。首先假设剪力 V_{Ed} 单独作用于结构钢部分，如果小于 $0.5V_{pl,a,Rd}$，则不考虑其影响；如果大于 $0.5V_{pl,a,Rd}$，可以假定其由钢和钢筋混凝土截面共同承担，这可使得作用在钢上的剪力减小到 $0.5V_{pl,a,Rd}$ 以下。如果不采取这种方法，则将折减的屈服强度设计值用于受剪区域，如梁的腹板。然而，在柱中，受剪面积取决于所考虑的弯曲平面，且可包括钢截面的翼缘。上述情况中假设不会发生剪切屈曲。　条款*6.7.3.2(3)*　条款*6.7.3.2(4)*

简化的相关曲线

条款*6.7.3.2(5)*说明了图*6.19* 中多边形 *BDCA* 作为近似相关曲线的使用方　条款*6.7.3.2(5)*

法，这适用于手动计算。该方法适用于任何具有双轴对称的截面，而不只是外包混凝土的 I 形截面。

首先，通过使来自其两侧的应力算得的纵向力相等，找到用于纯弯曲的中性轴的位置，并假设它与未开裂截面中心的距离为 h_n，如图 *6.19b*）和附录 C 中的图 C.2所示。附录 C 表明相关曲线 C 点的中性轴位于距另一侧中心 h_n 处，D 点的中性轴通过质心。每个点的 M 和 N 值可容易地从图 *6.19* 所示应力图中可得到。

条款6.7.3.2(5) 末尾关于填充混凝土截面的规定尚不明确。条款认为 $N_{pm,Rd}$ 应取为 $f_{cd}A_c$，即忽略了公式（*6.30*）中的系数 0.85，如图 *6.19* 中图 C 所示的 $2h_n$ 高度区域，但并没有给出压应力区其余部分应力的使用规定。作者认为这里也可忽略系数 0.85，这会使得图 B 中纯弯承载力略微超过规定的无外包混凝土梁的抗弯承载力，但考虑到外包混凝土的约束作用，这也是合理的。

圆形或矩形截面钢管混凝土

条款6.7.3.2(6)　***条款6.7.3.2(6)*** 是基于混凝土在轴向压力作用下会发生横向膨胀变形。这导致钢管环向受拉和混凝土三向受压，相比之下，这对混凝土破坏强度（Roik 和 Bergmann，1992；Umamaheswari 等，2007）的提高程度要大于钢在竖向受压中有效屈服强度的降低程度。本条款中的系数 η_a 和 η_c 考虑了这些影响。

因为矩形钢管产生较小的环向拉力，因此，这种套箍效应程度在矩形混凝土中不一样。对于所有的钢管，弯矩将减小套箍作用，这是因为混凝土的平均压应变和横向膨胀变形减小。随着长细比的增大，在荷载作用下，构件的弯曲会增大弯矩，从而进一步降低套箍效应。

由于这些原因，η_a 和 η_c 取决于荷载偏心率和构件长细比。混凝土的贡献低于 $1.0A_c f_{cd}$，这与式（*6.30*）中关于钢管混凝土的版本一致。“钢”的最小值为 $0.75A_s f_{yd}$，其中，$\bar{\lambda}=0$ 且 $e/d=0$。这比式（*6.30*）中的数值要低，式（*6.30*）可在具有更高总承载力的地方使用，因为*条款6.7.3.2(6)* 是可选的。

柱的截面特性

对于框架柱，在框架的整体分析前或分析中需要每个柱长的以下一些特性：

条款6.7.3.3(1)　■ 钢材贡献率［***条款6.7.3.3(1)***］；

条款6.7.3.3(2)　■ 相对长细比 $\bar{\lambda}$［***条款6.7.3.3(2)***］；

条款6.7.3.3(3)　■ 有效抗弯刚度［***条款6.7.3.3(3)*** 和*条款6.7.3.4(2)*］；

条款6.7.3.3(4)　■ 混凝土的徐变系数和有效模量［***条款6.7.3.3(4)***］。

钢材贡献率在*条款6.7.1(4)* 的条文说明中解释。

采用相对长细比 $\bar{\lambda}$ 来确定柱子是否在简化方法的适用范围内［*条款6.7.3.1(1)*］，采用标准值计算 $\bar{\lambda}$，*条款6.7.3.3(3)* 和*条款6.7.3.3(4)* 中给出了相应的抗弯刚度计算方法。采用修正系数 K_e 来考虑开裂情形。

$\bar{\lambda}$ 取决于相关屈曲模式的弹性临界力，需要考虑周围构件的特性。这需要按照图 5.1e）所示程序，计算弹性失稳的荷载增大系数 α_{cr}。不过，通常可以简化假设，使柱在该方法的适用范围内。例如，在具有高抗摇摆刚度的框架中，在计算 N_{cr} 时，假定构件端部为铰接是合理的。在无支撑的连续框架中，每根梁的刚度可以仅取钢梁的刚度，允许根据假定梁具有均匀刚度的有效长度图（英国标准化协会，2000b）来确定 N_{cr}。在任何情况下，$\bar{\lambda}$ 的上限值都是有些主观的，并不能证明 N_{cr} 具有很高的精度。

徐变系数 φ_t 影响有效模量 $E_{c,eff}$［*条款6.7.3.3(4)*］，从而影响每根柱子的抗弯刚度。徐变系数取决于混凝土的加载龄期和持荷时间。对于框架中的柱子，这并不完全相同。有效模量还取决于永久轴向设计荷载的大小。柱的设计中，徐变系数对 $E_{c,eff}$ 的影响并不敏感，因此，可对不确定性进行保守假设。通常，框架中的所有柱子可采用一个有效模量值。

柱的校核

为使计算迭代次数最少，图 6.36 为框架中的柱子的可能计算流程，如例 6.10 所示。假设柱子的截面特性满足*条款6.7.1(9)*、*条款6.7.3.1(2)* ~ *条款6.7.3.1(4)* 和*条款6.7.5.2(1)*的规定，且 $\bar{\lambda} \leq 2$，因此，其在*条款6.7.3* 的简化方法的适用范围内。

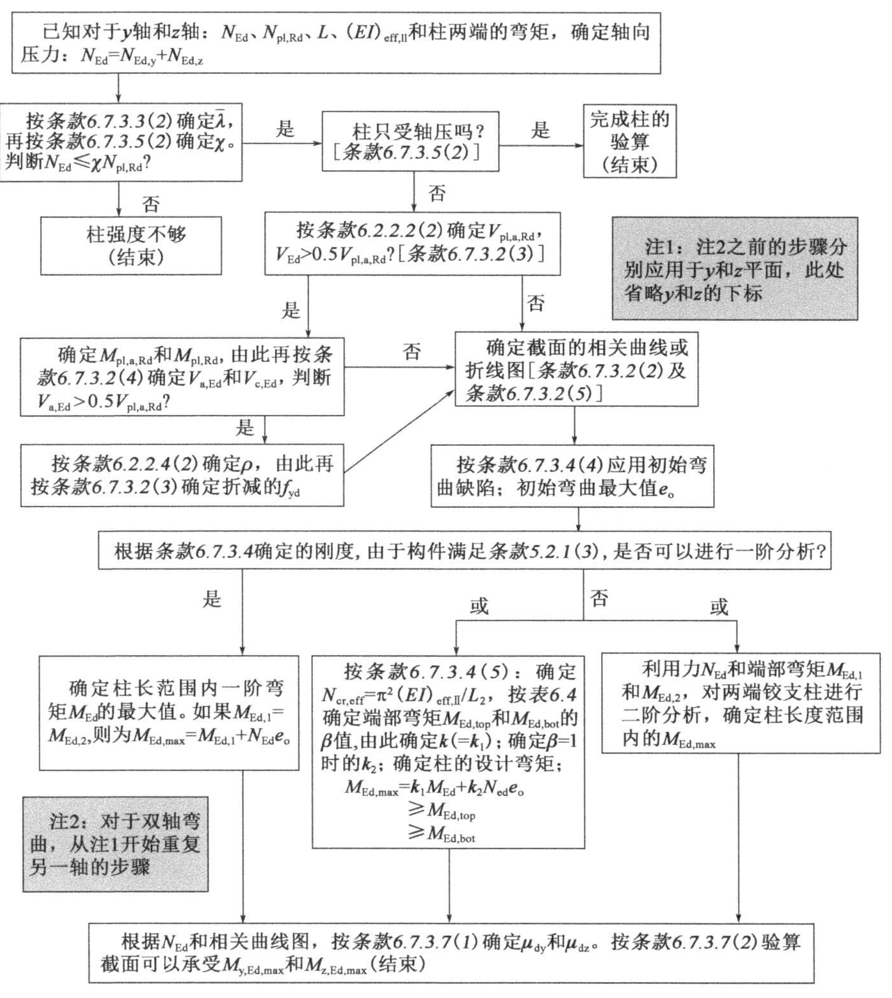

图 6.36　一个柱长校核流程图

条款5.2.2(3) ~*条款5.2.2(7)*的说明中讨论了框架整体分析与单个构件稳定性之间的关系。通常,采用框架整体分析得到的端部力矩和力,对单个构件进行分析来验算其稳定性。图 6.36 按照此流程更详细地介绍了整体分析流程图中下部构件的分析框图[见图 5.1a)]。假设根据*条款5.3.2.1(2)*确定的柱的长细比,在整体分析中忽略了构件缺陷。说明是按照图 6.36 的顺序,而不是按条款顺序给出。如前所述,如果是双向受弯,则依次按照各轴的流程图进行校核。假设荷载仅施加在柱的两端。

起点是整体分析的输出,如图 6.36 顶部所示。轴向设计压力是假定柱为一个构件时的两个框架力之和。如果在这些框架中,柱的末端(例如顶部)与梁的连接处于不同的高度,当差异很小时,则可保守地假设它们都处于较高的位置。该流程图不包括差异很大的情形(例如一层楼高)。轴力 N_{Ed} 通常沿柱长是常量,如果其存在变化,可以保守地假设其最大值作用于柱的上端。

条款6.7.3.4

对于大多数柱,该方法需要明确考虑缺陷的二阶分析(***条款6.7.3.4***)。然而,对于仅端部受压的构件,*条款6.7.3.5(2)*允许采用 EN 1993-1-1 的屈曲曲线。对于符合条件的柱,这是一种有用的简化,因为这些曲线考虑了构件缺陷。折减系数 χ 取决于无量纲的长细比 $\bar{\lambda}$。屈曲曲线也可用于具有端部弯矩作用柱的初步校核;如果法向力 N_{Ed} 的抗力不足,则柱的承载力明显不足。

当 $\bar{\lambda}$ 用于校核方法的适用范围时,已对其计算进行了解释。当 $\bar{\lambda}$ 用作承载力的依据时,如果结果偏于保守,该参数的计算仍可简化。

无端部弯矩的柱是例外情形,对于大多数构件,可继续图 6.36 所示的设计流程。虽然横向剪力超过钢构件抗剪承载力一半的柱很罕见,但接下来仍需校核剪力,因为剪力过大会影响截面的相关曲线。前面*条款6.7.3.2(3)*和*条款6.7.3.2(4)*已经对剪力、相关曲线或多边形给出了说明。

流程图的其余大部分都涉及求解柱承受的最大弯矩。一般来说,有两项计算是必要的[*条款6.7.3.6(1)*]。当弯矩设计值取两个端部弯矩中的较大者时,最大弯矩可能作用在构件的一端,也可能作用在构件的中间点。这是因为二阶效应,构件长度内的横向荷载和初始弯曲会影响弯矩。

如果在整体分析中忽略了构件缺陷,则有必要将它们包括在柱的分析中。

条款6.7.3.4(4)

条款6.7.3.4(4)在表*6.5* 中给出了构件缺陷,其与横向约束之间的柱长 L 成比例。缺陷是指对称轴在中间高度处与柱端对称中心连线的侧向偏移。这些数值主要考虑真实的几何缺陷和残余应力影响,不依赖于沿柱长的弯矩分布。弯曲形状通常假设为正弦曲线,也可假定为圆弧线。假设曲线初始位于所分析的框架平面内。

下一步是确定是否需要在构件长度内考虑二阶效应。*条款6.7.3.4(3)*参考了*条款5.2.1(3)*。因此,如果构件的弹性屈曲的荷载增大系数 α_{cr} 超过 10,则可以忽略二阶效应。可能的摇摆效应将通过整体分析确定,且已包括在端部弯矩和力的值内。为计算 α_{cr}，假设柱子两端为铰接，并通过欧拉公式 $N_{cr,eff}=\pi^2 EI/L^2$ 求得 α_{cr}，L 为柱的实际长度。抗弯刚度采用 $(EI)_{eff,II}$[*条款6.7.3.4(2)*]，以及修正的混凝土弹性模量，以考虑长期效应[*条款6.7.3.3(4)*]。该抗弯刚度低于*条款6.7.3.3(3)*中定义的抗弯刚度，因为其本质上是承载力极限状态设计值。系数 $K_{e,II}$ 中考虑了开裂。系数 K_0 通过校准研究得到。

忽略二阶效应并不意味着也可以忽略由构件缺陷增大的弯矩。为求得 $M_{Ed,max}$，下一个框图给出了单向均匀受弯柱的示例。如果端部弯矩不同或符号相反，则柱中最大弯矩 $M_{Ed,max}$ 可能取为更大的端部弯矩。

实际上，大多数柱子都比较细，通常需要考虑二阶效应。这时可以将构件视为两端铰接，采用整体分析得到的端部弯矩和力，对构件进行二阶分析。对于柱中的所有荷载也要考虑。将分析得到的柱中最大弯矩作为设计弯矩 $M_{Ed,max}$。可以从文献中查找公式，也可以采用***条款6.7.3.4(5)***给出的系数 k。 ***条款6.7.3.4(5)***

图6.36 中假定柱没有中间横向荷载作用。由于必须考虑两个弯矩分布，所以采用两个系数，即 k_1 和 k_2。第一个给出了"理想"柱中的等效弯矩 k_1M_{Ed}，其中，M_{Ed} 是由整体分析得到的较大端部弯矩。*条款6.7.3.4(5)*和*表6.4*中对 M_{Ed} 的定义可能相互矛盾。在式(*6.43*)之前的文本中，M_{Ed} 被称为一阶弯矩，这是因为它不包括在柱长度内产生的二阶效应。但是，*表6.4* 明确指出 M_{Ed} 由一阶或二阶整体分析确定；如何选择取决于*条款5.2.1(3)*中的准则。

表6.4 中的系数 β 由弯矩图的形状决定。表中 $\beta \geq 0.44$ 的条件是为了确保在双向受弯时不出现跳跃失稳。

构件缺陷产生的一阶弯矩 $N_{Ed}e_0$ 具有如*表6.4* 中 $\beta=1$ 的分布，因此，k_2 通常不同于 k_1。缺陷可在任何方向，因此，当两者组合时，通常等效弯矩 $k_2N_{Ed}e_0$ 具有与 k_1M_{Ed} 相同的符号。

公式(*6.43*)指出 k 必须大于或等于 1，这对于单独的弯矩分布是正确的。然而，对于端部弯矩和构件缺陷组合，以这种方式限制 k 值可能是保守的。在柱中间长度范围内，由端部弯矩引起的分量取决于它们的比率 r，从而可能较小。因此，适当的分量 k_1M_{Ed} 没有 $k \geq 1.0$ 的限制，且柱长度内的设计弯矩为 $k_1M_{Ed}+k_2N_{Ed}e_0$。在双轴弯曲中，对于非关键平面可忽略构件的初始缺陷[*条款6.7.3.7(1)*]。限值 $k \geq 1.0$ 旨在确保设计弯矩不小于较大的端部弯矩 M_{Ed}。

条款6.7.3.5"轴心受压构件"的后面是弯压组合的条款，表明它仅适用于两端没有弯矩且无侧向荷载的构件。这些构件在实践中很少出现，但该方法可用于平面框架柱的面外承载力的计算，如例 6.10 所示。

考虑构件缺陷的二阶分析[***条款6.7.3.5(1)***]得到构件中的最大弯矩。然后，根据*条款6.7.3.2* 校核最大弯矩截面。二阶分析的替代方法是采用 EN 1993-1-1 中的柱曲线，如***条款6.7.3.5(2)***所述。 ***条款6.7.3.5(1)*** ***条款6.7.3.5(2)***

图6.36 的流程图中的最后一步，是校核单轴弯曲柱的截面是否能够承受

$M_{Ed,max}$和压力 N_{Ed}。相关曲线给出了轴力 N_{Ed}作用下的承载力 $\mu_d M_{pl,Rd}$,如图*6.18*所示。如条款*3.1(1)*的说明,基于矩形应力分布图式是偏不安全的,因此,在**条款*6.7.3.6(1)***中,通过采用由结构钢等级确定的系数 α_M来进行折减。当钢的屈服强度增大时,该因素考虑了钢屈服(对混凝土不利)截面中增加的压应变。

条款*6.7.3.6(1)*

双轴弯曲

条款*6.7.3.7*

如果已得到两个轴的 $M_{Ed,max}$值,则适用**条款*6.7.3.7***,其中它们被写为 $M_{y,Ed}$和 $M_{z,Ed}$。如果一个比另一个大得多,则按照式(*6.46*)进行单轴弯曲校核。否则,则适用式(*6.47*)中的线性相关作用。如果构件略微不满足双轴弯曲情形,则按照条款*6.7.3.7(1)*的规定,重新计算忽略构件缺陷的较小临界弯矩可能会有所帮助。

6.7.4 剪力连接件和荷载施加

荷载施加

假定混凝土和结构钢构件之间界面没有发生明显滑移,这是柱截面承载力相关规定的前提。**条款*6.7.4.1(1)P*** 和**条款*6.7.4.1(2)P*** 规定了在关键区域将滑移限制在"不明显"水平的原则:轴力和/或弯矩施加在柱上。

条款*6.7.4.1(1)P*
条款*6.7.4.1(2)P*

对于任何假设的"明确定义的荷载路径",可以估计应力,包括界面处的剪力。在荷载施加区域,剪应力可能超过条款*6.7.4.3* 规定的设计抗剪强度,此时需要设置剪力连接件[条款*6.7.4.2(1)*]。除非表*6.6* 中的抗剪强度τ_{Rd}非常低,或者该构件也起到梁的作用(Abdullah 等,2009),或者双轴弯曲程度严重,否则,其他地方不太可能需要设置剪力连接件。**条款*6.7.4.1(3)***是指轴向受力柱的特殊情形。

条款*6.7.4.1(3)*

在滑移达到 1mm 前,很少有剪力连接件达到其设计抗剪强度;但对于基于塑性行为和矩形应力分布图式的承载力计算模型,这不是"明显"滑移。但是,较长的传力路径意味着较大的滑移,因此,假定的传力路径不宜大于条款*6.7.4.2(2)*规定的传力长度。

当轴力仅通过连接接头施加到钢构件时,可根据承载力模型中两种材料的相对轴力关系,来估算要传递到混凝土中的力。如果相关截面不控制柱的设计,则精确计算不太可行。在部分塑性情形下,弹性和完全塑性模型更为不利,结果更为安全[**条款*6.7.4.2(1)***,最后一行]。在实际中,更为简单的方法是,通过保守(高)估计要传递的剪力来设置剪力连接件。

条款*6.7.4.2(1)*

当轴向力仅通过承压板施加在两种材料上或仅施加在混凝土上时,则由于徐变和收缩,混凝土所承担力的比例逐渐减小。由条款*6.7.4.2(1)*可知,宜设置剪力连接件来传递大部分施加的力。然而,基于弹性理论的模型在这种固有稳定情形下过于保守,其中大应变是可接受的。其后的应用规定主要基于试验结果。

根据 EN 1992-1-1 的条款 3.1.4(6),钢管混凝土的收缩效应很小,因为只有自收缩应变,其长期值小于 10^{-4}。混凝土在高压应力作用下,其非弹性泊松比增大,径向收缩比横向膨胀变形要大。然后,摩擦力提供显著的剪力传递作用

[**条款6.7.4.2(3)**]。**条款6.7.4.2(4)**规定,摩擦力也是增加栓钉连接件承载力的原因。

条款6.7.4.2(3)
条款6.7.4.2(4)

根据**条款6.7.4.2(5)**和**条款6.7.4.2(6)**,高承压应力有助于荷载作用点或截面变化的细部构造。这些规定主要基于试验结果(Porsch 和 Hanswille,2006)。例如,假设以下数据用于*图6.22b)*所示的细部构造,承受轴力作用($e=0$):

条款6.7.4.2(5)
条款6.7.4.2(6)

- 钢管外径 300mm,壁厚 10mm;
- 承压板厚 15mm,强度 $f_y = f_{yd} = 355\text{N/mm}^2$;
- 混凝土 $f_{ck} = 45\text{N/mm}^2$, $\gamma_C = 1.5$。

且:

$A_c = \pi \times 140^2 = 61600\text{mm}^2$

$A_1 = 15 \times 280 = 4200\text{mm}^2$

由公式(*6.48*)可得:

$\sigma_{c,Rd}/f_{cd} = [1 + (4.9 \times 10/300)(355/45)](14.7)^{0.5} = 8.8$

$\sigma_{c,Rd} = 8.8 \times 30 = 260\text{N/mm}^2$

当压应力非常高时,承压板厚度至少达到 180mm 才能承受竖向剪力。

图6.23 说明了**条款6.7.4.2(9)**对横向钢筋以及通过完全外包混凝土钢截面施加荷载的要求。横向钢筋必须能够承受抗力 N_{c1}。如果忽略纵向钢筋,则由下式给出:

条款6.7.4.2(9)

$N_{c1} = [A_{c2}/(2nA)]N_{Ed}$

式中,A 是*图6.23* 中柱截面 1-1 的转换面积,由下式给出:

$A = A_s + (A_{c1} + A_{c2})/n$

其中,A_{c1} 和 A_{c2} 分别是截面 1-1 中混凝土的非阴影面积和阴影面积。

当通过钢管混凝土的外部钢管施加荷载时,管受压的泊松效应和核心混凝土的收缩都可能降低钢与混凝土界面处的粘结或摩擦作用,任何桁架作用都会引起混凝土的侧向拉力。*条款6.7.4.2(6)*中的细部构造提供了可能的解决方案。

当仅通过混凝土截面施加荷载时,根据该条款可能不需要横向钢筋。然后,*条款6.7.4.2* 中的其他规定将控制细部构造。

横向剪力

条款6.7.4.3 给出了与*条款6.7.4.1(2)*原则相关的应用性规定(用于例 6.11),其适用于柱承受由横向剪力引起的纵向剪力的情形。*表6.6* 中的抗剪设计强度 τ_{Rd} 远低于混凝土的抗拉强度,其取决于摩擦力,而不是粘结力,并且与防止界面脱开的程度有关。例如,对于部分外包混凝土的 I 形截面,混凝土横向膨胀对钢翼缘产生压力,而对腹板则没有,即 $\tau_{Rd}=0$ 时;钢管内的核心混凝土抗剪强度最高。

条款6.7.4.3

当使用小尺寸 I 形钢截面(主要用于安装),柱子主要是混凝土时,则**条款6.7.4.3(4)**给出了一个 τ_{Rd} 的有效增大值,其保护层厚度可达 115mm,简要地表示为:

条款6.7.4.3(4)

$\beta_c = 0.2 + c_z/50 \leq 2.5$

条款6.7.4.3(5) **条款6.7.4.3(5)**再次提及了对部分外包混凝土I形钢截面中钢与混凝土的连接的担心,因为在弱轴受弯情形下,外包混凝土与腹板容易分离。

6.7.5 构造规定

在环境条件为EN 1992-1-1规定的X0等级时,如I形钢截面的翼缘存在连接[条款6.7.5.2(3)允许的情形],钢截面的混凝土保护层厚度可低至25mm。对于
条款6.7.5.1(2) 宽钢翼缘,较薄混凝土保护层对向外的屈曲几乎没有抵抗力,因此,**条款6.7.5.1(2)**规定最小保护层厚度增加到40mm。

条款6.7.5.2(1) 为控制裂缝的宽度,需要最小纵筋配筋率[**条款6.7.5.2(1)**],即使在混凝土名义上处于受压的柱中,裂缝也可能由收缩引起。

条款6.7.5.2(4) **条款6.7.5.2(4)**是针对EN 1992-1-1规定环境等级为X0的情形。该环境"非常干燥""没有腐蚀或撞击的风险"。以"空气湿度极低"的建筑为例,某些建筑或建筑物内的空间将不符合要求。最小配筋在施工过程中可以起到增加鲁棒性的作用。

例6.10:单轴或双轴受弯的组合柱

如图6.37所示组合柱,长度为7.0m,均匀截面。可以求得在给定荷载作用下的承载力。在校核该柱是否适用简化方法之后,按照图6.36中的流程图顺序进行计算。钢构件254×254UC89的截面特性取自截面表,此处以Eurocode中的符号形式给出。

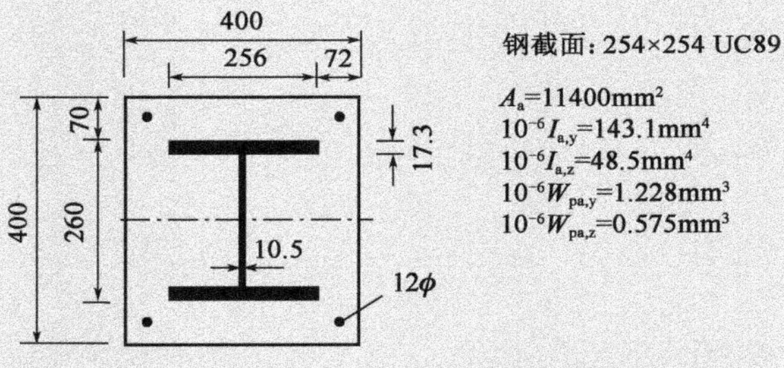

图6.37 组合柱的截面和特性(尺寸单位:mm)

按照常用符号,材料属性如下:

■ 结构钢:等级S355,$f_y = f_{yd} = 355\text{N/mm}^2$,$E_a = 210\text{kN/mm}^2$;

■ 混凝土:强度等级C25/30,$f_{ck} = 25\text{N/mm}^2$,$f_{cd} = 25/1.5 = 16.7\text{N/mm}^2$,$0.85f_{cd} = 14.2\text{N/mm}^2$,$E_{cm} = 31\text{kN/mm}^2$,$n_0 = 210/31 = 6.77$;

■ 钢筋:带肋钢筋,$f_{sk} = 500\text{N/mm}^2$,$f_{sd} = 500/1.15 = 435\text{N/mm}^2$。

截面的几何特性

在图6.17a)中:

$b_c = h_c = 400\text{mm}$,$b = 256\text{mm}$,$h = 260\text{mm}$

$c_y = 200 - 128 = 72\text{mm}, c_z = 200 - 130 = 70\text{mm}$

这些符合条款6.7.3.1(2)、条款6.7.3.1(4)和条款6.7.5.1(2)的情形，因此，所有外包混凝土层都包括在计算中。

钢筋面积：$4 \times 36\pi = 446\text{mm}^2$

混凝土面积：$400^2 - 11400 - 446 = 148150\text{mm}^2$

钢筋面积占混凝土面积的0.301%，因此，条款6.7.5.2(1)规定允许将其包括在计算中。为简化起见，忽略其贡献，因此：

$A_a = 11400\text{mm}^2$

$A_c = 400^2 - 11400 = 148600\text{mm}^2$

$A_s = 0$

对于钢截面：

$10^{-6} I_{a,y} = 143.1\text{mm}^4$

$10^{-6} I_{a,z} = 48.5\text{mm}^4$

设计作用效应和承载能力极限状态

对于最关键位置的荷载分布，由整体分析得出：

$N_{Ed} = 1800\text{kN}$

包括永久荷载的作用：

$N_{G,Ed} = 1200\text{kN}$

$M_{y,Ed,top} = 380\text{kN} \cdot \text{m}$

$M_{z,Ed,top} = 0$

柱下端的弯矩和横向荷载为零。其次，附加弯矩的作用为$M_{z,Ed,top} = 50\text{kN} \cdot \text{m}$。

柱长特性

根据条款6.7.3.2(1)：

$$N_{pl,Rd} = A_a f_{yd} + 0.85 A_c f_{cd} = 11.4 \times 355 + 148.6 \times 14.2 = 4047 + 2109 = 6156\text{kN}$$

根据条款6.7.3.3(1)，钢材贡献率为：

$\delta = 4047/6156 = 0.657$

在条款6.7.1(4)规定的范围内。

对于条款6.7.3.3(2)中的$\bar{\lambda}$，$\gamma_C = 1.5$：

$N_{pl,Rk} = 4047 + 1.5 \times 2109 = 7210\text{kN}$

徐变系数

根据条款6.7.3.3(4)：

$$E_c = E_{cm}/[1 + (N_{G,Ed}/N_{Ed})\varphi_t] \tag{6.41}$$

根据条款*5.4.2.2*,徐变系数φ_t为$\phi(t,t_0)$。时间t_0取为30d,t取“无穷大”,因为徐变降低了柱的刚度,从而降低了稳定性。

根据EN 1992-1-1条款3.1.4(5),“暴露在干燥环境下的周长”为:

$u=2(b_c+h_c)=1600\text{mm}$

所以:

$h_0=2A_c/u=297200/1600=186\text{mm}$

假定“内部条件”并采用普通水泥,EN 1992-1-1中的图3.1给出:

$\varphi(\infty,30)=2.7=\varphi_t$

如果假定的“初始加载龄期”超过20d,其对结果几乎没有影响。然而,如果在10d时施加显著荷载,则徐变系数将增加至约3.3。

由公式(*6.41*)可得:

$E_{c,eff}=31/[1+2.7(1200/1800)]=11.1\text{kN/mm}^2$

临界弹性荷载与标准刚度值

由于短轴更为关键,因此需要$\bar{\lambda}_z$。根据条款*6.7.3.3(3)*可得:

$$(EI)_{eff}=E_aI_a+K_eE_{c,eff}I_c \qquad (6.40)$$

对于混凝土:

$10^{-6}I_{c,z}=0.4^2\times400^2/12-48.5=2085\text{mm}^4$

由公式(*6.40*):

$10^{-6}(EI)_{eff,z}=210\times48.5+0.6\times11.1\times2085=24070\text{kNmm}^2$

在本例中,假设柱的端部有横向约束,但没有弹性扭转约束,因此,其有效长度为实际长度7.0m,并且:

$N_{cr,z}=\pi^2(EI)_{eff,z}/L^2=24070\pi^2/49=4848\text{kN}$

由公式(*6.39*):

$\bar{\lambda}_z=(N_{pl,Rk}/N_{cr,z})^{0.5}=(7210/4848)^{0.5}=1.22$

对y轴进行相似计算,可得:

$10^{-6}I_{c,y}=1990\text{mm}^4$

$10^{-6}(EI)_{eff,y}=43270\text{kNmm}^2$

$N_{cr,y}=8715\text{kN}$

$\bar{\lambda}_z=0.91$

无量纲长细比不超过2.0,因此,满足条款*6.7.3.1(1)*的要求。

***z* 轴的轴压承载力**

根据条款*6.7.3.5(2)*,屈曲曲线(c)是适用的。从EN 1993-1-1的图6.4中可得:

$\overline{\lambda}_z = 1.22$

$\chi_z = 0.43$

由公式(*6.44*)：

$N_{Ed} \leqslant \chi_z N_{pl,Rd} = 0.43 \times 6156 = 2647kN$

满足条件。

横向剪力

对于 $M_{y,Ed,top} = 380kNm$，其横向剪力为：

$V_{z,Ed} = 380/7 = 54kN$

这明显小于 $0.5V_{pl,a,Rd}$，因此不适用*条款6.7.3.2(3)*。

相关曲线

图6.19 对应的相关多边形在附录 C 中确定(见例 C.1)，并在图 6.38 中再现。*条款6.7.3.2(5)*规定它们可用作截面 *N-M* 相关曲线的近似值。

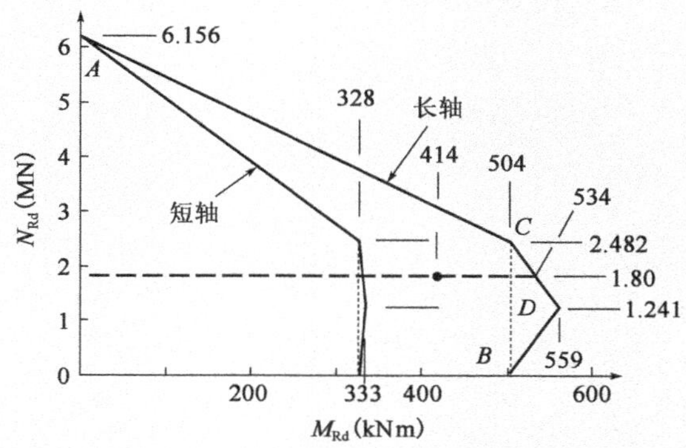

图 6.38　长轴和短轴弯曲的相互作用图形

***y* 轴的一阶弯矩**

面外弯矩的分布如图 6.39a)所示。根据*条款6.7.3.4(4)*的规定，等效构件缺陷为：

$e_{0,z} = L/200 = 35mm$

由 N_{Ed}引起的跨中弯矩为：

$N_{Ed}e_{0,z} = 1800 \times 0.035 = 63kNm$

其分布如图 6.39b)所示。

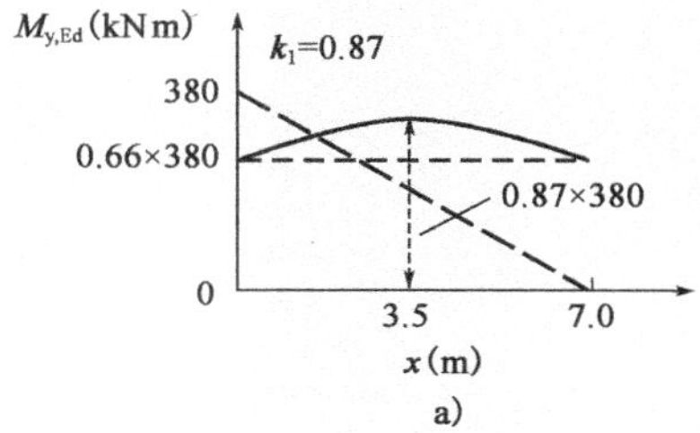

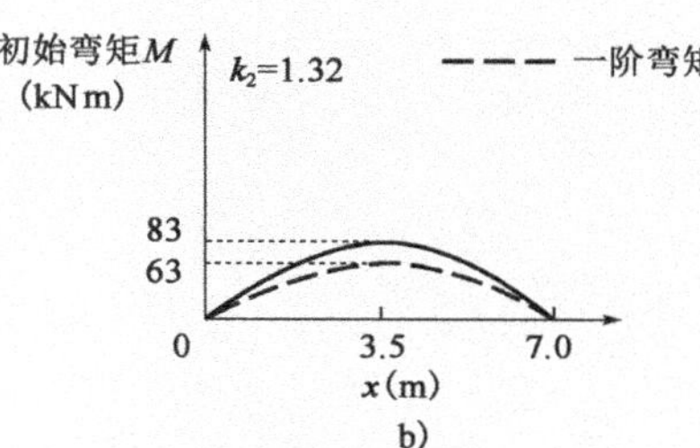

图 6.39　7.0m 长柱的二阶弯矩设计

为校核是否可以忽略二阶弯矩,根据条款*6.7.3.4(3)*的规定,需要减小 N_{cr} 值。由公式(*6.42*)可得:

$$(EI)_{y,eff,II}=0.9(E_aI_a+0.5E_cI_c)$$
$$=0.9\times10^{-6}(210\times143.1+0.5\times11.1\times1990)$$
$$=3.70\times10^{10}\text{kNmm}^2$$

故:

$N_{cr,y,eff}=37000\pi^2/7^2=7450\text{kN}$

该值小于 $10N_{Ed}$,因此,必须考虑二阶效应[*条款5.2.1(3)*]。

y 轴的二阶弯矩

根据*条款6.7.3.4(5)*中的*表6.4*,对于端部弯矩,$r=0$,$\beta=0.66$,由公式(*6.43*)可得:

$k_1=\beta/(1-N_{Ed}/N_{cr,y,eff})=0.66/(1-1800/7450)=0.87$

这没有增加到 1.0,它将结合缺陷的影响,因此,长轴弯矩如图 6.39a)所示。

对于构件缺陷部分的弯矩,$\beta=1.0$。由公式(*6.43*)可得:

$k_2=1/(1-1800/7450)=1.32$

因此,将 $N_{Ed}e_{0,z}$增加到 $63\times1.32=83\text{kNm}$[图 6.39b)]。

总的跨中弯矩为:

$0.87\times380+83=414\text{kN}$

这超过了端部弯矩的较大值,即 380kNm,因此,其起控制作用。

图 6.38 中的点(N_{Ed},$M_{y,Ed,max}$)是(1800,414)。从图中所示值来看:

$M_{y,Rd}=504+(2482-1800)\times55/(2482-1241)=534\text{kNm}$

该值超过了 $M_{pl,y,Rd}$,因此与*条款6.7.3.6(2)*相关。

在这种情况下,N_{Ed}和 M_{Ed}是否单独作用没有什么区别,因为在图 6.38 中,$M_{y,RD}$点位于 *CD* 线上,而不是在 *BD* 线上,因此,*条款6.7.1(7)*"附加校核"不会改变结果。

比值:

$M_{y,Ed,max}/(\mu_{d,y}M_{pl,y,Rd})=414/534=0.78$

该值小于 0.9,因此,满足*条款6.7.3.6(1)*的要求,柱子足够结实。

双轴弯曲

增加短轴弯矩 $M_{z,Ed,top}=50\text{kNm}$ 的影响如下。它比 $M_{y,Ed}$小得多,所以,假定长轴失效。根据*条款6.7.3.7(1)*,假定 *x-y* 平面没有弯曲缺陷,但必须考虑二阶效应。

由公式(*6.42*)可得:

$$(EI)_{z,\text{eff},\text{II}} = 0.9\times10^{-6}(210\times48.5+0.5\times11.1\times2085)$$

$$= 1.96\times10^{10}\text{kNmm}^2$$

因此：

$N_{\text{cr},z,\text{eff}} = 19600\pi^2/49 = 3948\text{kNm}$

如前所述，$\beta = 0.66$，由公式(*6.43*)可得：

$k_1 = 0.66/(1-1800/3948) = 1.21$

所以：

$M_{z,\text{Ed},\max} = 1.21\times50 = 60.5\text{kNm}$

由表6.38，$N_{\text{Ed}} = 1800\text{kN}$，则：

$M_{z,\text{Rd}} = \mu_{d,z}M_{\text{pl},z,\text{Rd}} = 330\text{kNm}$

根据*条款6.7.3.7(2)*，可得：

$$M_{y,\text{Ed},\max}/(0.9M_{y,\text{Rd}}) + M_{z,\text{Ed},\max}/(0.9M_{z,\text{Rd}}) = 414/(0.9\times534) + 60.5/(0.9\times330)$$

$$= 0.861 + 0.204$$

$$= 1.07$$

该值超过了1.0，因此验算不满足要求，并且柱无法抵抗附加弯矩。

例6.11：组合柱荷载施加区域外的纵向剪力

此例的所有数据都在例6.10和图6.37中给出，这里不再重复。设计中发现横向剪力：

$V_{z,\text{Ed}} = 54\text{kN}$

现计算不需剪力连接件的最大抗剪承载力。图6.40中的临界截面为*B-B*。

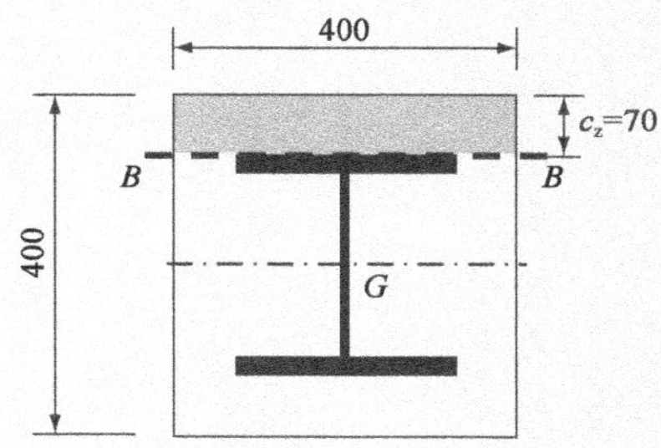

图6.40 柱截面*B-B*上的纵向剪力(尺寸单位：mm)

*条款6.7.4.3(2)*允许采用弹性分析。宜考虑徐变和开裂。徐变降低了*B-B*平面上的剪应力；因此，采用模量比 $n_0 = 6.77$，先考虑未开裂截面的属性，然后考虑开裂。

保护层厚度 $c_z = 70\text{mm}$，由*条款6.7.4.3(4)*中的公式(*6.49*)，$\beta_c = 1.60$。由

表6.6，可得：

$\tau_{Rd} = 0.30 \times 1.6 = 0.48 N/mm^2$

由例 6.10 可知：

$10^{-6} I_{a,y} = 143.1 mm^4$

$10^{-6} I_{c,y} = 1990 mm^4$

因此，对于"混凝土"单元中未开裂的截面部分：

$10^{-6} I_y = 1990 + 143.1 \times 6.77 = 2959 mm^4$

"排除区域"为：

$A_{ex} = 400 \times 70 = 28000 mm^2$

它的中心区域面积为：

$\bar{z} = 200 - 35 = 165 mm$

由图 6.40 中的 G。因此：

$V_{z,Rd} = \tau_{Rd} I_y b_c / (A_{ex} \bar{z}) = 0.48 \times 2959 \times 400 / (28000 \times 0.165) = 123 kN$

该值超过了 $V_{z,Ed}$，所以不需要设置剪力连接件。由于富余量很大，因此没有必要考虑开裂的影响。

用作梁时的柱截面

表6.6 所示的抗剪强度不太可能高到足以允许忽略在有明显横向荷载作用的柱中设置剪力连接件。例如，假设图 6.40 中的柱截面用作跨度为 8.0m 的简支梁，荷载均匀分布。

梁构件对无轴向荷载，$n_0 = 6.77$，对开裂截面进行弹性分析，结果表明：

$10^{-6} I_{y,cracked} = 1441 mm^4$

$V_{z,Rd} = 79 kN$

这相当于设计极限荷载为 19.7kN/m，仅是未考虑系数的 4.4 倍构件重量。

6.8 疲劳

6.8.1 一般规定

虽然需要疲劳验算的主要是桥梁结构，但这些"一般"规定也适用于一些建筑结构中：例如使用的移动吊机或叉车。疲劳验算广泛参考了 EN 1993-1-9（英国标准化协会，2005c）中的"钢结构的疲劳强度"，也是"一般"规定。Eurocode 的抗疲劳设计方法非常复杂。在 EN 1994-2"组合桥梁"中有补充规定。

EN 1994-1-1 中关于疲劳的唯一完整规定适用于栓钉剪力连接件。钢筋、混凝土和结构钢的疲劳主要交叉引用了 EN 1992 和 EN 1993。相应的条文说明见标准的指南（Beeby 和 Narayanan，2005；Gardner 和 Nethercot，2007）。

此处解释仅限于单循环荷载的设计：加载过程中的循环次数 N_R 可以在给定的点计算，或者：

■ 单一应力幅，$\Delta\sigma_E(N_R)$ 或 $\Delta\tau_E(N_R)$；

■ 多应力幅，可表示为单个“损伤等效应力幅”的 N^* 次循环[例如 $\Delta\sigma_{E,equ}(N^*)$]，采用 Palmgren-Miner 法则求疲劳累积损伤。

EN 1993-1-9 条款 1.2.2.11 中定义的“常幅等效应力幅”与此处和 EN 1992-1 条款 6.8.5 中采用的“损伤等效应力幅”的含义相同。

此处不考虑损伤等效系数（典型的 λ，通常用于桥梁设计）。可参阅本系列指南和 Eurocode 2、Eurocode 3 和 Eurocode 4 的第 2 部分（例如，EN 1994-2 设计指南：Hendy 和 Johnson，2006）。

疲劳损伤主要与应力幅的数量和大小有关。当应力幅峰值应力在标准强度 60% 以下时，应力幅峰值有一个次要的附加影响通常可以忽略。极限荷载要比疲劳峰值荷载高，极限荷载设计中采用分项安全系数通常可确保峰值疲劳应力低于此限值。对于有部分剪力连接件的建筑，情况可能不同，因此，***条款6.8.1(3)*** 规定每根栓钉中力的上限值为 $0.75P_{Rk}$，或对于 $\gamma_V = 1.25$ 的情形，上限值为 $0.6P_{Rk}$。 *条款6.8.1(3)*

条款6.8.1(4) 规定了需要进行疲劳评估的建筑类别。根据 EN 1993-1-1 的规定，这包括构件受风振或人群振动的建筑，也包括“振动机械的重复应力循环”，但在实际工程中，宜将其适当地安装在结构之外。 *条款6.8.1(4)*

6.8.2　疲劳评估的分项系数

抗力系数 γ_{Mf} 在国家附件中给出。对于混凝土和钢筋的疲劳强度，***条款6.8.2(1)*** 参考了 EN 1992-1-1 的规定，建议两者的分项系数分别为 1.5 和 1.15，偶然作用取低值。英国国家附件确认了这些数值。 *条款6.8.2(1)*

对于结构钢，EN 1993-1-9 建议的数值从 1.0～1.35 不等，具体取决于设计理念和失效后果。本标准的英国国家附件要求使用 EN 1993-1-9 条款 3(7) 的安全寿命方法，对于构造细节类别，表 8.1～表 8.8 中规定 $\gamma_{Mf} = 1.1$，这包括由栓钉焊接引起的钢翼缘疲劳破坏。

栓钉剪力连接件（不涉及翼缘）的疲劳失效在 EN 1994-1-1 进行了规定。条款 *2.4.1.2(7)P* 注释中的建议值为 $\gamma_{Mfs} = 1.0$，与 EN 1993-1-9 中“容许损伤设计理念”与“失效后果不严重”规定的数值相对应，这在英国国家附件中得到了确认。根据 EN 1993-1-9 条款 3(2) 的规定，在“实施了规定的检测、修正疲劳损伤的检查、维护制度”的前提下，采用容许损伤设计方法的结果是可接受的。本条注释规定，在“发生疲劳损伤时，结构构件的组成部件可能发生荷载重分布”的情况下，可采用容许损伤设计方法。

因为无法通过任何简单的检查方法检测到小裂纹，所以第二种情形适用于栓钉，但第一种情形不适用。EN 1994-1-1 中的规定是基于其他考虑，具体如下。

疲劳破坏由钢筋和混凝土之间复杂的相互作用引起，从焊环附近的高应力混凝土被压碎成粉末开始。这使得剪力作用线上移,增加了焊环上方钉杆的弯矩和剪力,还可能改变拉力。初始疲劳裂纹会进一步改变相对刚度和局部应力。研究发现,对于其他受剪焊缝,与累积损伤相关的应力幅指数可能大于5。EN 1994-1-1中的选择值8是有争议的,稍后将对此进行讨论。

正如由小体积混凝土预测的结果一样,试验表明疲劳寿命有很大的离散性,这在承载力设计中已经考虑。当布置栓钉数量较多时,剪力能很好地在它们之间重新分配。

不推荐比1.0更保守的值的原因源于桥梁工程,栓钉用于桥梁工程中已有五十多年。出版物或会议中涉及栓钉疲劳时,作者都指出,除了少数明显可归因于设计错误外,桥梁上的栓钉不存在已知的疲劳失效情形,该观点还未曾被质疑。研究已经确定了这一重要经验的许多原因,但尚未量化(Oehler 和 Bradford,1995;Johnson,2000)。这些原因的大部分(如滑移、剪力滞后、永久性设置、部分相互作用、栓钉帽的不稳定连接和摩擦)导致的栓钉应力幅低于设计假设。根据八次方定律,应力幅减少10%会使疲劳寿命增加1倍以上。

条款6.8.2(2)

关于疲劳荷载,系数 γ_{Ff}[***条款6.8.2(2)***]可参考国家附件,英国规定 $\gamma_{Ff}=1.0$。

6.8.3 疲劳强度

条款6.8.3(3)

条款6.8.3(3)的形式与EN 1993-1-9中的形式相同,采用一个参考值来对应200万次循环时的剪应力幅,即 $\Delta\tau_C=90\text{N/mm}^2$。在应力幅 $\Delta\tau_R$-常幅应力疲劳循环次数 N_R 的强度曲线(*图6.25*)上,定义通过该点的直线斜率为 m。

从大量的测试数据中推导 m 值是一个复杂的问题,而且这些数据往往还不一致。已经使用了多种类型的试件,试验结果的离散性必须要排除由试件固有可变性产生的离散。文献中推荐的 m 值从5~12不等,主要是基于线性回归。采用的回归方法(x 对 y,或 y 对 x)可改变 m 值,并发现其最大改变量可达3(Johnson,2000)。

BS 5400-10中采用 $m=8$ 可能太高了。在荷载谱的设计中,其实际效果是累积损伤由荷载谱中最大幅分量控制(例如由起重机的少数最大起重量控制)。较低的值(如5)将增大更多数量的平均幅分量的权重。

虽然栓钉的疲劳设计方法仍然比较保守[对于桥梁而言(Hendy 和 Johnson,2006),对于建筑可能亦如此],但 m 的精确值仍是学术焦点。今后任何关于更准确预测应力幅的建议方法宜与对 m 值的重新校核相联系。

6.8.4 内力和疲劳荷载

计算的目的通常是在选定截面上找出给定材料的应力幅,应力幅由确定事件引起:例如,车辆沿桥或穿过横梁通行。车辆以外的荷载影响混凝土的开裂程度,从而影响构件的刚度。开裂主要取决于之前的最大荷载,并随着时间的推移而增

条款6.8.4(1)

长。***条款6.8.4(1)***参考了Eurocode 2中的相关条款。其定义了与循环荷载设计值 Q_{fat} 共存的非循环荷载:它类似于正常使用极限状态的"频遇"组合,为:

$\sum_{j\geqslant 1} G_{k,j} + P + \psi_{1,1} Q_{k,1} + \sum_{i>1} \psi_{2,i} Q_{k,i}$

其中，Q_s是非循环可变荷载。通常，只有一个 G 和一个 Q 是相关的，且没有预应力。则设计作用组合为：

$$G_k + \psi_1 Q_k + Q_{fat} \tag{D6.38}$$

条款6.8.4(2)指定了*条款6.8.5.4* 中弯矩的符号。从*图6.26* 中可以明显看出，弯矩 $M_{Ed,max,f}$导致了混凝土板中的最大拉力，且拉力为正值。*条款6.8.4(2)*也提到了内力，但没有给出符号。有时对混凝土板也需要采用类似的计算拉力（如 $N_{Ed,max,f}$等）。 *条款6.8.4(2)*

6.8.5 应力

条款6.8.5.1(1)引用了*条款7.2.1(1)P* 中的作用效应列表，在“相关情况”中予以考虑。从理论上讲，它们都与开裂程度有关。不过，这通常可用*条款5.4.2.3* 中的简化模型来表示，该模型用于整体分析。它们还影响疲劳应力幅的最大值，该应力幅对每种材料都有限制[例如*条款6.8.1(3)* 中剪力连接件的限制]。在建筑设计中，这些限值都是不常见的，当高应力截面作用有大多数的可变循环荷载时，宜校核最大值。 *条款6.8.5.1(1)*

疲劳的相关规定是假定应力幅由给定波动荷载引起，如有已知重量的车辆通过时，在初始试运行期之后，其应力幅大致保持不变。这里的“安定”包括混凝土开裂、收缩和徐变引起的变化，这些变化主要发生在最初的一两年内。

大多数疲劳验证都是针对重复次数超过 10^4次的荷载循环。在 50 年的寿命期中，该数字对应于平均循环时间小于 2d。因此，荷载波动太慢，足以导致徐变（例如，使用储油罐储存燃油），不具有造成疲劳损伤的循环次数。对于具有动力效应的工业过程，如锻造或高炉的装料层，情形则可能不同，其他不确定因素可能会超过徐变带来的不确定性。

因此，在求循环作用 Q_{fat}的应力幅时，宜采用短期模量比。在校核峰值应力时，如果徐变增加了相应的应力，则宜考虑永久荷载下的徐变效应。组合梁中结构钢的大多数验证都适用。拉伸硬化效应[***条款6.8.5.1(2)P*** 和***条款6.8.5.1(3)***]在下文例 6.12 中进行说明。 *条款6.8.5.1(2)P* *条款6.8.5.1(3)*

设计人员选择一个疲劳最可能起控制作用的位置。对于沿连续梁行驶的车辆，剪力连接件的关键截面可能位于跨中附近；对于钢筋，可能位于中间支点附近。

连续结构是否需要分析取决于校核的对象。对钢筋进行疲劳校核时，至少要包括梁的两个跨度，也可能是两个相邻柱之间的长度。但是，当车辆通过时，竖向剪力的范围几乎不受结构其他部分的影响，因此，对于剪力连接，可以将梁单独考虑。

根据*条款6.8.4(1)*采用了*第5章*的线弹性方法进行分析。不允许考虑弯矩重分配[*条款5.4.4(1)*]。遵循*条款7.2.1*，根据作用效应计算应力幅或剪力流完全基于弹性理论。

条款6.8.5.1(4) 对于结构钢的应力,可以考虑拉伸硬化效应,亦可忽略[**条款6.8.5.1(4)**]。

混凝土

条款6.8.5.2(1) 对于混凝土,*条款***6.8.5.2(1)**参考了 EN 1992-1-1 中的条款 6.8,规定了(条款 6.8.7)受损伤等效应力幅的混凝土。对于建筑,混凝土的疲劳不太可能影响设计,因此,不讨论本条款。

结构钢

条款6.8.5.3(1)
条款6.8.5.3(2) **条款6.8.5.3(1)**实际上是重复*条款6.8.5.1(4)*中的让步。**条款6.8.5.3(2)**第2行中"这些弯矩"是指使板受压的弯矩。其中"或仅 $M_{Ed,max,f}$"字样适用时,$M_{Ed,min,f}$使板受拉。对于 $M_{Ed,max,f}$,采用未开裂截面可能低估钢翼缘的应力幅。

钢筋

对于钢筋,*条款6.8.3(2)*参考了 EN 1992-1-1,其中条款 6.8.4 规定了钢筋的验证方法。对于直钢筋,N^* 的推荐值为 10^6。这不应与 EN 1993-1-9 中结构钢的数值相混淆,即 2×10^6,表示为 N_c,也用于剪力连接件[*条款6.8.6.2(1)*]。

采用上述英国标准给出的 γ 值,其用于校核钢筋的公式(6.71)变为:

$$\Delta\sigma_{E,equ}(N^*)\leqslant\Delta\sigma_{Rsk}(N^*)/1.15 \tag{D6.39}$$

表 6.4N 中,对应于 $N^*=10^6$的 $\Delta\sigma_{Rsk}=162.5\text{N/mm}^2$。

在确定了应力幅 $\Delta\sigma_E(N_R)$的情况下,可以从钢筋的 *S-N* 曲线中求得 $\Delta\sigma_{Rsk}(N_R)$,校核如下:

$$\Delta\sigma_E(N_R)\leqslant\Delta\sigma_{Rsk}(N_R)/1.15 \tag{D6.40}$$

条款6.8.5.4(1) **条款6.8.5.4(1)**允许采用其他极限状态的拉伸硬化效应近似值,包括在"完全开裂"截面中增加最大拉应力 $\sigma_{s,0}$,$\Delta\sigma_s$与极限状态的 $\sigma_{s,0}$值无关。考虑到拉应变反复循环造成的拉伸硬化折减,系数采用 0.2 而不是 0.4。

条款6.8.5.4(2)
条款6.8.5.4(3) **条款6.8.5.4(2)**和**条款6.8.5.4(3)**规定了计算应力的简化规则,见*图6.26*,采用图 6.41 对此进行讨论。它们具有相同的坐标轴,线 *OJ* 对应于*图6.26* 中的上方直线。它显示出两个最小弯矩,其中一个(*L* 点)使板受压。假定混凝土起作用,

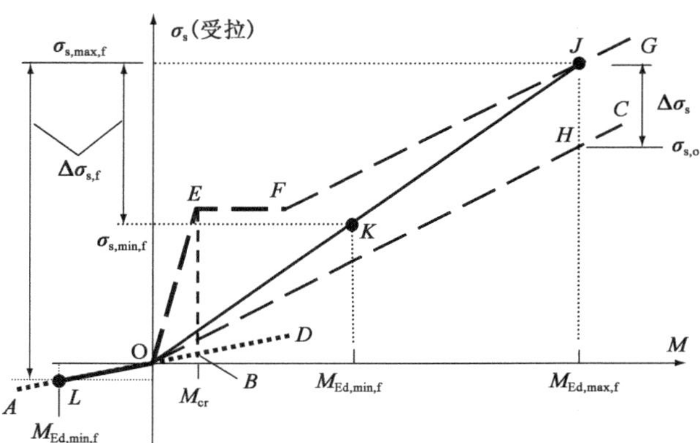

图 6.41 开裂区域钢筋的应力幅范围

钢筋应力的计算值 σ_s 将位于线 *AOD* 上。混凝土初始开裂时，应力 σ_s 从 *B* 点跳到 *E* 点。图6.26 中未显示出线 *OBE*，因为条款7.2.1(5)*P* 要求在计算 σ_s 时忽略混凝土的抗拉强度，这就给出了线 *OE*。当弯矩超过 M_{cr} 时，应力 σ_s 在第一次加载时遵循路径 *EFG*。使用截面属性 I_2 计算 σ_s，得到线 *OC*。当弯矩为 $M_{Ed,max,f}$ 时，应力增加 $\Delta\sigma_s$，根据公式(7.5)可求得应力 σ_s，如线 *HJ* 所示。

条款6.8.5.4 定义了从 *J* 点的卸载路线为 *JOA*，应力 $\sigma_{s,min,f}$ 位于 *JOA* 上。点 *K* 和点 *L* 分别给出了 $M_{Ed,min,f}$ 使得板受拉和受压的两个例子，并给出了这两种情形下的疲劳应力幅 $\Delta_{\delta s,f}$。

剪力连接件

考虑拉伸硬化时，***条款6.8.5.5(1)P*** 的说明比较复杂。内部支点附近剪力连接件的间距不太可能受疲劳控制，因此，在计算竖向剪力幅时，最简单的方法是采用未开裂截面的特性[***条款6.8.5.5(2)***]。例 6.12 中说明了这些要点。　***条款6.8.5.5(1)P***　***条款6.8.5.5(2)***

6.8.6　应力幅

条款6.8.6.1 与桥梁中出现的复杂循环荷载更为相关，而非建筑，并与 EN 1992及 EN 1993 的规定有关。如果规定了荷载谱，则上述钢筋的最大应力和最小应力由损伤等效因子 λ、谱特性和指数 *m*[条款6.8.3(3)]加以修正。条文说明与指南可在本系列的另一本指南中找到(Hendy 和 Johnson，2006)。　***条款6.8.6.1***

在建筑中，很少需要将整体和局部疲劳荷载情形[***条款6.8.6.1(3)***]结合起来。　***条款6.8.6.1(3)***

如果设计循环荷载由单个荷载重复循环 N_R 次组成，则***条款6.8.6.2*** 中对剪力连接件采用的损伤等效系数 λ_v 可采用 Palmgren-Miner 规则求得，如下所示：　***条款6.8.6.2***

假设荷载循环导致的栓钉剪应力幅为 $\Delta\tau$，其中 $m=8$，则有：

$(\Delta\tau_E)^8 N_R = (\Delta\tau_{E,2})^8 N_C$

其中，$N_C = 2\times10^6$ 次循环，因此：

$$\Delta\tau_{E,2}/\Delta\tau_E = \lambda_v = (N_R/N_C)^{1/8} \qquad \text{(D6.41)}$$

6.8.7　基于名义应力幅的疲劳评估

条款6.8.7.1 所述方法的条文说明见本系列的其他指南。　***条款6.8.7.1***

对于剪力连接件，***条款6.8.7.2(1)*** 介绍了分项系数。条款6.8.2(1)的条文说明中给出了建议值和英国的建议值。　***条款6.8.7.2(1)***

条款6.8.7.2(2) 涵盖了当翼缘受拉时，栓钉的疲劳失效与焊缝疲劳失效之间的相互作用。根据 EN 1993-1-9 条款8(1)，式(6.57)的第一项是校核翼缘；根据式(6.55)，第二项则是校核栓钉。式(6.56)中给出了线性相互作用条件。　***条款6.8.7.2(2)***

有必要计算与栓钉应力幅同时存在的钢翼缘纵向应力幅。给出钢翼缘 $\Delta\sigma_{E,2}$ 最大值的循环荷载一般不会给出栓钉 $\Delta\tau_{E,2}$ 的最大值，因为第一项由弯曲引起，而第二项则由剪力引起。同时，$\Delta\sigma_{E,2}$ 和 $\Delta\tau_{E,2}$ 都可能受到混凝土开裂的影响。

因此,式(6.56)可能需要校核4次。在实践中,最好首先校核式(6.57)中的条件。显然,对于这些情形,“开裂”或“未开裂”的模式更为不利。通常,公式左侧一个或两个值远低于1.0,因此,不需要对式(6.56)进行校核。

例6.12:钢筋和剪力连接件的疲劳

例6.7和例7.1中所示两跨梁承受7.0kN/m^{2}的楼板荷载,假定其部分荷载由循环荷载代替。此处对图6.23和图6.28中所示中支座附近B点的钢筋以及循环荷载加载处附近的剪力连接件的抗疲劳性能进行校核。为简单起见,所有其他数据都和之前一样,尽管之前使用的组合板不太可能有足够的抵抗力来承受此处采用的循环车轴荷载。

加载和整体分析

循环荷载为一辆具有两个标准轴重为35kN的四轮汽车。汽车在2.0m宽的固定路径上加载,与梁ABC垂直,并且不受其他可变荷载影响。车轴距超过2.5m的梁间距,因此,每次通行可保守地表示为在图6.42a)中的点D处施加了两次点荷载循环,即0kN—35kN—0kN。对于25年的设计年限,两次加荷每小时通行20次,按每年5000h计,得到$N_R=5\times10^6$次荷载循环。分项系数γ_{Ff}取为1.0。

与例6.7相比,施加的静力荷载标准值减少了$7\times2.5\times2=35$kN,与附加轴重荷载相同,因此,可采用之前按标准组合的整体分析。支座B处的弯矩M_{Ek}值见表7.2。永久荷载和收缩率产生的弯矩不变,并重新在表6.5中列出。

仅对荷载Q_{fat}进行分析,考虑每跨有15%的开裂,计算结果如图6.42b)所示,支座B处的弯矩为31kNm。

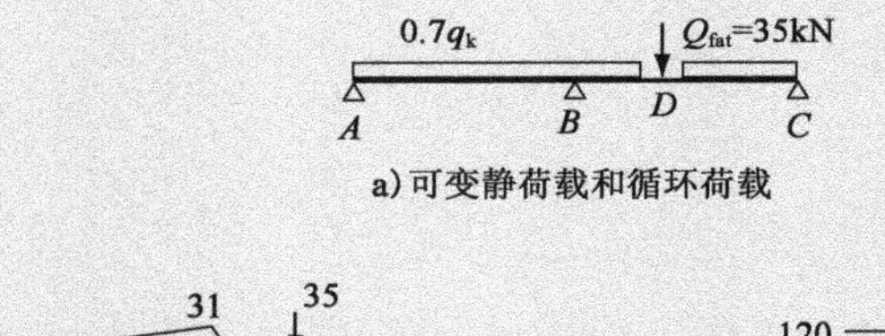

a)可变静荷载和循环荷载

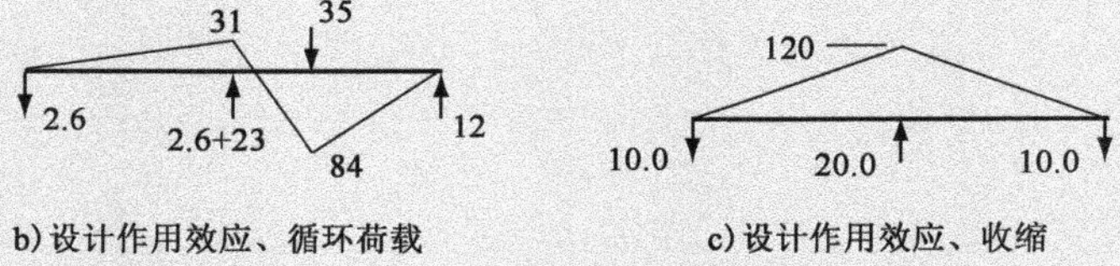

b)设计作用效应、循环荷载　　c)设计作用效应、收缩

图6.42　两跨梁的疲劳校核

在表7.2中,对于标准值q_k产生的弯矩$M_{Ek,B}$为263kNm;但对于疲劳,规定了施加非循环荷载的频遇组合,其中$\psi_1=0.7$。根据表6.2,$q_k=17.5$kN/m。因此:

$$\psi_1 q_k=0.7\times17.5=12.25\text{kN/m}$$

作用于 AB 跨和 BC 跨的10m长度上，可得：

$M_{Ek,B}=0.7(263-31)=162\text{kNm}$

由表6.5可得：

$M_{Ed,min,f}=18+162+120=300\text{kNm}$

由图6.42b）可得：

$M_{Ed,max,f}=300+31=331\text{kNm}$

支座 B 处纵向钢筋的应力　　表6.5

作　用	n	荷　载 (kN/m)	M_{Ed} (kNm)	$10^{-6}W_{s,cr}$ (mm^3)	$\sigma_{s,0}$ (N/mm^2)
永久、组合	20.2	1.2	18	1.65	11
可变、静力 ($\psi_1=0.7$)	20.2	12.25	162	1.65	98
收缩	28.7	—	120	1.65	73
循环荷载	20.2	—	31	1.65	19
合计			331		201

截面 B 处钢筋的校核

式（D7.5）给出了拉伸硬化的允许值 $\Delta\sigma_s=52\text{N/mm}^2$。根据条款*6.8.5.4(1)*，对于钢筋的疲劳校核，这一数值减半至 26N/mm^2。

根据表6.5中给出的 $\sigma_{s,0}$，可得：

$\sigma_{s,max,f}=201+26=227\text{N/mm}^2$

根据图6.41，可得：

$\sigma_{s,min,f}=227\times300/331=206\text{N/mm}^2$

所以：

$\Delta\sigma_{s,f}=227-206=21\text{N/mm}^2$

根据EN 1992-1-1条款6.8.4，对于钢筋：

$m=9$（当 $N_R>10^6$）

$N^*=10^6$

$\Delta\sigma_{Rsk}(N^*)=162.5\text{N/mm}^2$

根据公式（D6.41）进行类推，当应力幅 21N/mm^2 循环 $N_R=5\times10^6$ 次时，其损伤等效应力幅为：

$21^9\times5\times10^6=(\Delta\sigma_{E,equ})^9\times10^6$

从而可得：

$\Delta\sigma_{E,equ}=25\text{N/mm}^2$

利用公式（D6.40），可得：

$25\leqslant162.5/1.15$

至此，钢筋的校核完成。

如果车辆的轴载不等,例如 35kN 和 30kN,那么轻轴的应力幅将略高于 $21\times30/35=18\text{N/mm}^2$,因为图 6.41 中的 OJ 线更陡。假定这一应力幅为 19N/mm^2,对于 $\gamma_{\text{Mf}}=1.15$,其累积损伤校核为:

$2.5\times10^6(21^9+19^9)\leqslant(162.5/1.15)^9\times10^6$

简化可得:

$2.8\times10^{18}\leqslant2.25\times10^{25}$

***D* 点附近剪力连接件的校核**

图 6.42 中 D 点左侧的竖向剪力高于右侧。根据图 6.42b),每个轴载对应的 $\Delta V_{\text{Ed,f}}=23\text{kN}$。

该点最大的竖向剪力为 59.5kN(表 6.6),其中包括收缩二阶效应产生的 10.0kN[图 6.42c)]。剪力 V_{Ed}可由表 6.5 中的荷载和 M_{Ek}值求得。对于未开裂无配筋的组合截面,产生的最大纵向剪力流为 110kN/m,其中包括循环荷载产生的 43.2kN/m。

***D* 截面附近剪力连接件的疲劳** 表 6.6

作　用	$10^{-6}I_y$ (mm^4)	$10^{-3}A_c/n$ (mm^2)	$\bar{z}$ (mm)	V_{Ed} (kN)	$V_{\text{Ed}}A_c\bar{z}/nI_y$ (kN/m)
永久、组合	828	9.90	157	2.7	5.0
变化、静力 ($\psi_1=0.7$)	828	9.90	157	23.8	44.7
收缩	741	6.97	185	10.0	17.4
循环荷载	828	9.90	157	23.0	43.2
合计				59.5	110

*条款6.8.1(3)*规定,每个剪力连接件在标准组合作用下的剪力限值为 $0.75P_{\text{Rd}}$。对于这种组合,非循环可变作用产生的剪力流从 44.7kN/m 增加到 $44.7/0.7=63.9\text{kN/m}$,增加了 19.2kN/m,因此,新的总量为 $110+19=129\text{kN/m}$。图 6.30 中剪力连接件的布置为 5 个栓钉/m,且 $P_{\text{Rd}}=51.2\text{kN}$/栓钉。因此:

$P_{\text{Ek}}/P_{\text{Rd}}=129/(5\times51.2)=0.50$

低于*条款6.8.1(3)*规定的限值 0.75。

栓钉的剪应力幅为:

$\Delta\tau_{\text{E}}=43200/(5\pi\times9.5^2)=30.5\text{N/mm}^2$

混凝土的相对密度为 1.8,根据*条款6.8.3(4)*及 EN 1992-1-1,可得:

$\eta_{\text{E}}=(1.8/2.2)^2=0.67$

因此,根据*条款6.8.3(3)*:

$\Delta\tau_{\text{c}}=90\times0.67=60\text{N/mm}^2$

由式(D6.41):

$\Delta\tau_{\text{E,2}}=30.5[5\times10^6/(2\times10^6)]^{1/8}=34.2\text{N/mm}^2$

由 $\gamma_{Mf,s}=1.0$：

$\Delta\tau_{c,d}=60N/mm^2$

至此，剪力连接件的校核完成。

参考文献

Abdullah JA and Sumei Z (2009) Prediction of lateral deflection and moment of partially-encased composite beam-columns. In: *Steel Concrete and Composite and Hybrid Structures* (Lam D (ed.)). Research Publishing Services, Singapore, pp. 649-662.

Ahmed M and Hosain M (1991) Recent research on stub – girder floor systems. In: *Composite Steel Structures* (Lee SC (ed.)). Elsevier, Amsterdam, pp. 123-132.

Allison RW, Johnson RP and May IM (1982) Tension-field action in composite plate girders. *Proceedings of the Institution of Civil Engineers*, *Part 2* 73: 255-276.

Anderson D, Aribert JM, Bode H and Kronenburger HJ (2000) Design rotation capacity of composite joints. *Structural Engineer* 78(6): 25-29.

Andrä HP (1990) Economical shear connection with high fatigue strength. *Symposium on Mixed Structures*, *including New Materials*, *Brussels. IABSE Reports* 60: 167-172.

Ansourian P (1982) Plastic rotation of composite beams. *Journal of the Structural Division of the American Society of Civil Engineers* 108: 643-659.

Aribert JM (1990) Design of composite beams with a partial shear connection. *Symposium on Mixed Structures*, *including New Materials*, *Brussels. IABSE Reports* 60: 215-220 [in French].

Banfi M (2006) Slip in composite beams using typical material curves and the effect of changes in beam layout and loading. In: *Composite Construction in Steel and Concrete V* (Leon RT and Lange J (eds)). American Society of Civil Engineers, New York, pp. 356-368.

Beeby AW and Narayanan RS (2005) *Designers' Guide to EN 1992-1-1 Eurocode 2*: *Design of Concrete Structures* (*Common Rules for Buildings and Civil Engineering Structures*). Thomas Telford, London.

Bergmann R and Hanswille G (2006) New design method for composite columns including high strength steel. In: *Composite Construction in Steel and Concrete V* (Leon RT and Lange J (eds)). American Society of Civil Engineers, New York, pp. 381-389.

Bradford MA (2005) Ductility and strength of composite T-beams with trapezoidal slabs. *International Symposium*, *Advancing Steel and Composite Structures*, Hong Kong.

British Standards Institution (BSI) (1987) BS 5400-5. Design of composite bridges. BSI, London.

BSI (1994) DD ENV 1994-1-1. Design of composite steel and concrete structures. Part 1-1: General rules and rules for buildings. BSI, London.

BSI (1998) BS EN ISO 14555. Welding - arc stud welding of metallic materials. BSI, London.

BSI (2000a) BS 5400-3. Design of steel bridges. BSI, London.

BSI (2000b) BS 5950-1. Code of practice for design in simple and continuous construction: hot rolled sections. BSI, London.

BSI (2003) BS EN 13918. Welding - studs and ceramic ferrules for arc stud welding. BSI, London.

BSI (2005a) BS EN 1994-2. Design of composite steel and concrete structures. Part 2: Bridges. BSI, London.

BSI (2005b) BS EN 1994-1-2. Design of composite steel and concrete structures. Part 1-2: Structural fire design. BSI, London.

BSI (2005c) BS EN 1993-1-9. Design of steel structures. Part 1-9: Fatigue strength of steel structures. BSI, London.

BSI (2006a) BS EN 1993-1-5. Design of steel structures. Part 1-5: Plated structural elements. BSI, London.

BSI (2006b) BS EN 1993-2. Design of steel structures. Part 2: Bridges. BSI, London.

BSI (2006c) BS EN 1993-1-3. Design of steel structures. Part 1-3: Cold formed thin gauge members and sheeting. BSI, London.

BSI (2008) BS EN 1090-2. Execution of steel structures and aluminium structures. Part 2: Technical requirements for execution of steel structures. BSI, London.

BSI (2010) BS 5950-3.1 + A1. Structural use of steelwork in buildings. Design in composite construction. Code of practice for design of simple and continuous composite beams. BSI, London.

Ernst S, Patrick M, Bridge RQ and Wheeler A (2006) Reinforcement requirements for secondary composite beams incorporating trapezoidal decking. In: *Composite Construction in Steel and Concrete V* (Leon RT and Lange J (eds)). American Society of Civil Engineers, New York, pp. 236-246.

Ernst S, Bridge RQ and Wheeler A (2007) Strength of headed stud shear connection in composite beams. *Australian Journal of Structural Engineering* 7(2): 111-122.

Ernst S, Bridge RQ and Wheeler A (2009) Push-out tests and a new approach for the design of secondary composite beam shear connections. Journal of Constructional Steel Research 65: 44-53.

Gardner L and Nethercot D (2007) *Designers' Guide to EN 1993-1-1 Eurocode 3: Design of Steel Structures (General Rules and Rules for Buildings)*. Thomas Telford, London.

Grant JA, Fisher JW and Slutter RG (1977) Composite beams with formed metal deck. *Engineering Journal of the American Institute of Steel Construction* 1: 27-42.

Hanswille G (2002) Lateral torsional buckling of composite beams. Comparison of more accurate methods with Eurocode 4. In: *Composite Construction in Steel and Concrete IV* (Hajjar JF, Hosain M, Easterling WS and Shahrooz BM (eds)). American Society of Civil Engineers, New York, pp. 105-116.

Hanswille G, Lindner J and Münich D (1998) Zum Biegedrillknicken von Stahlverbundträgern. *Stahlbau* 7.

Hanswille G, Porsch M and Ustundag C (2007) Cyclic behaviour of steel-concrete composite beams. In: *Steel and Aluminium Structures, ICSAS' 07* (Beale RG (ed.)). Oxford Brookes University, pp. 481-489.

Hechler O, Müller C and Sedlacek G (2006) Investigations on beams with multiple regular web openings. In: *Composite Construction in Steel and Concrete V* (Leon RT and Lange J (eds)). American Society of Civil Engineers, New York, pp. 270-281.

Hendy CR and Johnson RP (2006) *Designers' Guide to EN 1994-2. Eurocode 4: Design of Composite Steel and Concrete Structures. Part 2: General Rules and Rules for Bridges*. Thomas Telford, London.

Hicks S and Couchman G (2006) The shear resistance and ductility requirements of headed studs used with profiled steel sheeting. In: *Composite Construction in Steel and Concrete V* (Leon RT and Lange J (eds)). American Society of Civil Engineers, New York, pp. 511-523.

Hicks SJ (2007) Resistance and ductility of shear connection: full-scale beam and push tests. In: *Steel and Aluminium Structures, ICSAS '07* (Beale RG (ed.)). Oxford Brookes University, Oxford, pp. 613-620.

Johnson RP (2000) Resistance of stud shear connectors to fatigue. *Journal of Constructional Steel Research* 56: 101-116.

Johnson RP (2004) *Composite Structures of Steel and Concrete: Beams, Columns, Frames, and Applications in Building*, 3rd edn. Blackwell, Oxford.

Johnson RP (2007a) Design rules for distortional lateral buckling in continuous composite beams. In: *Steel Concrete and Composite and Hybrid Structures* (Lam D (ed.)). Research Publishing Services, Singapore, pp. 175-182.

Johnson RP (2007b) Resistance and ductility of shear connection: recent tests and Eurocode 4. In: *Steel and Aluminium Structures, ICSAS '07* (Beale RG (ed.)). Oxford Brookes University, pp. 621-628.

Johnson RP and Anderson D (1993) *Designers' Handbook to Eurocode 4. Part 1-1:*

Design of Composite Steel and Concrete Structures. Thomas Telford, London.

Johnson RP and Buckby RJ (1986) *Composite Structures of Steel and Concrete*, vol. 2. Bridges, 2nd edn. Collins, London.

Johnson RP and Chen S (1993) Stability of continuous composite plate girders with U-frame action. *Proceedings of the Institution of Civil Engineers: Structures and Buildings* 99: 187-197.

Johnson RP and Fan CKR (1991) Distortional lateral buckling of continuous composite beams. *Proceedings of the Institution of Civil Engineers, Part 2* 91: 131-161.

Johnson RP and Hope-Gill M (1976) Applicability of simple plastic theory to continuous composite beams. *Proceedings of the Institution of Civil Engineers, Part 2* 61: 127-143.

Johnson RP and Huang DJ (1994) Calibration of safety factors γ_M for composite steel and concrete beams in bending. *Proceedings of the Institution of Civil Engineers: Structures and Buildings* 104: 193-203.

Johnson RP and Molenstra N (1990) Strength and stiffness of shear connections for discrete U-frame action in composite plate girders. *Structural Engineer* 68: 386-392.

Johnson RP and Molenstra N (1991) Partial shear connection in composite beams for buildings. *Proceedings of the Institution of Civil Engineers, Part 2* 91: 679-704.

Johnson RP and Oehlers DJ (1981) Analysis and design for longitudinal shear in composite T-beams. *Proceedings of the Institution of Civil Engineers, Part 2* 71: 989-1021.

Johnson RP and Oehlers DJ (1982) Design for longitudinal shear in composite L-beams. *Proceedings of the Institution of Civil Engineers, Part 2* 73: 147-170.

Johnson RP and Willmington RT (1972) Vertical shear in continuous composite beams. *Proceedings of the Institution of Civil Engineers* 53: 189-205.

Johnson RP and Yuan H (1998a) Existing rules and new tests for studs in troughs of profiled sheeting. *Proceedings of the Institution of Civil Engineers: Structures and Buildings* 128:244-251.

Johnson RP and Yuan H (1998b) Models and design rules for studs in troughs of profiled sheeting. *Proceedings of the Institution of Civil Engineers: Structures and Buildings* 128: 252-263.

Kilpatrick A and Rangan V (1999) Tests on high-strength concrete-filled tubular steel columns. ACI *Structural Journal* 96(S29): 268-274.

Kim SH *et al*. (2007) Fatigue behaviour of shear connectors in steel-concrete composite deck; Perfobond shear connector. In: *Steel and Aluminium Structures, ICSAS '07* (Beale RG (ed.)). Oxford Brookes University, pp. 629-636.

Kuhlmann U and Breuninger U (2002) Behaviour of horizontally lying studs with longitudinal shear force. In: *Composite Construction in Steel and Concrete IV* (Hajjar JF, Hosain M, Easterling WS and Shahrooz BM (eds)). American Society of Civil Engineers, New York, pp. 438-449.

Kuhlmann U and Kürschner K (2006) Structural behaviour of horizontally lying shear studs. In: *Composite Construction in Steel and Concrete V* (Leon RT and Lange J (eds)). American Society of Civil Engineers, New York, pp. 534-543.

Lam D, Elliott KS and Nethercot D (2000) Designing composite steel beams with precast concrete hollow core slabs. *Proceedings of the Institution of Civil Engineers: Structures and Buildings* 140:139-149.

Lawson M and Hicks SJ (2005) Developments in composite construction and cellular beams. *Steel and Composite Structures* 5(2-3): 193-202.

Lawson M and Rackham JW (1989) *Design of Haunched Composite Beams in Buildings.* Publication 060, Steel Construction Institute, Ascot.

Lawson RM and Hicks SJ (2011) *Design of Composite Beams with Large Web Openings.* Publication P355, Steel Construction Institute, Ascot.

Lawson RM, Chung KF and Price AM (1992) Tests on composite beams with large web openings. *Structural Engineer* 70: 1-7.

Lee PG, Shim CS and Chang CS (2005) Static and fatigue behaviour of large stud shear connectors for steel-concrete composite bridges. *Journal of Constructional Steel Research* 61: 1270-1285.

Leskela MV (2006) Accounting for the effects of non-ductile shear connections in composite beams. In: *Composite Construction in Steel and Concrete V* (Leon RT and Lange J (eds)). American Society of Civil Engineers, New York, pp. 293-303.

Li A and Cederwall K (1991) *Push Tests on Stud Connectors in Normal and High-strength Concrete.* Chalmers Institute of Technology, Gothenburg. Report 91:6.

Lindner J and Budassis N (2002) Lateral distortional buckling of partially encased composite beams without concrete slab. In: *Composite Construction in Steel and Concrete IV* (Hajjar JF, Hosain M, Easterling WS and Shahrooz BM (eds)), American Society of Civil Engineers, New York, pp. 117-128.

Marecek J, Samec J and Studnicka J (2005) Perfobond shear connector behaviour. In: *Eurosteel 2005* (Hoffmeister B and Hechler O (eds)), vol. B. Druck und Verlagshaus Mainz, Aachen, pp. 4.2-57-4.2-64.

Mirza O and Uy B (2010) Effects of strain regimes on the behaviour of headed stud shear connectors for composite steel-concrete beams. *Advanced Steel Construction* 6 (1): 635-661.

Mottram JT and Johnson RP (1990) Push tests on studs welded through profiled steel sheeting. *Structural Engineer* 68: 187-193.

O'Shea MD and Bridge RQ (1997) *Design of Thin-walled Concrete Filled Steel Tubes*. Department of Civil Engineering, University of Sydney. Research Report R758.

Oehlers DJ and Bradford M (1995) *Composite Steel and Concrete Structural Members-Fundamental Behaviour*. Elsevier, Oxford.

Oehlers DJ and Johnson RP (1987) The strength of stud shear connections in composite beams. *Structural Engineer* 65B: 44-48.

Porsch M and Hanswille G (2006) Load introduction in composite columns with concrete filled hollow sections. In: *Composite Construction in Steel and Concrete V* (Leon RT and Lange J (eds)). American Society of Civil Engineers, New York, pp. 402-411.

Rackham JW, Couchman GH and Hicks SJ (2009) *Composite Slabs and Beams Using Steel Decking: Best Practice for Design and Construction*, revised edn. Publication P300, Steel Construction Institute, Ascot.

Ramm W and Kohlmeyer C (2006) Shear-bearing capacity of the concrete slab at web openings in composite beams. In: *Composite Construction in Steel and Concrete V* (Leon RT and Lange J (eds)). American Society of Civil Engineers, New York, pp. 214-225.

Ranzi G, Bradford MA, Ansourian P *et al*. (2009) Full-scale tests on composite steel-concrete beams with steel trapezoidal decking. *Journal of Constructional Steel Research* 65: 1490-1506.

Roik K and Bergmann R (1990) Design methods for composite columns with unsymmetrical crosssections. *Journal of Constructional Steelwork Research* 15: 153-168.

Roik K and Bergmann R (1992) Composite columns. In: *Constructional Steel Design-An International Guide* (Dowling PJ, Harding JL and Bjorhovde R (eds)). Elsevier, London, pp. 443-469.

Roik K, Hanswille G and Cunze Oliveira Lanna A (1989) *Eurocode 4, Clause 6.3.2: Stud Connectors*. University of Bochum, Bochum. Report EC4/8/88.

Roik K, Hanswille G and Kina J (1990a) *Background to ENV Eurocode 4 clause 4.6.2 and Annex B*. University of Bochum, Bochum. Report RSII 2-674102-88.17.

Roik K, Hanswille G and Kina J (1990b) Solution for the lateral torsional buckling problem of composite beams. *Stahlbau* 59: 327-332 [in German].

Shi Y *et al*. (2009) Loading capacity of simply supported composite slim beam with deep deck. *Steel and Composite Structures* 9(4): 349-366.

Simms WI and Smith AL (2009) Performance of headed stud shear connectors in profiled steel sheeting. In: *Steel Concrete and Composite and Hybrid Structures* (Lam D (ed.)). Research Publishing Services, Singapore, pp. 729-736.

Smith AL and Couchman GH (2010) Strength and ductility of headed stud shear connectors in profiled steel sheeting. *Journal of Constructional Steel Research* 66(6): 748-754.

Smith AL and Couchman GH (2011) Extended minimum degree of shear connection rules for high-ductility shear connectors. *Journal of Constructional Steel Research*, submitted.

Stark JWB and van Hove BWEM (1991) *Statistical Analysis of Pushout Tests on Stud Connectors in Composite Steel and Concrete Structures.* TNO Building and Construction Research, Delft. Report BI-91-163.

Steel Construction Institute (2010) NCCI: modified limitation on partial shear connection in beams for buildings. http://www.steel-ncci.co.uk (accessed 19/08/2011).

Steel Construction Institute (2010) NCCI: resistance of headed stud connectors in transverse sheeting. http://www.steel-ncci.co.uk (accessed 19/08/2011).

Studnicka J, Machacek J, Krpata A and Svitakova M (2002) Perforated shear connector for composite steel and concrete beams. In: *Composite Construction in Steel and Concrete IV* (Hajjar JF, Hosain M, Easterling WS and Shahrooz BM (eds)). American Society of Civil Engineers, New York, pp. 367-378.

Umamaheswari N *et al.* (2007) Effect of concrete confinement on axial strength of circular concrete-filled steel tubes. In: *Steel Concrete and Composite and Hybrid Structures* (Lam D (ed.)). Research Publishing Services, Singapore, pp. 271-278.

Uy B (2003) High strength steel-concrete composite columns for buildings. *Proceedings of the Institution of Civil Engineers: Structures and Buildings* 156: 3-14.

Uy B (2007) Applications, behaviour and design of composite steel-concrete beams subjected to combined actions. In: *Steel Concrete and Composite and Hybrid Structures* (Lam D (ed.)). Research Publishing Services, Singapore, pp. 34-49.

Wheeler AT and Bridge RQ (2002) Thin-walled steel tubes filled with high strength concrete in bending. In: *Composite Construction in Steel and Concrete IV* (Hajjar JF, Hosain M, Easterling WS and Shahrooz BM (eds)). American Society of Civil Engineers, New York, pp. 584-595.

Zhong ST and Goode CD (2001) Composite construction for columns in high-rise buildings in China. *Proceedings of the Institution of Civil Engineers, Structures and Buildings* 146: 333-340.

第7章　正常使用极限状态

本章对应于 EN 1994-1-1 的*第7章*,其内容如下:

■ 一般规定　*条款7.1*

■ 应力　*条款7.2*

■ 建筑中的变形　*条款7.3*

■ 混凝土开裂　*条款7.4*

7.1　一般规定

EN 1994-1-1 的*第7章*适用于组合结构的正常使用性能方面,这些规定没有包含在*第1章*、*第2章*、*第4章*、*第5章*(整体分析)或*第9章*(组合板)或 EN 1990、EN 1991、EN 1992 或 EN 1993 中。一般来说,这些章节中的规定也主要是参考此处而来的。关于它们的更多说明可以在本书的其他章节或本系列的其他指南中找到。

结构的初步设计通常是基于结构的承载能力极限状态下的要求,这些要求是明确的,很少由设计人员来决定。于是,需要进行正常使用性能验算。不按正常使用性能要求设计的结构导致的后果不会像达到承载能力极限状态时那么严重,而且发生这种现象一般很难进行界定。例如,在某些情况下,挠跨比为 1/300 的梁通常是可以被接受的,但是在其他情况下,用户可能会喜欢花费更多来设计一个刚度更大的梁。

欧洲结构设计标准关于正常使用性能的起草旨在给予设计人员和用户更大的自由度,以便考虑诸如建筑的预期用途及其自然属性等因素。

*第7章*的内容也会受到减少计算分析的影响。已经获得的承载能力极限状态的计算结果在某些情况下可能会被缩放或重复使用。经验丰富的设计人员知道,很多结构构件可以在较宽泛的范围内满足正常使用性能的要求。对于这些构件,设计检查必须简洁,且不考虑计算结果是否保守。对于其他构件,更复杂但更精确的计算或许才是合理的。因此,一些应用性规定包含了其他可供选择的方法。

条款7.1(1)P
条款7.1(2)

条款7.1(1)P 和***条款7.1(2)*** 参考了 EN 1990 条款 3.4 的内容,给出了正常使用极限状态下的准则,如变形(包括振动)、耐久性和结构的使用功能等。

正常使用性能检验与准则

在 EN 1990 条款 6.5.1(1)P 中给出的正常使用性能验算要求如下：

$$E_d \leq C_d$$

式中，E_d是作用及其相关组合效应设计值，C_d是相应准则的设计限值。

根据 EN 1990 的条款 6.5.3，相关组合通常对应正常使用极限状态的标准组合、频遇组合和准永久组合，分别考虑了恒定、可变或长期效应的影响。准永久组合还与结构的外形有关。

对于建筑 Eurocode，除非在其他 Eurocode 中另有详细的说明，否则这些组合都采用 EN 1990 中条款 A1.4.1 所规定的分项安全系数 1.0。在 EN 1994-1-1 中这些分项系数也取为 1.0。EN 1990 条款 6.5.4(1)对材料性能的分项安全系数给出了相同的值，即 1.0。

EN 1990 条款 A1.4.2 规定了建筑正常使用的相关准则，这些准则可在各国家附件中定义，且对于具体项目需要具体规定且经用户认可。

EN 1990 条款 A1.4.4 指出，每个工程都宜考虑可能的振动来源以及振动导致的对结构性能的影响，并满足用户和/或相关机构的要求。更多指南可在相关的 Eurocode 第 2 部分(桥梁)以及其他专业文献(Hicks 和 Devine, 2006)中找到。

条款7.4 中给出了关于裂缝宽度限值方面的说明。

目前没有关于“剪力连接件的过度滑移”的正常使用极限状态的定义，但在*条款7.3.1(4)*中明确了滑移对梁挠度方面的影响。通常而言，假设按照承载能力极限状态设计的剪力连接件能确保其在使用中有令人满意的性能，但组合板是个例外。相关的规定见*条款9.8.2*。

对于组合柱，未规定正常使用准则。因此，从这里开始，本章主要涉及组合梁，在某些部分涉及组合框架。

7.2　应力

虽然***条款7.2.1*** 通过规定应力计算来验算结构的变形和开裂，但是过大应力本身已经超出正常使用极限状态范畴。***条款7.2.2*** 规定，对于大多数房屋建筑，不需要专门进行应力验算。在 Eurocodes 中，除了在 EN 1992-1-1 的条款 7.2 的注释中注明了所建议的应力限值外，对于混凝土和钢结构的房屋建筑没有给出应力限值。但在这些 Eurocodes 的桥梁部分却包含了应力限值，其规定可适用于有预应力或承受疲劳荷载的房屋建筑。

条款7.2.1

条款7.2.2

7.3　建筑中的变形

7.3.1　挠度

整体分析

挠度受施工方法的影响，还可能受设计的影响，尤其是在为无支撑结构的梁进行简支设计的情况下更为明显。对于支撑结构,*条款6.6.5.2(4)*中规定,在所有混凝土强度等级未达到C20/25之前,不得移除支撑梁。之后,应用*第5章*的整体弹性分析是足够的[*条款7.3.1(2)*]。

条款7.3.1(1)

在无支撑施工并且梁未设计为简支的情况下,所进行的分析可能比参考EN 1993更为复杂[***条款7.3.1(1)***]。在连续梁或框架中,梁的挠度取决于每跨的混凝土板在浇注时与结构组合的程度。一个简单且往往保守的方法是假设对整个钢框架先施工。然后,对所有混凝土板一次性浇筑,其整体重量由钢结构承担;但是对于高层结构和大跨梁可能进行多阶段分析更贴近实际。

如果钢梁采用临时支撑或可重复使用的模板支撑,则在构件形成组合结构后可以移除支撑。房屋建筑中较小的内应力通常可以忽略不计,但这种情况并非总适用于桥梁工程。

当在承载能力极限状态下采用整体弹性分析时,也许可以通过将相关荷载比例进行简单的更改以获得正常使用极限状态下所需要的某些结果。该比例大小取决于施工方法,也取决于所考虑的极限状态使用荷载组合是三种正常使用荷载组合中的哪一种。如果最初的分析中包含了二阶效应,那么这样考虑或许是偏于保守的。

例如,假设对一个无支撑框架进行承载能力极限状态设计,根据*条款5.2.1(3)*考虑二阶效应后取 $\alpha_{cr} = 8$。假定柱上的绝大部分荷载是来自悬挑的楼板,并且正常使用极限状态时的荷载值约为承载能力极限状态的60%,则弹性临界荷载几乎没有任何变化。因此,对于正常使用极限状态,$\alpha_{cr} \approx 8/0.6 = 13$,该值超过10,因此可以采用一阶分析。

*条款5.4.4(1)*规定,对于处于正常使用极限状态的大多数框架结构,允许弯矩重分配,但是其中*第(4)段*~*第(7)段*中的相关规定仅适用于承载能力极限状态。下面将讨论*第7章*的*条款7.3.1(6)*和*条款7.3.1(7)*中的相关规定。

除*条款5.4.4(1)*和*条款5.4.4(3)*所涵盖的内容外,弹性弯矩重分配的方法将不再被禁止使用。需要说明的是,任何采用的新方法都需要满足*条款5.4.4(2)*中的要求,并且应考虑*条款5.4.4(4)*~*条款5.4.4(7)*中的相关限制条件。

梁的挠度限制

需要特别注意大跨度梁的挠度限制规定,尤其是在采用无支撑施工和/或设置钢梁预拱度的情况下。在EN 1990的条款A1.4.2中给出了确定正常使用准则的相关说明,例如对挠度的限值,但是其定义在国家附件中给出。英国的国家附件给出了进一步的指导,规定应为每个项目指定限值,并且建议当非结构构件出现损伤时应采用标准组合值(例如:隔墙),未给出限值。

EN 1990的条款A1.4.3中定义了挠度的三个组成部分。根据具体的情况,可能有必要根据荷载等级对它们中的任何一个或者多个设置相关的限值。对长期效应的预测应采用考虑混凝土徐变的准永久值组合,并且可能需要考虑混凝土的收缩效应。在使用预制板楼板单元的情况下,必须确定它们是否应采用弧形以修正混凝土徐变的影响。*条款7.3.1(3)*中给出了天花板掩盖了由于静荷载引起的梁体下挠。更多说明在例7.1中给出。 *条款7.3.1(3)*

纵向滑移

*条款7.3.1(4)*适用于钢与混凝土界面相对滑移引起的附加挠度的情况。如果满足三个条件,则可以忽略此附加挠度。条件(b)对应于剪力连接程度η,在*条款6.6.2(1)*中给出的最小值为0.4,较高限值为0.5。 *条款7.3.1(4)*

用于设计时,如当$0.4 \leqslant \eta < 0.5$时,ENV 1994-1-1(英国标准化协会,1994)给出了如下公式计算部分粘结所引起的附加挠度:

$$\delta = \delta_c + \alpha(\delta_a - \delta_c)(1 - \eta) \tag{D7.1a}$$

式中,对于有支撑施工,$\alpha = 0.5$;对于无支撑施工,$\alpha = 0.3$;δ_a为钢梁单独作用时的挠度;δ_c为完全粘结组合梁的挠度;δ_a和δ_c均为组合结构在设计荷载作用下的挠度。该方法源于1975年以前对这个问题研究的总结(Johnson和May,1975),它也给出了相关试验和参数研究的结果。当然,其他方法同样是可行的(Stark和van Hove,1990)。

在*条款6.6.1.2*的说明中提及了英国的非矛盾性补充信息(NCCI),其中允许剪力连接程度小于EN 1994中所规定的值。它们用于大跨度时更加便于考虑挠度,所以NCCI包含了上述ENV 1994-1-1中所引用的规定。

最近一个代数解是Aribert于2010年提出的,其考虑了简支梁跨中附加挠度的影响,并且通过实例证明了本条款中关于$\eta \geqslant 0.5$的情况下可以忽略附加挠度的规定。这一工作的前提条件是EN 1994-1-1中所给出的跨径范围,因此,该结论在用于NCCI所允许的更大跨径中的指定的剪力连接程度时不可能是不可靠的。

上述说明同样适用于剪力连接程度低于0.5的情况,即在$0.4 \leqslant \eta < 0.5$的情况下附加挠度仍可以被忽略,但以下几种情况除外:

当跨径小于10m,$\eta < 0.5$时,采用组合板,梁采用有支撑施工,应计算附加挠度。总挠度δ由下式给出:

$$\delta = \delta_c + (\delta_a - \delta_c)f(u) \tag{D7.1b}$$

式中:

$f(u) = [384/(5u^4)](u^2/8 - 1)$

$u^2 = (kL/p)[1/E_aA_a + 1/E_cA_c + d^2/(E_aI_a + E_cI_c)]$

式中,E、A和I均表示它们通常的含义,下标a和c分别表示钢和未开裂混凝土的截面,二者形心之间的距离记为d。剪力连接件的刚度k沿跨度L以间距p均匀分布。符号δ_c是指完全粘结组合梁的挠度,符号δ_a是指两个部分(钢+混凝土)没有剪力连接件时的挠度,两者均需要考虑组合结构的设计荷载(正常使用极限状态)。Aribert(2010)通过研究和结合他人的数据给出了在混凝土强度等级为C30/37时的实心板中直径19mm的栓钉平均刚度,即100kN/mm左右。但是,在组合板中k值可能会比此值有所降低。

公式(D7.1b)被发现用来计算中心点荷载同样是有效的,并且如果在计算中考虑徐变,则结果是保守的。

可以得出的结论是,根据 NCCI 公式(D7.1a)应在可能出现过大挠度的地方使用。在例7.1中对此有进一步的讨论。

开裂情况的整体分析

除了荷载不同之外,关于正常使用极限状态和承载能力极限状态的整体分析区

条款7.3.1(5) 别很小。*条款5.4.1.1(2)*要求对开裂混凝土进行适当的修正,而***条款7.3.1(5)***的内容适用于*条款5.4.2.3*。*条款5.4.2.3(2)*允许梁在正常使用极限状态采用与承载能力极限状态相同的刚度分配。*条款5.4.2.3(3)*~*条款5.4.2.3(5)*中关于开裂的影响同样适用于在*条款5.4.2.3(4)*的*第6章*:承载能力极限状态中给出的组合柱刚度影响分析方法的参考。

为了简化整体分析,在没有开裂的情况下,通常假设建筑中的连续梁的每一跨

条款7.3.1(6) 采用相同的截面。开裂导致内支座附近的弯矩减小,其大小可以用***条款7.3.1(6)***中 Stark 和 van Hove(1990)建议的方法来估算。特定跨的最大挠度通常在相邻跨上未施加荷载的情况下产生。对于不满足*图7.1*中曲线 A 的情况,该方法简单,将比所有内支座附近处的未开裂情况下的弯矩减少40%。

采用新的端部弯矩,即 M_{h1} 和 M_{h2}。最大挠度可以通过弹性理论采用未开裂的弯曲刚度 E_aI_1 计算得到,或者由 BS 5950-3-1(英国标准化协会,2010)所给出的估算方法得到。这种方法包括将简支跨的挠度乘以挠度系数:

$$1-0.6(M_{h1}+M_{h2})/M_0 \tag{D7.2}$$

式中,M_0为简支梁中最大正弯矩。

钢材的屈服

在无支撑施工的连续梁中,当钢梁为1类或2类截面时,在正常加载的情况下在内支座处截面处可能产生屈服。这对建筑用梁是允许的,但应考虑其引起的

条款7.3.1(7) 附加变形。在***条款7.3.1(7)***中提供了一种方法,该方法采用弹性分析计算内支座处的弯矩,同时考虑裂缝影响。条款中给出的两个f_2的值适用于不同的验算,第一个值仅适用于静荷载:钢梁上的湿混凝土。

对于使用中的梁,第二种检查在徐变发生后更为重要,因此宜采用长期弹性模量比。参考了国家附件用于此验算的荷载组合包含在EN 1990条款 A1.4.2(2)中。英国国家附件规定每个项目的标准都宜量化,并且建议不论是受力结构还是非受力结构,其功能和损伤要求均采用基本组合。在第一种验算中,附加荷载作用在组合梁上。对于每次分析,对相邻跨的荷载和施工状态都需进行适当假设。

在考虑结构开裂后,在实际中似乎不太需要应用*条款7.3.1(7)*的规定。这种修正增大了跨中的应力,并且任意位置钢结构的屈服也会增大结构挠度。EN 1994-1-1中并没有提及这种可能性。

在无支撑结构的简支梁中很可能出现过大的挠度(Nethercot 等,1998)。如果在未开裂分析中发现了钢材屈服,则宜考虑其影响,尽管在 EN 1994-1-1 中并没有给出明确的方法。

局部屈曲

除了4类截面外，局部屈曲将不会影响弹性分析的刚度。*条款5.4.1.1(6)*参照EN 1993-1-5条款2.2给出了设计规则。

收缩

原则上，收缩对所有的荷载组合均有影响。对于正常使用极限状态，之前*条款5.4.2.2(7)*参考了第7章中***条款7.3.1(8)***的内容，其允许当高跨比达到20时可以忽略收缩对梁挠度的影响。在更细长的梁中，可以通过支座处的连续支撑使收缩挠度明显减小。 *条款7.3.1(8)*

温度

在*条款5.4.2.5(2)*中，针对承载能力极限状态，忽视了温度效应的影响，这并不适用。对于建筑，在EN 1990的条款A1.2.2中(或者在BS EN 1990英国国家附件中)(英国标准化协会,2004)未将ψ_0和ψ_1记为0，因此如果温度影响与承载能力极限状态相关，那么除了准永久组合外，温度影响宜包含在所有正常使用状态的荷载组合中。

焊接网

在*条款5.5.1(6)*规定，焊接网不宜包含在有效截面内，除非证明它具有"足够的延性"，而并没有对"足够的延性"进行定义。在承载能力极限状态分析中往往会被忽略焊接网[详见*条款6.2.1.2(3)*中的说明]，因此最简单的处理方式是在正常使用极限状态分析中同样忽略它。如果在正常使用极限状态计算中明确包含焊接网，并且发现它达到了屈服点，则可以将断裂的风险排除。

腹板大孔洞

为了正常使用的需要，在组合梁的腹板上往往设置孔洞，但是这增加了结构的挠度。研究已经得到了矩形孔或者圆形孔会增加结构挠度的百分比数据表(钢结构研究所,2011)。增加1%或者更少则可以被忽略。例如，在跨径中任何位置设置一个矩形开口，其深度为钢梁的一半，宽度为高度的2.5倍，如果未加肋，则挠度约增加1.5%，如果加肋，则挠度减小。对于较大的孔，每个孔增加的挠度可以超过5%。

7.3.2　振动

建筑的振动限制与材料特性无关，且振动采用EN 1990条款A1.4.4中的规定而不是EN 1994中的规定。相对于钢筋混凝土楼板，组合楼板体系材料更轻，且固有阻尼更小。在设计中，宜根据***条款7.3.2(1)***对照EN 1990中的准则来验算其动态特性。这些都是一般规定，并且建议结构或者构件的最低共振频率宜保持为用户和/或相关机构的商定值。没有给出频率限值或阻尼系数值。 *条款7.3.2(1)*

更具体的指南可以在EN 1991-1-1和大量关于该主题的文献中找到(Wyatt, 1989; 英国标准机构, 1992)，这些文献中引用的部分准则可能是具体针对个别项目而言的,而且在其他方面,宜与用户保持一致。在 EN 1993-1-1 条款 7.2.3 的注释中阐明了楼板的振动限值可在国家附件中进行规定。英国国家附件参考了"专题文献"或 www.steel-ncci.co.uk 提供的信息。

7.4　混凝土开裂

7.4.1　一般规定

在 19 世纪 80 年代早期,部分研究者(Randl 和 Johnson, 1982;Johnson 和 Anderson, 1993)发现对于组合梁的负弯矩区域,长期确立的英国裂缝宽度控制方法对初始开裂而言是不可靠的,其真实宽度要比采用该方法所得的预测值大。在此之前已经发现,采用近似方法预测的钢筋混凝土中因约束变形而引起的开裂与荷载引起的开裂之间存在差异。因此,存在两种不同裂缝控制的设计方法:

■ 外加变形所致的所有截面均受拉条件下的最小配筋率,见条款*7.4.2*(例如收缩效应,由于钢梁的约束而导致组合梁中的应力高于钢筋混凝土);

■ 直接荷载作用下控制裂缝的配筋率(条款*7.4.3*)。

在 EN 1994-1-1 中给出的规定均基于广泛且十分复杂的理论,这些理论在组合梁的负弯矩区得到了试验验证(Johnson 和 Allison, 1983)。许多原始文件都采用德文。一本详细的理论书籍由 Johnson 在 2003 年采用英文出版,该书除使用了最初的结果外,还与组合梁的试验结果进行了比较来完成补充。该书包括条款*7.4*中给出的公式推导,对它们的使用范围及基本假设的说明,以及估算平均裂缝宽度和间距的方法。这些内容过于烦琐,因此在 EN 1994-1-1 中没有包含这些内容。方法很简单:表*7.1* 和表*7.2* 给出了三种设计裂缝宽度为 0.2mm、0.3mm 和 0.4mm 时的钢筋直径和最大间距。

根据条款*7.4.1(4)*使用钢筋网作为最小钢筋　　表 7.1

钢筋尺寸和间距	横截面面积(mm^2/m)	最大厚板 h_c(mm)	
		无支撑,0.2%	有支撑,0.4%
6mm,200mm	142	71	—
7mm,200mm	193	96	48
8mm,200mm	252	126	63

基本组合作用下支撑 *B* 处的负弯矩和钢梁翼缘底部的应力　　表 7.2

荷　载	永久荷载(作用于钢梁)	永久荷载(作用于组合梁)	可变荷载	收缩
W(kN/m)	5.78	1.2	17.5	—
模量比	—	20.2	20.2	28.7
$10^{-6}I_{y,B}$(mm^4)	337	467	467	467
$M_{Ek,B}$(kNm)	104	18	263	120
$10^{-6}W_{a,bot}$(mm^3)	1.50	1.75	1.75	1.75
$\sigma_{a,bot}$(N/mm^2)	69	10	150	69

表*7.1* 和表*7.2* 仅适用于高粘结钢筋,即在 EN 1992-1-1 条款 3.2.2(2)P 中的

带肋钢筋。除带肋钢筋外，其他钢筋的使用不在 Eurocodes 的范围内。

*条款7.4.1(1)*中对 EN 1992-1-1 的引用给出了设计所需的表面裂缝宽度限值。在建筑的组合梁或组合板的受拉区，混凝土通常处于 XC3 等级，因此裂缝宽度限值建议取0.3mm。对于空气湿度低或极低的情况，EN 1992-1-1 中的表4.1和表7.1N 建议裂缝宽度限值取0.4mm，但是在英国国家附件中规定，如果对外观没有特殊要求时，该值用0.3mm 替代。对于预应力构件，这种限值的规定更加严格，这一点不再进一步讨论。在第4章中讨论了多层停车楼楼板的恶劣环境。 *条款7.4.1(1)*

*条款7.4.1(2)*中对裂缝宽度的估算方法采用了 EN 1992-1-1 中的内容。这一繁杂的计算过程很少需要，而且没有充分考虑到组合梁和钢筋混凝土 T 形梁之间的特性差异。组合梁中的钢构件不会产生收缩或徐变，并且其抗弯刚度要比钢筋混凝土梁大得多。而且，钢构件和混凝土翼缘板仅采用分散的剪力连接件保持连接，只有当存在纵向滑移时该连接件才会发挥作用，但在钢筋混凝土中则采用整体连接。 *条款7.4.1(2)*

*条文7.4.1(3)*建议的针对组合构件而产生的方法，比针对钢筋混凝土构件所使用的方法更简便。 *条款7.4.1(3)*

不受控开裂

在 EN 1992-1-1 条款7.3.1(4)中[参考*条款7.4.1(1)*]允许在某些情况下出现不可控裂缝宽度。例如，设计为简支的梁，其混凝土上翼缘的梁-柱连接处是连续的，该处存在弯曲和扭转的复合受力，它们围绕一个不可预测的点转动，其位置取决于安装精度和钢模板的施工方法，因此，此处的裂缝宽度可能是无法预测的。当环境干燥且混凝土表面被柔软饰面(如地毯)遮盖时，裂缝宽度超过0.4mm或许是可以被接受的。即使如此，EN 1992-1-1 所要求的最小配筋率(由于其他原因)可能不足以防止内支座附近小直径钢筋的断裂，或者造成非常宽的裂缝。因此，在*条款7.4.1(4)*中规定了大于 EN 1992-1-1 中所规定的最小钢筋面积，对于组合板，参见*条款9.8.1(2)*。 *条款7.4.1(4)*

根据这些规定，一层标准焊接钢丝网板的最大厚度见表7.1。对于组合板，其相关厚度高于钢板的净厚度，对于平行薄板和横向板而言，其相关厚度高于总厚度。

在地基承载板中，拉伸应变有时会通过使用浅锯切割而集中在一个裂缝中。这种方法不宜在组合梁上方使用，其精度可能不足以避免对分布钢筋或剪力连接件造成的损坏。

EN 1992-1-1 条款9.3.1.1(3)所允许配筋的最大间距为$3h$，但不超过400mm，其中h为板的总厚度。这条规定适用于实心板，它并不适用于由压型钢板形成的组合板。压型钢板组合板采用*条款9.2.1(5)*中的规定：两个方向的间距不超过$2h$(且≤350mm)，其中h是板的总厚度。

7.4.2　最小配筋率

*条款7.4.2*适用于连续组合梁的负弯矩区域。使用*表7.1*和*表7.2*时所需的

唯一数据是钢筋的拉应力 σ_s。计算最小配筋率时,σ_s是初始开裂发生后的钢筋瞬时应力。假设钢梁的曲率不变,则在混凝土开裂前所有拉力都传递到截面面积为

条款7.4.2(1) A_s的钢筋中。如果板处于均匀拉伸状态,则**条款7.4.2(1)**中的公式(*7.1*)可写为:

$$A_s\sigma_s = A_{ct}f_{ct,eff}$$

公式(*7.1*)中有3个经过校正的修正系数(Roik 等, 1989)。其考虑了假定开裂混凝土截面 A_{ct}中的非均匀应力分布。非均匀自平衡应力随主收缩和温度效应而增长,它会引起组合构件产生挠曲。剪力连接件的滑移也会引起弯曲并降低板中的拉力。

这些效应的大小取决于未开裂组合截面的几何特性,如公式(*7.2*)所示。根据经验,通常省略 k_c的计算,因为当 $z_0 < 1.2h_c$时,其值小于1.0。在组合板横跨在梁上的情况下,厚度 h_c取板的总厚度。然后,当厚度 h_c底部下方"未开裂"中性轴的深度超过约 $0.7h_c$时,取$k_c = 1$。对于平行于梁的薄板,h_c为薄板的净厚度。

对于实心板和组合板,设计裂缝宽度和板的厚度 h_c都是已知的。设置一层还是两层钢筋是显而易见的。两层钢筋通常由相同大小和间距的钢筋组成,满足*条款7.4.2(3)*的规定。对于所选定钢筋直径 ϕ,*表7.1*给出了 σ_s,并且公式(*7.1*)给出了钢筋间距。如果该值太高或太低,则要调整 ϕ。

图7.1给出了板厚 h_c、钢筋间距 s 和钢筋直径 ϕ 之间的关系。对于两层基本一样的钢筋,$k_c = 1$ 且 $f_{ct,eff} = 3.0\text{N/mm}^2$。公式(*7.1*)给出了板的宽度 b 的计算公式如下:

$$(\pi\phi^2/4)(2b/s) = 0.72 \times 3bh_c/\sigma_s$$

因此:

$$h_c s = 0.727\phi^2\sigma_s \tag{D7.3}$$

对于每个钢筋直径及给定的裂缝宽度,*表7.1*给出了 $\phi^2\sigma_s$,因此 $h_c s$ 是已知的。对于 $w_k = 0.3\text{mm}$,4种板厚的钢筋间距曲线,也可以理解为4种钢筋间距的板厚曲线,绘制于图7.1中。曲线形状的部分结果由*表7.1*的舍入值 σ_s 组成。在*条款7.4.2(2)*中给出的最小配筋率的可调值,在此处是可以忽略的,并且尚未考虑。通过将板厚度减半,图7.1可用于具有一层钢筋的板。

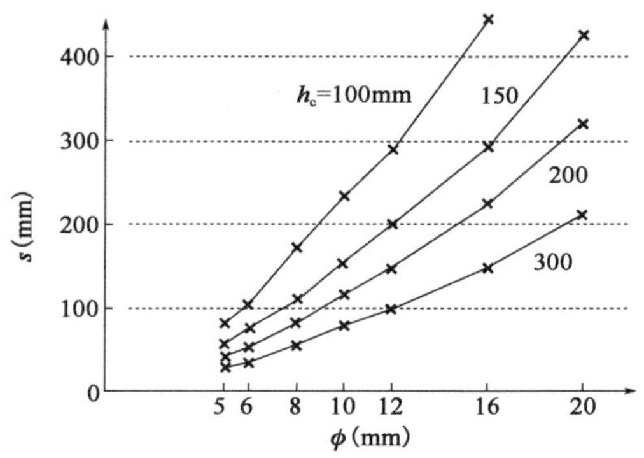

图7.1 在 $w_k = 0.3\text{mm}$ 和 $f_{ct,eff} = 3.0\text{N/mm}^2$ 两个相等层面最小配筋的钢筋直径与间距

根据公式(D7.3),板的单位面积最小配筋重量与ϕ^2/s和$1/\sigma_s$成正比,根据*表7.1*,该值随钢筋直径的增大而增大。因此,采用更细的钢筋以减少最小配筋重量。这是因为钢筋截面越大,可提供的粘结强度越强。

*条款7.4.2(1)*中的方法并不能用于控制经常发生的早期水化热开裂,这种开裂往往出现在混凝土浇筑后的几天内,主要是由于水化热引起的温度过高所致。组合梁翼缘通常因太薄而不至于发生此情况。因此,假设$f_{ct,eff}$的值过低是不正确的,建议取值为3N/mm²,此值是根据EN 1992-1-1中给出的养护28d、C30/37强度等级混凝土的抗拉强度2.9N/mm²通过四舍五入近似而来的,2.9N/mm²在***条款7.4.2(2)***被用作可选的修正基础值。之间的误差显然是可以忽略不计的。如果存在一个很好的理由来假设$f_{ct,eff}$的值,则修正是不可忽略的,那么最好通过假设标准钢筋直径ϕ、公称直径ϕ^*,然后通过*表7.1*中的插值寻找对应的σ_s。 *条款7.4.2(2)*

钢腹板包裹钢筋

条款7.4.2(6)给出了*图6.9*中的包裹形式的A_s/A_{ct}最小值。由于此处没有提及k_s,因此采用*条款7.4.2(1)*中的值,即0.9。未规定钢筋的最大直径。这种钢筋主要用于防火,其细部构造通常由*条款5.5.3(2)*及EN 1994-1-2中的要求确定。 *条款7.4.2(6)*

7.4.3 直接荷载引起的裂缝控制

条款7.4.3(2)规定了*第5章*考虑开裂影响的弹性整体分析。前面关于变形整体分析的评述也同样适用于混凝土受拉区弯矩的分析。 *条款7.4.3(2)*

*第(4)段*中的荷载部分宜在下文中介绍,但是由于起草规定时"一般规定"的内容出现在"建筑相关内容"之前,因此它被安排在*条款7.4.3*中,该条款对准永久组合作了详细说明。除了储存区域外,对于建筑中楼板荷载的系数ψ_2,通常取0.3或0.6。弯矩值将远小于承载能力极限状态下的弯矩值,特别是对于1类或2类无支撑的梁截面。没有必要将整体分析中假定的开裂区域范围缩小,因此可以通过极限荷载的缩放来得到组合梁的新弯矩值。对于每个截面,配筋面积都是已知的,如果要求更大,要根据极限荷载或规定的最小值需求确定,因此可得应力$\sigma_{s,0}$[***条款7.4.3(3)***]。 *条款7.4.3(3)*

拉伸硬化

现要求对拉伸硬化进行修正。曾经其影响并未得到很好的理解。通常认为,对于一个给定水平拉伸应变的钢筋,其总伸长量是混凝土的伸长量加上裂缝的宽度,因此,考虑前者减少后者的影响。但真实的特性要更为复杂。

图7.2的上面部分显示了一个具有中心钢筋的混凝土构件中的一条单一裂缝。在这条裂缝中,外部拉力N造成的钢筋中的应力为$\varepsilon_{s2}=N/A_sE_a$,混凝土中的应变是自由收缩应变$\varepsilon_{cs}$,如图所示,其为负值。裂缝的每一端都有一个传递长度L_e,在该长度范围内钢筋和混凝土间存在剪力传递。在该长度之外,钢筋和混凝土中的应变均为ε_{s1},并且混凝土中的应力略低于其抗拉强度。在$2L_e$的长度范围内,曲线$\varepsilon_s(x)$和$\varepsilon_c(x)$给出了在两种材料中的应变、钢筋的平均应变ε_{sm}和混凝土的平均应变ε_{cm}。

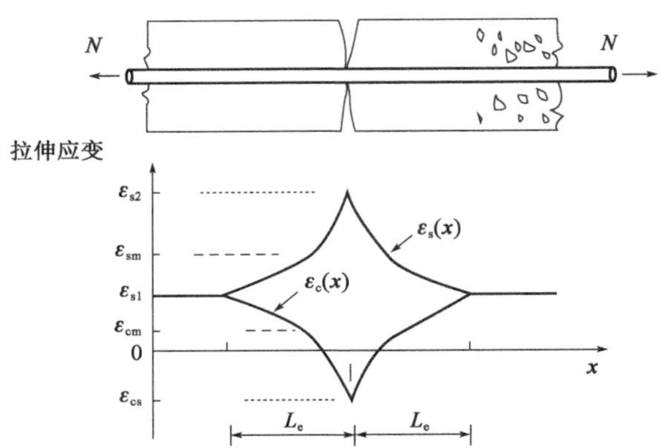

图7.2　在钢筋混凝土受拉构件裂缝附近的应变分布

目前假设该图描述了组合梁的开裂混凝土翼缘中钢筋的典型特性,在一个恒定弯矩区域中裂缝的间距为 $2L_e$。钢梁的曲率由板的平均刚度决定,而不是由完全开裂的刚度决定,并且与钢筋中的平均纵向应变 ε_{sm} 有关。

在裂缝的中间,应变是混凝土的开裂应变,对应的钢筋应力小于 $30N/mm^2$。如果裂缝宽度不超过0.4mm,则其在裂缝处的峰值应变远大于 ε_{sm},但小于其屈服应变。对应于更高的应变(而不是 ε_{sm})的裂缝宽度,应变 ε_{sm} 与曲率相关,因此需要对应变进行修正。因为其比较容易计算,所以在*条款7.4.3(3)*中对应力 $\sigma_{s,0}$ 进行修正,并且*表7.1*和*表7.2*也是基于应力的。因为应力 $\sigma_{s,0}$ 是采用完全开裂的刚度计算得到的,且其相关的曲率大于真实曲率,因此应变的修正无法在图7.2中示出。修正公式(Johnson,2003)考虑了小于 $2L_e$ 的裂缝间距、钢筋的黏结性能以及在这种简单条文中省略的其他参数。

计算修正值 $\Delta\sigma_s$ 所需的截面特性通常是已知的。对于组合截面,需要 A 来计算 I,I 用于计算 $\sigma_{s,0}$,A_a 和 I_a 是钢材截面的标准特性。其结果与弹性模量比无关。为简单起见,可以保守地认为 α_{st} 等于1.0,因为 $AI > A_aI_a$。

当裂缝处的应力 σ_s 已知时,钢筋的最大直径或最大间距可从*表7.1*和*表7.2*中得到。但只需二者之一,因为可以从已知配筋面积得到其他的值。*条款7.4.2(2)*中的修正并不适用。

压型钢板对裂缝控制的影响

在*条款7.4*中唯一对压型钢板的参考是在*条款7.4.1(4)*中,"*不应考虑任何压型钢板*",在*条款7.4.2(1)*中,h_c 的定义是"*厚度……不包括任何梁腋及加劲肋*"。

在连续组合梁的上翼缘采用压型钢板的效果如下:

■ 不需要控制板下表面的裂缝宽度;

■ 在横向的板跨,目前没有证据表明其有助于控制板上表面的横向裂缝;

■ 在平行于梁方向上的板跨,可能有助于控制裂缝,但是作者未对这个主题进行研究。

设计时，宜注意 EN 1992-1-1 中条款 7.3.4(2) 对“有效受拉面积”的定义。可以假设在板顶面以下 $c+\phi/2$ 高度处的一层钢筋，在板 $2.5(c+\phi/2)$ 的深度上影响开裂，其中 c 为保护层厚度。如果板上方混凝土的厚度 h_c 大于此值，则由公式(*7.1*)计算 A_s 时采用较小值是合理的。这使我们认识到压型钢板有能力控制板下部分的开裂，且对于较薄的组合板能减小所需的最小配筋率。在条款*7.4.2(1)*中讨论了 h_c 的计算。

关于条款7.4中的一般说明

在可能由于收缩或温度而非其他因素影响造成混凝土受拉增长的区域，所需的最小配筋率可能超过以前的实际值。

在无支撑施工的连续梁中，用于检验裂缝的设计荷载往往远小于承载能力极限状态下的相应值，因此抵抗荷载所配置的钢筋应足以控制开裂。条款*7.4.3* 主要用来检查钢筋的间距是否过大。

在采用有支撑施工的结构中，两种极限状态的设计荷载之间的差异较小。如果要将裂缝控制在 0.3mm 以内，则条款*7.4.3* 中的检查可能会影响到钢筋的用量。

对于框架结构中的梁，前面的说明适用于半刚性或者刚性连接。如果楼板具有脆性饰面或处于恶劣环境中时，不宜使用简单的梁-柱节点连接，因为采用此连接想要有效控制裂缝宽度是不可能。

例 7.1：两跨（连续）梁-SLS

梁的构造如图 6.23 所示。所有在承载能力极限状态下的设计数据和计算均见例 6.7 ~ 例 6.12。对于此处所需要的数据和结果，宜参照：

- 表 6.2：单位长度的荷载标准值；
- 表 6.3：内支座[图 6.23c）中的 *B*]和跨中横截面的弹性特征；
- 表 6.4：两跨上均匀荷载作用下支座 *B* 处的弯矩；
- 图 6.28：不包括收缩效应的设计极限荷载对应的弯矩图。

收缩次效应在梁中较为显著，并且在支座 *B* 处引起的弯矩值为 120kN · m（例 6.7）。在条款*7.3.1(8)*中要求梁的使用性能检验时考虑收缩的影响，因为它不涉及在此处使用的轻质混凝土。

应力

根据条款*7.2.2(1)*，对应力没有限制；但是需要计算钢梁中的应力，因为如果在使用荷载作用下发生屈服，则宜考虑在条款*7.3.1(7)*中提到的挠度增量。

屈服是不可逆的，因此，如条款*7.3.1(7)*所述，宜检验基本荷载组合下的性能。然而，检查挠度的荷载取决于正常使用性能要求（英国标准化协会，2004）。

钢梁的最大应力发生在支座 *B* 处的下翼缘。表 7.2 给出了在基本组合作用下，作用于相邻两跨各 15% 开裂跨径范围的可变荷载下的计算结果。除了楼板饰面之外的永久荷载均被认为仅作用于钢梁。根据条款*5.4.2.2(11)*,除收缩外的所有模量比均为20.2。

相关的截面特性见表7.2:I是截面惯性矩,$W_{a,bot}$是截面模量。

下翼缘的总压应力为:

$\sigma_{Ek,bot,a} = 298N/mm^2 (= 0.84f_y)$

因此不需要考虑屈服。

挠度

当可变荷载只作用于AB跨时,梁AB跨的最大挠度发生在离A端4.8m处(40%跨径)。在满足条款*7.3.1(4)*中的全部三个条件下,剪力连接件滑移造成的附加挠度可以忽略不计。

在英国NCCI的条款*6.6.1.2*中说明,当使用横向压型钢板时剪力连接的更小连接程度。如果应用于此处,那么它将被允许使用40%的剪力连接,而不是当前的56%;但是它并不适用,因为它其中的一个条件是外加荷载设计值不应超过$9kN/m^2$,而此处的值为$1.5 \times 7 = 10.5kN/m^2$。

表7.3给出了计算得到的AB跨中最大挠度,假设每跨有15%的开裂。使用频遇组合时,$\psi_1 = 0.7$,因此,可变荷载为:

$0.7 \times 17.5 = 12.3kN/m$

频遇组合下距离A点4.8 m处的挠度 表7.3

荷　载	模 量 比	挠度(mm)
永久荷载,作用于钢梁	—	9
永久荷载,作用于组合梁	20.2	1
施加于组合梁	20.2	14
初始收缩	27.9	33
二次收缩	27.9	-26

以下方法用于收缩挠度分析。从例6.7和图6.27中可以看出,主要的影响是每跨超过$0.85L$(10.2m)长度部分的半径$R = 1149m$的均匀正弯矩曲率,在支座B处的挠度$\delta = 45.3mm$。在B处的二次作用力为20kN。根据圆的几何关系[在图7.3a)中$2R\delta = c^2$]可以得出,图7.3a)中E点的主要挠度为:

$\delta_{1,E} = 45.3 - 5.4^2 \times 1000(2 \times 1149) = 33mm$

如图7.3b)所示,通过弹性分析发现,模型中每跨有15%的部分开裂,在B处作用20kN的力使E处发生向上26mm的上挠,其使24m跨径长度的中点移动到B点。因此,尽管有很高的自由收缩应变,且总的收缩挠度仅有7mm,但是它在简支梁中是不可忽略的。

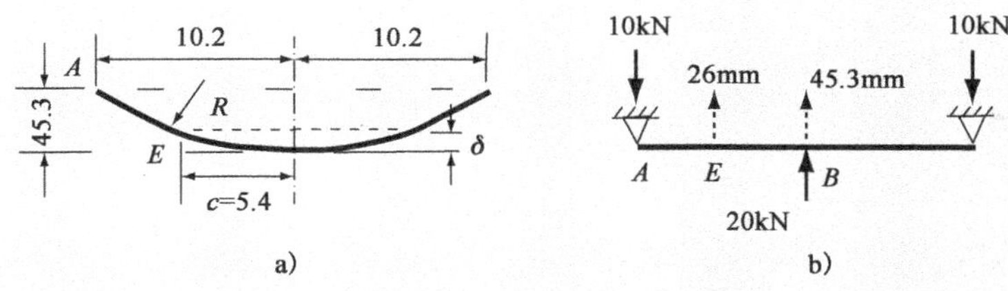

图7.3　收缩引起的 E 点处的下挠

总挠度31mm(表7.3),达到跨度的1/390,这个比例并不是特别大。然而,板的作用可能取决于它相对于支撑柱的最大挠度。这里假定组合板的总挠度如下:如果采用无支撑浇筑,对于频遇值组合,总挠度约为9mm。相对于支撑梁而言,因此板的最大挠度为:

31 + 9 = 40mm

或者跨径的1/300。对于基本组合,其增加至:

37 + 10 = 47mm

或者跨径的1/255。

如上所述,EN 1990让设计人员根据所涉及的结构类型及其预期用途来决定什么样的挠度是过大的。如果使用了横隔板,那么总挠度可能是不被接受的。对于这种板,一些组合用于支撑法施工的梁或者梁和板、梁的预拱等都是必需的。

将外加荷载的模量比降低到10.1几乎没有差别:表7.3中的14mm值变为12mm。对于收缩的大量计算导致净挠度只有7mm,因为二次效应抵消了大部分初始效应。当然,这种有利效应不会出现在简支梁中。

实际中,连续梁的变形是简单的。此处梁是一个极其简单的例子,选择部分用于说明轻质混凝土的使用和无支撑施工的影响。

控制裂缝宽度

*条款7.4*适用于构成组合结构的钢筋混凝土。在此处考虑的梁中,裂缝是由 B 点处梁的负弯矩引起的,组合板负弯矩引起钢梁支撑的混凝土板沿梁的裂缝。后者在例9.1的组合板中进行考虑。

*条款7.4.1(1)*中涉及环境等级。根据EN 1992-1-1条款4.2(2),XC3等级较适合于湿度适中的建筑内部的混凝土。对于该等级,EN 1992-1-1中条款7.3.1(5)的注释给出的设计裂缝宽度为0.3mm。应按*条款7.4.1(3)*中的方法,因为*条款7.4.1(4)*中的并不适用。

纵向最小配筋

除有效宽度外,混凝土翼缘的相关横截面如图6.23a)所示。从*条款5.4.1.2*中的*图5.1*可以看出,混凝土翼缘的宽度从支座 B 处的1.6m增加到距离 B 点3m以外截面处的2.5m。*条款7.4.2(5)*要求提供"在标准组合作用下,受拉应力时的最小配筋”。

从表6.2中可以看出,作用于组合截面的最大和最小荷载标准值分别是18.7kN/m和1.2kN/m。当18.7kN/m仅作用于一跨时,混凝土翼缘在其他跨的该跨径范围上整体都处于受拉状态,因此在其整个区域需要满足纵向最小配筋要求。即使在构件曲率下垂的情况下亦如此,并且因为大部分荷载在施工期间施加且仅作用于钢梁。另一跨上施加的荷载引起板中的拉力由组合截面承受。因此,对于正常使用极限状态的验算与承载能力极限状态采用不同的结构模型。

收缩效应也必须考虑在内[*条款7.4.2(1)*],即使它们在例6.7的承载能力极限状态验算中被忽略。因为它们在整个梁中引起了板的纵向拉力。

根据*条款7.4.2(1)*,使用 $n_0 = 10.1$ 计算未开裂组合截面的 z_0。对于1.6m和2.5m的有效宽度,公式(*7.2*)给出 $k_c = 1$。

当首次出现裂缝时,需要一个混凝土的强度值。由于采用无支撑施工,组合结构上一开始的荷载很小,因此,参照*条款7.4.2(1)*中的规定保守考虑,取 $f_{ct,eff} = 3.0\text{N/mm}^2$。假设最小钢筋采用直径为10mm的钢筋,查*表7.1*,得到 $\sigma_s = 320\text{N/mm}^2$。然后,由公式(*7.1*)得:

$100A_s/A_{ct} = 100 \times 0.9 \times 1 \times 0.8 \times 3.0/320 = 0.675\%$

然而,*条款5.5.1(5)*中也给出了一个针对塑性抗弯承载力的使用条件。对于这种混凝土,$f_{lctm} = 2.32\text{N/mm}^2$,$f_{sk} = 500\text{N/mm}^2$。因此,当 $k_c = 1.0$ 时,由公式(*5.8*)可得:

$$100\rho_s = 100 \times (355/235)(2.32/500) = 0.70\% \qquad \text{(D7.4)}$$

横截面的抗弯承载力由塑性理论得到。虽然它适用于此,但基于弹性理论得到的 M_{Rd} 也已经足够了;但是,这个限制对于裂缝控制的差别很小,它最简便的是在每处都使用0.7%。对于压型钢板上方80mm厚的板(图6.23),最小配筋如下:

$A_{s,\min} = 7 \times 80 = 560\text{mm}^2/\text{m}$

一层间距为125mm、直径10mm钢筋提供的配筋量为628mm²/m。

直接荷载导致的开裂

仅考虑支座 B 处最关键的截面。*条款7.4.3(4)*中采用准永久值组合,其中,可变荷载为 $\psi_2 q_k$,从EN 1990条款A1.2.2(1)中得到:$\psi_2 = 0.6$。

从表7.2可得 B 点处弯矩为:

$M_{E,qp,B} = 18 + 263 \times 0.6 + 120 = 296\text{kNm}$

开裂截面的中性轴位于钢梁截面中心线以上42mm处(表6.3),即在混凝土板顶部以下355mm处,因此中性轴位于板顶部以下313mm处。对于开裂的组合截面,$10^{-6}I = 467\text{mm}^4$,因此在30mm深度处钢筋的面积矩为:

$10^{-6}W_s = 467/(313-30) = 1.65\text{mm}^3$

因此，由条款*7.4.3(3)*可得：

$\sigma_{s,0} = 296/1.65 = 179\text{N/mm}^2$

假设采用例6.7中125mm间距、直径为12mm的钢筋，根据公式(*7.5*)计算拉伸硬化的修正结果是令人满意的，得到$\rho_s = 0.0113$。

使用例6.7中得到的值，有：

$\alpha_{st} = AI/(A_a I_a) = (9880+1470) \times 467/(9880 \times 337) = 1.59$

根据公式(D6.24)得到的f_{ctm}，由公式(*7.5*)可得：

$$\Delta\rho_s = 0.4 \times 2.32/(1.59 \times 0.0113) = 52\text{N/mm}^2 \quad (D7.5)$$

由公式(*7.4*)可知：

$\sigma_s = 179 + 52 = 231\text{N/mm}^2$

假设典型裂缝宽度被限制在0.3mm以内，表*7.1*给出的最大钢筋直径为16mm。由表*7.2*可知，钢筋的间距不宜超过200mm。在支座*B*处使用间距为125mm、直径为12mm的钢筋满足以上两个条件。它们的宽度超过1.6m。每个梁剩余的翼缘宽度为0.9m，由于剪力滞的影响，板中的拉力将降低，并且可以考虑将钢筋的直径减小到10mm。

在每跨的某几个点，可以用上述中得到的最小直径钢筋代替直径为12mm的钢筋。基于纵向包络弯矩的精确计算是十分复杂的。在实际中，基于构造简单考虑，可能会进行保守的近似处理。

为了维护方便，将每跨均设计为简支

由例6.7可知，如果将每跨都设计为简支，所有在承载能力极限状态下采用相同截面和施工方法的验算都是合适的。

假定每跨在相邻支撑柱间的间距为11.76m，在荷载作用下跨中挠度如下：

- 5.76kN/m的荷载作用于钢梁上：20.3mm；
- 当$n = 20.2$时，13.5kN/m的荷载作用在组合梁上：19.3mm；
- 当$n = 28.7$时，主要收缩作用：15.0mm。

总挠度为55mm，或跨径的1/215，并且组合板对于梁还会有进一步变形。可以通过多种方式提升其性能，例如采用有支撑施工或对钢梁施加预拱度。由外加荷载引起的挠度为$19.3 \times 12.3/13.5 = 17.6$mm或跨径的1/670，该值并不是特别大。

使用普通混凝土或许能使收缩变形减小一半，但需要重新设计额外的重量。

尽管板端的厚度可以从12mm减小到10mm，但与柱子的连接可能仍然与例8.1中的设计相似。这种减小和忽略的顶部钢筋，使每个连接件的初始刚度约减半，但它仍然在EN 1993-1-8中定义的半刚性范围内，并且会略微减小上述挠度计算的结果。

很难将裂缝的宽度控制在 0.3mm 以内,但这或许是不需要的。条款*7.4.1(4)*中规定,当"不关心裂缝宽度的控制"时,无支撑结构的纵向配筋宜至少为混凝土面积的 0.2%。这需要达到 $210mm^2/m$,因此可以使用一个直径 8mm、间距为 200mm 的钢筋网($252mm^2/m$)。它们或许会在设计极限荷载作用下破裂,但在连接件的设计中并不依赖它们的存在。

参考文献

Aribert JM (2010) Influence éventuelle du degré de connexion sur la flèche de poutres mixtes de bâtiment. *Construction Metallique* 47(2):27-41.

British Standards Institution (BSI) (1992) BS 6472. Guide to evaluation of human exposure to vibration in buildings. BSI, London.

BSI (1994) DD ENV 1994-1-1. Design of composite steel and concrete structures. Part 1-1:General rules and rules for buildings. BSI, London.

BSI (2004) National Annex to BS EN 1990:2002 + A1. Eurocode:Basis of structural design. BSI, London.

BSI (2010) BS 5950-3. 1 + A1. Structural use of steelwork in buildings. Design in composite construction. Code of practice for design of simple and continuous composite beams. BSI, London.

Hicks S and Devine P (2006) Vibration characteristics of modern composite floor systems. In:*Composite Construction in Steel and Concrete V* (Leon RT and Lange J (eds)). American Society of Civil Engineers, New York, pp. 247-259.

Johnson RP (2003) Cracking in concrete flanges of composite T-beams-tests and Eurocode 4. *Structural Engineer* 81:29-34.

Johnson RP and Allison RW (1983) Cracking in concrete tension flanges of composite T-beams. *Structural Engineer* 61B:9-16.

Johnson RP and Anderson D (1993) *Designers' Handbook to Eurocode 4. Part 1-1: Design of Composite Steel and Concrete Structures.* Thomas Telford, London.

Johnson RP and May IM (1975) Partial-interaction design of composite beams. Structural Engineer 53:305-311.

Nethercot DA, Li TQ and Ahmed B (1998) Plasticity of composite beams at serviceability limit state. Structural Engineer 76:289-293.

Randl E and Johnson RP (1982) Widths of initial cracks in concrete tension flanges of composite beams. Proceedings of the IABSE *P*-54/82:69-80.

Roik K, Hanswille G and Cunze Oliveira Lanna A (1989) Report on Eurocode 4, Clause

5.3, *Cracking of Concrete*. University of Bochum, Bochum. Report EC4/4/88.

Stark JWB and van Hove BWEM (1990) The Midspan Deflection of Composite Steel-and-concrete Beams under Static loading at Serviceability Limit State. TNO Building and Construction Research Delft. Report BI-90-033.

Steel Construction Institute (2011) *Deflection of Composite Beams with Large Web Openings. Advisory Desk Note AD 183*. Steel Construction Institute, Ascot.

Wyatt TA (1989) *Design Guide on the Vibration of Floors*. Publication 076, Steel Construction Institute, Ascot.

第8章　建筑框架中的组合节点

本章对应于EN 1994-1-1 *第8章*,内容如下:

- 适用范围　*条款8.1*
- 分析、建模及分类　*条款8.2*
- 设计方法　*条款8.3*
- 构件承载力　*条款8.4*

8.1　适用范围

*第8章*是基于建筑钢框架和组合框架中梁-柱以及梁-梁节点的研究,因此,其适用范围被限制于"建筑框架"。***条款8.1(1)***关于组合节点的定义中包括钢筋混凝土构件的节点。这可能出现在诸如采用混凝土芯以及组合板的塔楼中。然而,没有给出这些节点的应用性规定。

条款8.1(1)

如***条款8.1(2)***所述,*第8章*和*附录A*实质上是Eurocode中钢构件连接节点EN 1993-1-8(英国标准化协会,2005)的扩展。该条假设用户比较熟悉EN 1993-1-8,特别是其第5章和第6章。

条款8.1(2)

详细考虑的钢构件仅包括I形和H形截面,其腹板可能外包混凝土。不排除板梁的情况。

EN 1994-1-1的应用性规定仅限于钢筋受拉且钢材下缘受压的组合节点[*图8.1*和*条款8.4.1(1)*]。对于连接构件中心轴不相交的节点,或者以非90°连接的节点,此处无应用性规定;但基本方法比详细规定的方法更为通用,且应用范围更广。

钢结构中采用的节点种类很多,以至于EN 1993-1-8大约有130页长,它明确规定了组合节点所需要的大部分计算。本指南中的实例和大部分条文说明仅限于单一类型节点,如*图8.1*所示带有端板而不是接触板的双侧图形,以及如*图8.1*左侧和图8.8所示的无外包混凝土柱。本指南也提供了钢梁支撑空心预制板节点的指南(Lam和Fu,2006)。

在EN 1994-1-1中,"连接"一词仅出现在*条款8.2.2*、*条款8.4.3(1)*、*条款A.2.3.2*和*表A.1*中。它是指相互连接的一组构件,例如端板、螺栓和柱翼缘。因此,"连接"明确是"节点"的一部分。

这种节点设计的条文说明可相应地在本章及实例中以及关于*附录A* 的第10章中找到。

节点的设计规定基于"组件"的理念。节点的每个组件(螺栓、端板、连接构件的翼缘和腹板以及面板钢筋等)都有助于提高节点的弹性、抗弯及抗剪承载力。这些贡献是单独评估的。

弹性主要取决于刚度最小的组件,且节点承载力取决于最薄弱的组件。

尽管需要进行大量的计算,但还没有找到替代办法。只有少数的计算与节点的屈服或失效相关,并且将控制承载力。发现大多数组件比所需的刚度更大或强度更强。因此,根据 EN 1993 和 EN 1994,可预先准备好多种钢和组合节点的刚度和承载力表。

自1994年 ENV 1994-1-1 发布以来,设计规定几乎没有变化。许多背景信息和承载力表在20世纪90年代发布,这将在下文讨论。从那时起,这一行业几乎没有采用新方法的倾向。通常假定建筑中梁-柱节点的抗弯承载力为零。自2000年以来,很少有新增加的表格数据,因而早期的资料仍在沿用。

由 Lawson 和 Gibbons(1995)制定的端板节点"暂行指南",与 BS 5950 的第1、3部分以及 Eurocode 4 的原则性规定相符合,包括实例和抗弯承载力表。在欧盟委员会的研究和发展基金资助下,形成了《建筑支撑框架中的钢-混凝土组合节点》(COST-C1,1997)总报告,其中许多投入来自起草 Eurocode 原定的人,他们提供了技术背景信息以及50页的关于半刚性节点实例。

1998年,在英国设计规范的背景下,出现了组合节点的 Eurocode 方法的详细指南(Couchman 和 Way,1998)。随后,编写了 Eurocodes 中的规定和近似值的解释,并附有实例(ECCS TC11,1999)。指南参考了1998年的规范草案,因此,它与出版的 EN Eurocodes 之间存在一些差异,主要体现在符号方面。指南超过200页,提供了比此处更广泛的内容。Huber(2001)出版了半连续节点在实践中的使用说明。

本材料中采用的分项系数可能与相关国家附件中的分项系数存在差异,因为这些在20世纪90年代是不可用的。

8.2 分析、建模及分类

条款8.2.1(1) 参考了 EN 1993-1-8 中的第5章,其涵盖了与*条款8.2* 相同的主题。EN 1993-1-8 条款5.1 中的表5.1 定义了3种整体分析之间的联系,即弹性分析、刚-塑性分析和弹-塑性分析,以及节点采用的模型类型。这使设计人员能够确定节点刚度、承载力或这两种特性是否与分析有关。 ***条款8.2.1(1)***

钢结构中的节点在第5章中按刚度可分为刚性节点、名义铰接节点或半刚性节点;按照承载力可分为完全强度节点、名义铰接节点或部分强度节点。该分类将节点特性(刚度或承载力)与通常作为梁的连接构件的特性联系起来。

该分类同样适用于组合节点。当施加的弯矩 $M_{j,Ed}$超过节承载力 $M_{j,Rd}$的 2/3 时,节点的转动刚度(单位转角产生的弯矩)将减小到初始弹性刚度 $S_{j,ini}$以下,以考虑非弹性行为。由于 $M_{j,Ed}$最初未知,EN 1993-1-8 中条款 5.1.2 定义了折减刚度 $S_{j,ini}/\eta$,其可用于 $M_{j,Ed}$为任何值的整体分析。EN 1993-1-8 给出了 η 的取值范围为 2.0 ~ 3.5,具体取决于节点类型。

条款8.2.2(1)

条款8.2.2(1)给出了"接触板连接"的 η,如图 8.1 右侧和图 8.4(b)所示,因为它们不包括在 EN 1993-1-8 中,故在*条款8.3.3* 中会对节点刚度进一步说明。

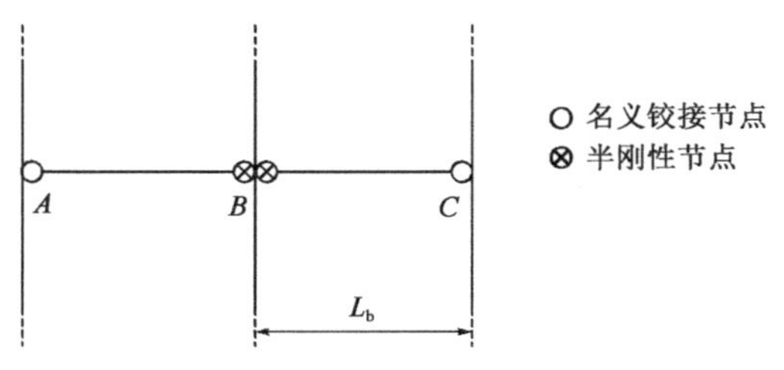

图 8.1　框架双跨梁模型

条款8.2.3(2)

组合节点的分类可能取决于弯矩的方向(例如正弯矩或负弯矩)。这不太可能适用于钢结构节点,因此,这在***条款8.2.3(2)***中被提到。

条款8.2.3(3)

条款8.2.3(3)中关于忽略开裂和徐变的参考仅适用于根据刚度分类的节点。采用 EN 1993-1-8 中的图 5.4,将节点初始刚度与连接梁的初始刚度 E_aI_b/L_b进行比较。因此,I_b为采用短期模量比计算的跨中未开裂组合截面的特征值。假定梁的刚度越大,其节点就越不可能被划分为刚性节点。跨度 L_b是支撑柱的中心间距。

*条款8.2.3(3)*中采用"可"字,以允许采用更精确的方法计算梁的刚度。例如,可采用*条款5.4.2.2(11)*中模量比的代表值,也可根据*条款5.4.2.3* 考虑梁的开裂长度和未开裂长度,但通常不值得进行附加计算。

用于整体分析的节点建模概述

如图 8.1 所示,对于在框架中由 3 根柱支撑的等高度双跨梁,在进行整体分析时,名义铰接节点用铰表示,半刚性节点用转动弹簧表示。外柱的节点通常设计为名义铰接,以减少柱中的弯矩。在 *B* 点使用部分强度半刚性节点,而不是名义铰接节点,这在设计中具有如下优势:

- 可能会减小梁的截面尺寸;
- 减小梁的挠度;
- 减小支点 *B* 附近的裂缝宽度。

相对于完全强度刚性节点,其优点包括:

- 梁不易受侧向扭转屈曲的影响;
- 施工更简单且成本大幅降低;
- 柱中弯矩更小。

在整体分析中,必须要确定每个梁-柱连接的精确位置。所谓的“简单”连接,其长期以来一直在英国使用,并根据经验被认为是名义铰接,虽然第8章的规定将它们归类为半刚性。柱中弯矩受铰的假定位置影响较大,这一点一直存在争议,且在 EN 1994-1-1 中没有提及。在英国、法国、德国、西班牙和瑞典的钢结构行业的支持下,2005 年英国发布了非矛盾性补充信息(NCCI),其将铰设置在距支撑柱相邻面 100mm 处,相邻面可以是翼缘或腹板。

转动弹簧的刚度 S_j 是节点的弯矩-转角关系的斜率[图 8.2a)]。刚度等级由初始斜率 $S_{j,ini}$ 与邻近节点的梁的刚度 $E_a I_b/L_b$ 的比值确定。

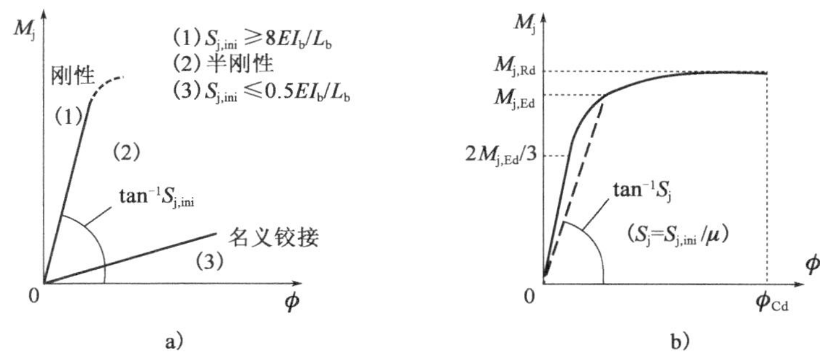

图 8.2　节点的弯矩-转角关系

节点的初始刚度由其各部件的刚度组合而得,用弹性弹簧表示。如图 8.3 所示,对于在等高度梁之间具有单排受拉螺栓的端板节点,除弹簧和铰之外,其余所有构件都是刚性的。弹簧刚度 k_i 的符号如 EN 1993-1-8 的条款 6.3、例 8.1 及例 10.1中所述,具体如下:

k_1——柱腹板受剪;

k_2——柱腹板受压;

k_3——柱腹板受拉;

k_4——由单排螺栓受拉引起的柱翼缘受弯;

k_5——由单排螺栓受拉引起的端板受弯;

k_{10}——单排螺栓中螺栓的伸长。

EN 1994-1-1 包括但 EN 1993-1-8 未涵盖的刚度如下:

$k_{s,r}$——钢筋的伸长(*附录A 条款A.2.1.1* 中定义);

K_{sc}/E_s——剪力连接件的滑移(*附录A 条款A.3* 中定义)。

每个弹簧具有有限的强度,其由钢材的屈服或屈曲控制。设计方法确保非延性模型不起控制作用,如螺栓断裂。

弹簧可通过其属性 k_i 的下标数字来表示。在受拉区域,可求得最薄弱的弹簧 3、弹簧 4、弹簧 5 和弹簧 10,将其承载力及受拉钢筋的承载力与弹簧 2 的抗压承载力进行比较。这些承载力中较低者与有效力臂相乘可得到节点的塑性抗弯承载力。可通过加强最薄弱部位的连接来提高承载力,例如通过增加柱腹板的加劲肋。

当梁变高度或 $M_{Ed,1} \neq M_{Ed,2}$(图 8.3)时,可通过柱腹板的剪切变形来增加节点处的转动。等高度梁为图 8.3 中的 *ABCD* 区域,其变形由弹簧刚度 k_1 表示。柱腹板平面可能控制节点承载力,这取决于不平衡力矩 $|M_{Ed,1} - M_{Ed,2}|$。

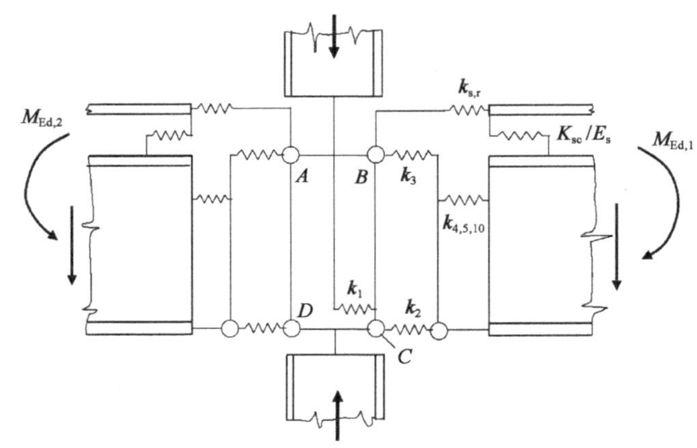

图 8.3 内部梁-柱节点模型

8.3 设计方法

条款8.3.1(1) ***条款8.3.1(1)***参考了 EN 1993-1-8 中第 6 章的内容,第 6 章内容长达 40 页。它定义了钢结构节点的"基本部件"及其承载力和弹性刚度,说明了如何组装这些部件以获得完整节点的承载力、转动刚度和转动能力。

一个组合节点有如下附加组成部件:

- 板的纵向受拉钢筋;
- 柱腹板的外包混凝土(如有);
- 钢接触板,如果采用(不包含在 EN 1993-1-8 中)。

此外,通过改变钢筋的刚度来考虑剪力连接件的滑移(图 8.3)。

条款8.3.1(2) EN 1994-1-1 中给出或交叉引用的部件的所有特性,满足***条款8.3.1(2)***中基
条款 8.3.1(3) 础信息的条件。例 8.1 和例 10.1 举例说明了***条款8.3.1(3)***关于钢筋的应用。

上面所列附加部件都不会影响竖向抗剪承载力,因此,相关方面的设计完全
条款8.3.2(1) 包含在 EN 1993-1-8[***条款8.3.2(1)***]中。

根据*条款6.2.1.3(2)*和*条款8.4.2.1(2)*,建筑框架结构中的组合节点几乎总
条款8.3.2(2) 是处于负弯矩区域,通常需要完全剪力连接。***条款8.3.2(2)***提到的剪力连接提醒用户,组合节点在部分剪力连接区域的相关规定并没有给出。名义铰接节点通常与正弯矩区域相邻,此处可能是部分剪力连接。

英国国家附件允许采用*附录A*(资料性附录)来确定转动刚度,其满足**条款**
条款8.3.3(1) ***8.3.3(1)***中的要求,如例 10.1 所示。

条款8.3.3(2) ***条款8.3.3(2)***中提到的系数 ψ,其在 EN 1993-1-8 条款 6.3.1(6)中被用于定义节点弯矩为 $M_{j,Ed}$(大于 $2M_{j,Rd}/3$)时的弯矩-转动曲线的形状,如下所示。假定

$S_{j,ini}$为弯矩较小时的刚度。当$2M_{j,Rd}/3 < M_{j,Ed} \leq M_{j,Rd}$时，刚度为：

$$S_j = S_{j,ini}/\mu \tag{D8.1}$$

如图 8.2b）所示，式中：

$$\mu = (1.5M_{j,Ed}/M_{j,Rd})^{\psi} \tag{D8.2}$$

EN 1993-1-8 表 6.8 中给出的 ψ 值适用于组合节点，但不包括接触板，因此，该值在条款*8.3.3(2)*中给出。其影响是，当 $M_{j,Ed}/M_{j,Rd}$的值从 2/3 增加到 1.0 时，μ 从 1.0 增加到 2.0。条款*8.2.2(1)*中的 η 值对应于 $M_{j,Ed}/M_{j,Rd} \approx 0.85$。

在 EN 1993-1-8 条款 6.3.1(4) 中，刚度 S_j与弹簧刚度 k_i相关，两者关系式为：

$$S_j = Ez^2/[\mu\sum(1/k_i)] \tag{D8.3}$$

式中，z 是力臂，与 $1/k_i$之和关联。（EN 1993-1-8 中的符号 E 对应于 EN 1994-1-1 中的 E_a）

看起来可能比较奇怪的是，刚度 k_i具有长度尺寸，而不是单位变形的变力。现参考图 8.4a）中非组合端板节点进行解释，假定唯一的非刚性部件是受拉螺栓，其布置两排，则每个螺栓的拉力为 $M/(2z)$。

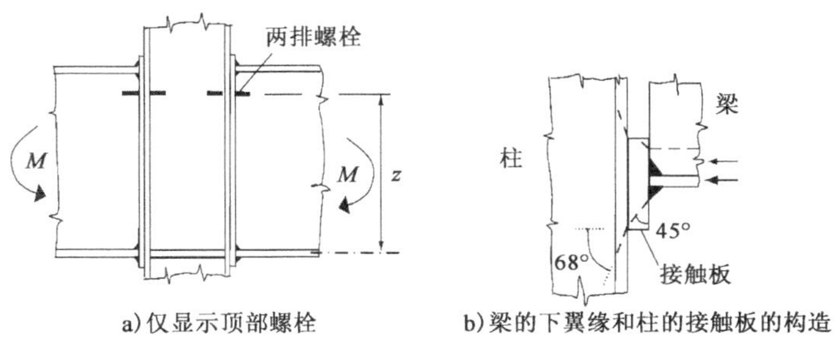

a) 仅显示顶部螺栓　　b) 梁的下翼缘和柱的接触板的构造

图 8.4　梁-柱端板节点

EN 1993-1-8 表 6.11 中定义了螺栓的伸长量 L_b。如预期那样，它略微超过了夹紧的长度。假定 A_s为单个螺栓的受拉面积，则每个螺栓的伸长率为 $e = [M/(2z)](L_b/A_sE)$，且节点每侧的转动为 $\theta = e/z$。因此，刚度 $S_{j,ini}$为：

$$S_{j,ini} = M/\theta = 2Ez^2A_s/L_b \tag{D8.4}$$

根据公式(D8.1)、公式(D8.3)和公式(D8.4)，消除 $S_{j,ini}$和 S_j，可得：

$\sum(1/k_i) = L_b/2A_s$

图 8.3 中只有一个弹簧，其刚度为 k_{10}，因此，分析可得：

$k_{10} = 2A_s/L_b$

其具有长度尺寸。

EN 1993-1-8 表 6.11 给出 $k_{10} = 1.6A_s/L_b$。折减量小于 2 可能是基于试验测定。本例中的符号 A_s没有在 EN 1993-1-8 中定义，其用于单个螺栓，虽然 k_{10}用于一对螺栓。

对组合节点的转动能力[图 8.2b）中的 ϕ_{Cd}]已经进行了大量研究（Bose 和 Hughes，1995；Anderson 等，2000）。但有许多相关参数，其分析预测仍十分困难，目前还没有十分完善的设计规定被 EN 1994-1-1 采用。

所谓的“简单”节点已广泛应用于组合结构中。当采用 Eurocode 中的方法时,其中一些将被归为具有“部分强度”节点,然后可利用**条款8.3.4(2)**中提到的经验。在设计中很少需要计算组合节点的转动能力或所需的转角。ECCS TC11(1999)中给出了进一步的指导。

条款8.3.4(2)

8.4 组件的抗力

本条款是对 EN 1993-1-8 条款 6.2 的补充。节点处受拉混凝土翼缘的有效宽度与相邻梁的有效宽度相同[**条款8.4.2.1(1)**]。梁上方的纵向钢筋宜穿过柱的两端。

条款8.4.2.1(1)

条款8.4.2.1(4)

条款8.4.2.1(4)适用于带有部分或完全强度节点的外柱。钢筋中的拉力必须传递到柱中,比如,沿柱设置环绕钢筋。这也适用于钢筋拉力会发生变化的内柱[*图8.2*、*条款8.4.2.1(3)*和例 8.2]。

研究(Anderson 等,2000;Demonceau 和 Jaspart,2010)发现,外柱采用*图8.2* 所示类型的桁架模型可能无法防止柱外侧板的剪切破坏。因此,可得出结论,*图8.2* 中假设抗力 F_{tq} 的横向钢筋面积 $A_{s,t}$ 宜不小于锚固在柱后面纵向钢筋的面积 A_s。

条款8.4.2.2(1)

条款8.4.3(1)

条款8.4.2.2(1)和**条款8.4.3(1)**均允许接触板中的力以 45°角扩散,如 EN 1993-1-8 中的端板一样。在 EN 1993-1-8 中,假定力以 $\tan^{-1}2.5(68°)$ 通过柱的翼缘和根部半径进行扩散。如果设计中所需的压力超过钢下翼缘的承载力,则确定接触板的长度时宜考虑到这一点[图 8.4b)]。

条款8.4.4.1(2)

在**条款8.4.4.1(2)**中使用的模型如图 8.5 所示。该图显示了宽度为 $h-2t_f$(柱高度小于翼缘厚度)和深度为 z 的外包混凝土的高程,力臂是梁水平合力之间的距离。剪力 V 通过外包混凝土传递,其厚度为 b_c-t_w(柱宽小于腹板厚度)。混凝土支柱 $ABDEFG$ 的宽度为 $0.8(h-2t_f)\cos\theta$,其中 $\tan\theta=(h-2t_f)/z$,因此,其面积为:

$$A_c = 0.8(h-2t_f)\cos\theta(b_c-t_w) \tag{8.2}$$

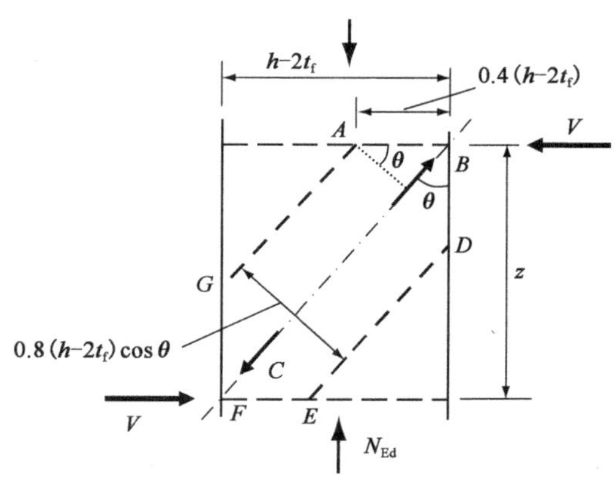

图 8.5 柱腹板外包混凝土的抗剪强度桁架模型

其抗压强度为 $0.85\upsilon f_{cd}$,图 8.5 中给出了力 C。由 B 点和 F 点的水平分力平衡可得 $C\sin\theta=V$。这些是*条款8.4.4.1* 中的公式(*8.1*)~公式(*8.3*)。

柱纵向受压提高了混凝土的抗剪强度,***条款8.4.4.1(3)***中的系数 ν 考虑这一点,ν 的范围为 0.55(当无轴压力时)~1.1(当 $N_{Ed} \geq 0.55N_{pl,Rd}$ 时)。对于完全外包混凝土的组合柱,对公式(8.4)中 $N_{pl,Rd}$ 有贡献的混凝土面积将大于条款8.4.4.1(2)中使用的翼缘之间的面积。这可能也适用于条款8.4.4.2(3)中"外包混凝土的贡献"。 *条款8.4.4.1(3)*

条款8.4.4.2(2)给出了外包混凝土对柱腹板抵抗"横向"(通常为水平向)受压的贡献。如图 8.6a)所示,对于柱翼缘的端板连接,假定受压的外包混凝土厚度为 $t_{eff,c}$,以上述 2.5∶1 角度扩散,通过根部半径 r 延伸。 *条款8.4.4.2(2)*

如图 8.6b)所示,混凝土的水平抗压强度为 $0.85k_{wc,c}f_{cd}$,其中 $k_{wc,c}$ 取决于柱中的"纵向"(典型方向为垂直方向)压应力 $\sigma_{com,c,Ed}$。

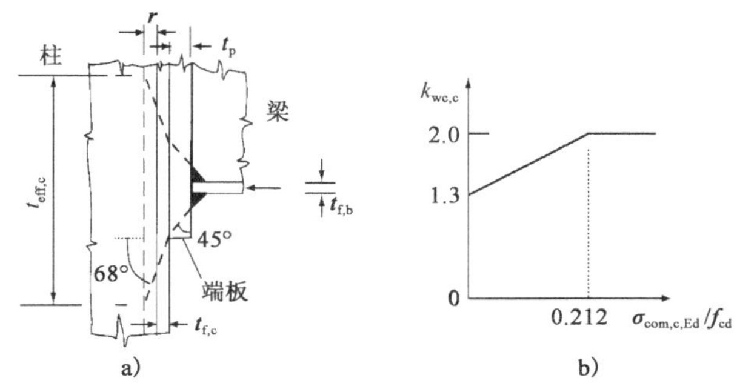

图 8.6　柱腹板外包混凝土的抗压承载力模型

例 8.1:支撑框架中双跨梁的端板节点

在 ENV 1994-1-1 发布之后的后续工作中,制定了一系列组合节点的应用性规定,比在 EN 1994-1-1 *第8章*和*附录A* 中给出的规定更详细。这些由 ECCS TC11(1999)作为模型附录 J 发布,为本示例提供了有用的指导,例如,本条例参考了"ECCS TC11 的条款 J.1.1"。

数据

例 6.7 和例 7.1 的主题是中部支撑上的双跨连续梁 *ABC*(见图 6.23 ~ 图 6.28)。现假设该梁是多层支撑框架中的几个相似梁之一(图 8.7),其与外柱的节点为名义铰接。组合板的跨度与之前相同,皆为 2.5m。为简单起见,在梁 *AB* 和梁 *BC* 的分析中,柱 *EBF* 被视为固定在节点 *E* 和节点 *F* 的位置和方向上。如图 8.8 所示,这些梁在 *B* 点通过部分强度的端板节点与柱连接,图中还给出了柱截面尺寸。其他特性如下:HEB 240 横截面,$A_a = 10600\text{mm}^2$,$f_y = 355\text{N/mm}^2$,$10^{-6}I_y = 112.6\text{mm}^4$。

端板为低碳钢,$f_y = 275\text{N/mm}^2$,且相对较薄,为 12mm,以提供所需的塑性性能。端板分别通过 10mm、8mm 的角焊缝与梁的翼缘、腹板连接,通过 4 个等级为 8.8M20 的螺栓与柱连接,螺栓特性如下:$f_{ub} = 800\text{N/mm}^2$,$f_{yb} = 640\text{N/mm}^2$,每个螺栓螺纹根部的净面积为:$A_{s,b} = 245\text{mm}^2$。

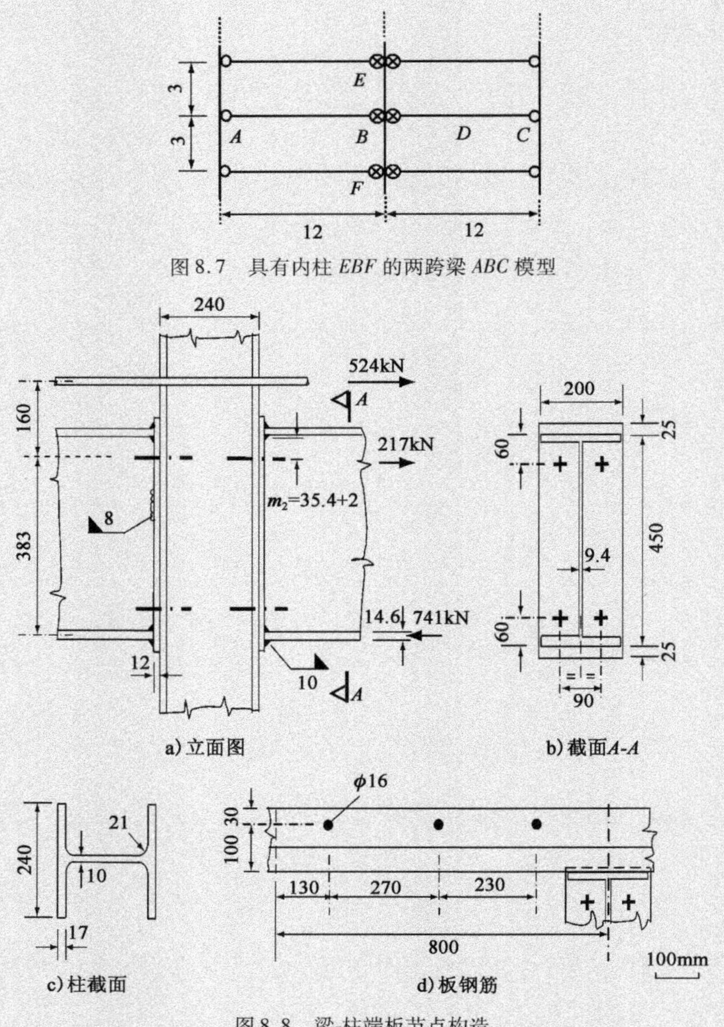

图 8.7　具有内柱 *EBF* 的两跨梁 *ABC* 模型

图 8.8　梁-柱端板节点构造

与例 6.7 和例 7.1 中采用的几何、材料和荷载数据相比，唯一变化是板中的钢筋。

支撑 *B* 处的纵向钢筋

部分强度节点需要转动能力，但此时没有转动能力的具体数值，但其会随着板中所布置钢筋直径和钢筋面积的增加而增大。然而，宜限制顶部钢筋的数量，以使得通过节点处的全部压力能够被梁下翼缘和未加劲的柱腹板承受。

Couchman 和 Way（1998）给出了详细的指南。对于采用 S355 级钢、高度为 450mm 的钢梁，伸长率为 5% 和 10% 的钢筋的最小面积建议值分别为 3000mm^2 和 860mm^2。建议的最大值则取决于柱的尺寸及受拉螺栓的构造，本例中大约为 1200mm^2，建议钢筋直径为 16mm 和 20mm。

由于这些原因，先前的钢筋（13 根直径为 12mm 的钢筋，$A_s = 1470\text{mm}^2$）被 6 根直径为 16mm 的热轧钢筋（最小伸长率为 10%）代替：$A_s = 1206\text{mm}^2$，$f_{sk} = 500\text{N/mm}^2$。这将开裂组合截面的截面惯性矩减小到 $10^{-6}I_y = 451\text{mm}^4$。

节点的分类

最初假设，通过使受拉钢筋屈服或者端板或柱翼缘受弯屈服，使节点发生弯曲延性破坏；并且在下翼缘水平位置处，柱腹板的抗压承载力将是足够的。由于跨度相等，柱腹板的剪力不太可能起控制作用。

该节点预计将为“部分强度”节点。这可通过比较 EN 1993-1-8 表 3.4 中顶部两个螺栓的抗拉承载力与使梁上翼缘屈服的力来进行校核：

$$F_{\mathrm{T,Rd,bolts}} = 2(k_2 f_{\mathrm{ub}}/\gamma_{\mathrm{M2}}) = 2 \times 0.9 \times 0.8 \times 245/1.25 = 282\mathrm{kN} \qquad \text{(D8.5)}$$

$$F_{\mathrm{Rd,flange}} = b_{\mathrm{f}} t_{\mathrm{f}} f_{\mathrm{yd}} = 190 \times 14.6 \times 0.355 = 985\mathrm{kN}$$

因此，节点的抗弯承载力 $M_{\mathrm{j,Rd}}$ 远小于梁的弯矩 $M_{\mathrm{pl,Rd}}$，且梁的侧向屈曲不像之前那样起控制作用。

在该阶段，没有必要计算节点的刚度，因为它显然是“刚性的”或“半刚性的”，其中任何一种类型都可以被视为“半刚性”。

近似整体分析

Couchman 和 Way(1998)的附录 B 中的表格可以对此初始设计进行粗略校核，并且无需太多计算。根据钢梁的横截面、其屈服强度、端板的厚度和等级、受拉螺栓的数量和直径以及钢筋的面积，可求得抗弯承载力 $M_{\mathrm{j,Rd}}$。尽管这里使用的梁是 IPE 截面，也可以推断出 $M_{\mathrm{j,Rd}}$ 约为 400kNm，稍后将会得到其值为 367kNm。

由例 6.7 可知两跨均满载的情形，B 点处的弯矩 M_{Ed} 为加载产生的 536kNm（见图 6.28）加上收缩产生的 120kNm。节点的抗弯刚度目前还不清楚，但其介于零和“完全刚性”之间。如果为完全刚性，节点在极限荷载作用下将明显表现出“塑性”，因而就没有二阶收缩弯矩。在跨中，总荷载为 35.7kN/m（见表 6.2），其正弯矩为：

$$35.7 \times 12^2/8 - 400/2 = 443\mathrm{kNm}$$

如果节点视为铰接，那么跨中弯矩为：

$$443 + 200 = 643\mathrm{kNm}$$

Couchman 和 Way(1998)建议宜将跨中抗弯承载力取为 $0.85M_{\mathrm{pl,Rd}}$，以限制节点所需的转动。从例 6.7 可以看出，具有完全剪力连接的 $M_{\mathrm{pl,Rd}}$ 为 1043kNm，因此，梁的抗弯承载力显然是足够的。

竖向剪力

B 点处的弯矩 $M_{\mathrm{Ed}} = 400\mathrm{kNm}$，则 B 点处的竖向剪力为：

$$F_{\mathrm{v,Ed,B}} = 35.7 \times 6 + 400/12 = 247\mathrm{kN}$$

根据 EN 1993-1-8 中表 3.4，可得到 4 个 M20 螺栓的抗剪承载力。其中两个螺栓将可能受拉屈服。施加在螺栓上的剪力必须满足条件：

$$F_{v,Ed}/F_{v,Rd} + F_{t,Ed}/(1.4F_{t,Rd}) \leqslant 1.0 \tag{D8.6}$$

每个螺栓的净剪切面积 $A_{s,b} = 245\text{mm}^2$,因此,根据 EN 1993-1-8 的表 3.4,可知:

$F_{v,Rd} = 0.6f_{ub}A_{s,b}/\gamma_{M2} = 0.6 \times 800 \times 0.245/1.25 = 94.1\text{kN}$

由公式(D8.6),当 $F_{t,Ed} = F_{t,Rd}$时:

$F_{v,Ed} \leqslant (1 - 1/1.4)F_{v,Rd} = 27\text{kN}$

对于 4 个螺栓:

$$F_{v,Rd} = 2(94.1 + 27) = 242\text{kN} \tag{D8.7}$$

这表明可能需要在节点受压区域增加第 2 对螺栓。

节点的抗弯承载力(不包括钢筋)

例 6.7 中采用的是无支撑施工。由表 6.2 可知,钢梁的设计极限荷载为 7.8kN/m。在施工阶段,该值将增加到 9.15kN/m,以考虑高密度新拌混凝土以及施工期间的外加荷载。对于两个 12m 跨径之间的中间支撑的刚性节点:

$M_{Ed,B} = wL^2/8 = 9.15 \times 12^2/8 = 165\text{kNm}$

施工期间需要考虑节点处的塑性抗弯承载力,很容易求得其上限值。从顶部螺栓到下翼缘中心的力臂为:

$$z_{bolts} = 450 - 60 - 7.3 = 383\text{mm} \tag{D8.8}$$

承载力不能超过:

$$F_{T,Rd,bolts}z_{bolts} = 282 \times 0.383 = 108\text{kNm} \tag{D8.9}$$

稍后发现此值为 83kNm。

假设节点的弯曲足以减小支撑 B 点处的弯矩,使得施工期间不会因非弹性行为而产生永久变形。

受拉 T 腿和螺栓的承载力

抗弯承载力的计算包括求得受拉和受压时的“最薄弱连接”部位。受拉时,柱翼缘和端板被模拟为 T 腿,并且可能发生撬起力作用。所需的一些尺寸如图 8.9 所示。由 EN 1993-1-8 图 6.8 可知,尺寸 m 有 20% 与角焊缝或焊缝搭接。因此,在图 8.9a)中,对于端板,其 m 值为:

$$m = 100 - 5 - 4.7 - 0.8 \times 8 = 33.9\text{mm} \tag{D8.10}$$

从图 8.9 所示几何形状可以明显看出,端板比柱翼缘薄弱,因此,可求得其承载力。

EN 1993-1-8 条款 6.2.4.1 给出了三种可能的破坏模式:

1　板屈服失效;

2　模式 1 和模式 3 的组合失效;

3　螺栓受拉失效。

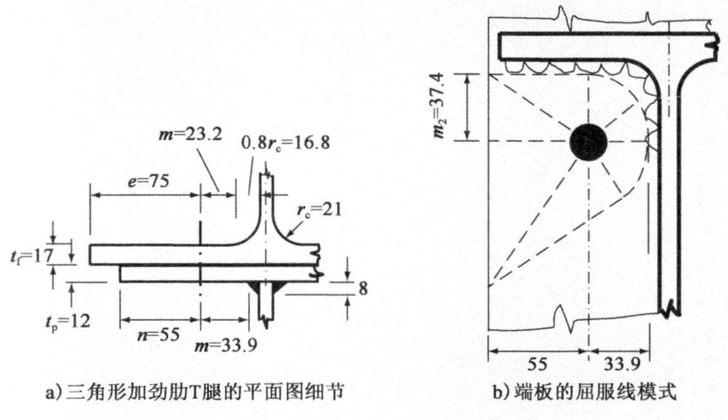

a)三角形加劲肋T腿的平面图细节　　b)端板的屈服线模式

图 8.9　T 腿尺寸及屈服线破坏模式

屈服线理论用于板的弯曲,该理论类似于钢框架的塑性铰理论,采用线来代替铰,假定板沿着该线发生塑性转动,这些形成了失效机理,其变形远大于弹性变形,后者在计算中可以忽略。失效机理给出了最小失效荷载,其取决于端板几何形状和螺栓布置形式。许多失效机理都是可能的,Couchman 和 Way (1998)给出了详细内容。铰线的总长度由"有效长度"l_{eff}表示。这些在 EN 1993-1-8 条款 6.2.6.5 的表格中给出。

该端板关键机理如图 8.9b)所示或为一个环形风扇,其有效长度为:

$$l_{eff,cp} = 2\pi m$$

对于非圆形模式,也与图 8.8a)中的尺寸 m_2 相关,且:

$$l_{eff,nc} = \alpha m \leqslant 2\pi m$$

式中,α 由 EN 1993-1-8 中图 6.11 或 Couchman 和 Way 指南中图 4.9 给出。在本例中,$\alpha = 6.8$,因此,圆形模式适用于模式 1,且:

$$l_{eff,1} = 2\pi m = 6.28 \times 33.9 = 213\text{mm}$$

每单位长度板的塑性承载力为:

$$m_{pl,Rd} = 0.25\, t_f^2 f_y / \gamma_{M0} = 0.25 \times 12^2 \times 0.275/1.0 = 9.90\text{kNm/m} \qquad (D8.11)$$

(符号 m_{pl} 来自屈服线理论,不应与尺寸 m 混淆。)

模式 1:对于模式 1,屈服失效仅限于板。从 EN 1993-1-8 表 6.2 可知,假定其可产生掀起力,则这种模式的公式为:

$$F_{T,1,Rd} = 4M_{pl,1,Rd}/m$$

其中:

$$M_{pl,1,Rd} = 0.25 l_{eff,1} t_f^2 f_y / \gamma_{M0} = l_{eff,1} m_{pl,Rd} = 0.213 \times 9.9 = 2.11\text{kNm}$$

由公式(D8.10)可知 m 的值,则:

$$F_{T,1,Rd} = 4 \times 2.11/0.0339 = 249\text{kN}$$

模式 2:此模式更复杂。现解释表 6.2 中抗拉伸承载力 $F_{T,2,Rd}$ 的表达式。在图8.10 中,Q 是总掀起力。以 A 和 E 为固定点,上翼缘拉力所做的功为

$F_{T,2,Rd}(m+n)\theta$，其等于板受弯应变能（为$2m_{pl,Rd}l_{eff,2}\theta$，其中$\theta$为对应有效周长$l_{eff,2}$的转角）和螺栓受拉应变能（$n\theta\sum F_{t,Rd}$）之和。有效长度为$\alpha m$，求得上述非圆形模式的$\alpha=6.8$，因此：

$$l_{eff,2}=\alpha m=6.8\times33.9=231\text{mm} \tag{D8.12}$$

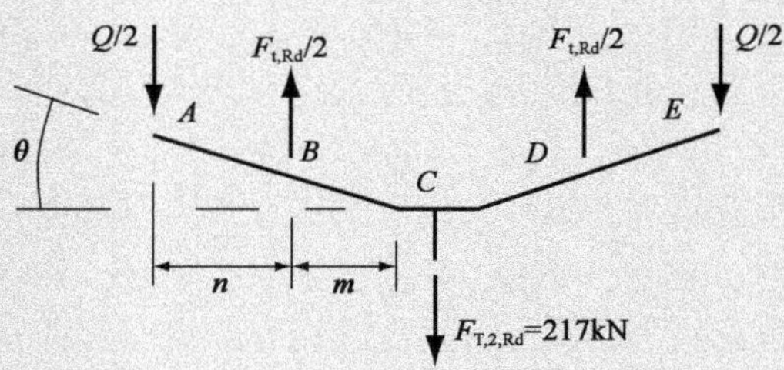

图8.10　T柱的失效模式2

根据公式（D8.5），一对螺栓的抗拉承载力为$\sum F_{t,Rd}=282\text{kN}$。从图8.9a）可以看出，$n=55\text{mm}$，但由EN 1993-1-8表6.2可知，要求$n\leqslant1.25m$；因此，$n$取为$1.25\times33.9=42.4\text{mm}$，$m+n=76.3\text{mm}$。由做功方程可得：

$$\begin{aligned}F_{T,2,Rd}&=(2m_{pl,Rd}l_{eff,2}+n\sum F_{t,Rd})/(m+n)\\&=(2\times9.9\times231+42.4\times282)/76.3=217\text{kN}\end{aligned} \tag{D8.13}$$

模式3：由于螺栓失效的$F_{T,3,Rd}=282\text{kN}$，因此，由模式2控制。掀起力为：

$Q=282-217=65\text{kN}$

受拉梁腹板

图8.10中，等效T柱对梁腹板施加了217kN的拉力，梁腹板的承载力由EN 1993-1-8条款6.2.6.8中的公式（6.22）给出，如下：

$F_{t,wb,Rd}=b_{eff,t,wb}t_{wb}f_{y,wb}/\gamma_{M0}$

且将$b_{eff,t,wb}$作为T柱的有效长度，$l_{eff,2}=231\text{mm}$，因此：

$$F_{t,wb,Rd}=231\times9.4\times0.355/1.0=771\text{kN} \tag{D8.14}$$

所以不起控制作用。

受拉柱腹板

根据EN 1993-1-8的条款6.2.6.3，受拉柱腹板的有效宽度是表示柱翼缘宽度的T柱长度，其承载力为：

$F_{t,wc,Rd}=\omega b_{eff,t,wc}t_{wc}f_{y,wc}/\gamma_{M0}$

式中，ω是考虑柱腹板受剪时的折减系数。本例中，剪力为零且$\omega=1$。柱腹板比梁腹板厚，因此，由式（D8.14）的计算结果，其承载力不起控制作用。

柱腹板横向受压

EN 1993-1-8条款6.2.6.2中给出了承载力规定，其取决于板的长细比λ_p和受压柱腹板的宽度，即：

$b_{eff,c,wc}=t_{f,b}+2\sqrt{2}a_p+5(t_{fc}+s)+s_p$

[EN 1993-1-8 中公式(6.11)],其中,a_p是下翼缘焊缝的焊喉厚度,此处$\sqrt{2}a_p = 10\text{mm}$;$s_p$考虑通过端板以45°角扩散,此处 s_p为 24mm;s 是柱截面的根部半径($s = r_c = 21\text{mm}$)。因此:

$$b_{\text{eff,c,wc}} = 14.6 + 20 + 5(17 + 21) + 24 = 248\text{mm}$$

对于腹板屈曲,有效受压长度为:

$$d_{\text{wc}} = h_c - 2(t_{\text{fc}} + r_c) = 240 - 2(17 + 21) = 164\text{mm}$$

板的长细比为:

$$\bar{\lambda}_p = 0.932(b_{\text{eff,c,wc}} d_{\text{wc}} f_{\text{y,wc}} / E_a t_{\text{wc}}^2)^{0.5}$$
$$= 0.932 \times [248 \times 164 \times 0.355/(210 \times 100)]^{0.5} = 0.773$$

板的屈曲折减系数为:

$$\rho = (\bar{\lambda}_p - 0.2)/\bar{\lambda}_p^2 = 0.573/0.773^2 = 0.96$$

与之前一样,腹板剪切系数 ω 取为 1.0。

假设柱的最大纵向压应力小于$0.7f_{\text{y,wc}}$,根据 EN 1993-1-8 条款 6.2.6.2(2),其折减系数 k_{wc}为 1.0。由 EN 1993-1-8 中公式(6.9),可得:

$$F_{\text{c,wc,Rd}} = \omega k_{\text{wc}} \rho b_{\text{eff,c,wc}} t_{\text{wc}} f_{\text{y,wc}} / \gamma_{\text{M1}}$$
$$= 0.96 \times 248 \times 10 \times 0.355/1.0 = 845\text{kN} \qquad (\text{D8.15})$$

显然,217kN 的拉力控制钢连接的承载力。

两跨梁满载时,钢节点的抗弯承载力

由图 8.8a)可知,力臂为 383mm,因此,不包括钢筋的承载力为:

$$M_{\text{j,Rd,steel}} = 217 \times 0.383 = 83\text{kNm} \qquad (\text{D8.16})$$

可知,由端板受弯控制。临界模式 2 包括顶部螺栓的受拉失效(不只是屈服)。然而,该节点主要基于由 Couchman 和 Way(1998)给出的类型,并由 ECCS TC11(1999)证实该类型具有“延性”性能。

从例 6.7 可知,钢梁 IPE450 截面的塑性抗弯承载力为:

$$M_{\text{pl,a,Rd}} = 1.702 \times 355 = 604\text{kNm}$$

该值超过了 4 倍的 $M_{\text{j,Rd}}$。根据 EN 1993-1-8 条款 5.2.3.2(3)规定,如果节点具有“足够的转动能力”,则允许该节点在施工阶段被归类为“名义铰接”类型,这种情况将在下面讨论。

组合节点的抗力

对于组合节点,受拉钢筋屈服时的承载力为:

$$F_{\text{t,s,Rd}} = 1206 \times 0.500/1.15 = 524\text{kN}$$

这使得总压力增加到:

$$F_c = 217 + 524 = 741\text{kN} \qquad (\text{D8.17})$$

741kN 小于上面得到的抗压承载力 845kN。钢筋力臂为 543mm[图 8.8a)],因此,组合节点的抗弯承载力为:

$$M_{j,Rd,comp} = 83 + 524 \times 0.543 = 83 + 284 = 367\text{kNm} \qquad (D8.18)$$

竖向剪力校核

梁的最大荷载设计值为 35.7kN/m,*B* 点处的负抗弯承载力为 367kNm,每片梁在 *B* 点处的竖向剪力为 244kN,仅超过上面得到的抗剪承载力 242kN。从弹-塑性整体分析可知,*B* 点处的竖向剪力因节点的弯曲而减小。如有必要,可在每个端板的下半部分添加两个额外的 M20 螺栓,这并不影响先前的抗弯承载力结果。

承载能力极限状态下的节点设计说明

最终设计表明,破坏模式简单且为延性破坏:梁上翼缘下方的 T 柱弯曲,且板内钢筋屈服,这贡献了 77% 的总抗弯承载力。右侧梁的纵向力如图 8.8a)所示。现对进一步的校核作出说明。

梁 *BC* 跨施加最大荷载、*AB* 跨施加最小荷载的情形

这种加载使得柱腹板承受最大剪力。板中钢筋拉力在 *B* 点处发生突变。作用在两跨钢构件上的荷载相等,且假定在节点 *B* 处产生的负弯矩等于节点承载力,即公式(D8.13)得到的 83kNm。作用在 *AB* 跨和 *BC* 跨组合构件上的极限荷载分别为 1.62kN/m 和 27.9kN/m(见表 6.2)。

节点弯曲和混凝土开裂都会减小负弯矩,因此,在对柱腹板的抗剪验算和钢筋锚固验算中都忽略了这两项。*BC* 跨的 *B* 点处的弯矩可作为板内钢筋的附加承载力,其值为 284kNm[公式(D8.18)]。对于节点 *B* 处的其他 3 个构件,通过弹性分析得到的弯矩值如图 8.11a)所示。*B* 点处的总弯矩(包括施工阶段)如图 8.11b)所示。柱 *DB* 和柱 *BE* 中的剪力为:

(75 + 37.5)/3 = 37.5kN

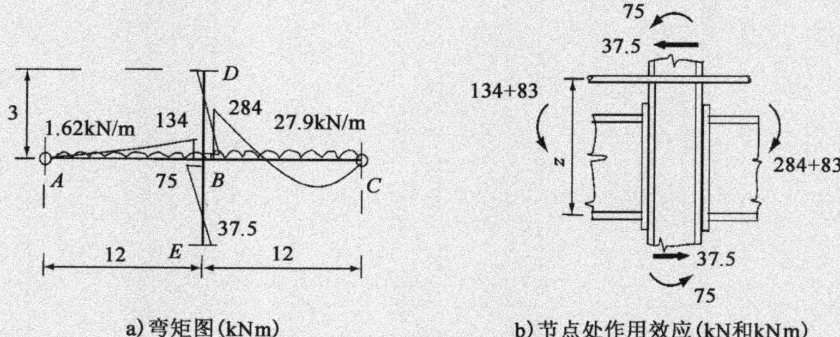

图 8.11　设计荷载(承载能力极限状态)不等情形下的 *AB* 跨和 *BC* 跨分析

如果 *AB* 跨的端板在极限施工荷载作用下是塑性的,则所示梁弯矩之间的总体差异是由钢筋拉力变化引起的。因此,相应的力臂 z 为 543mm。

根据 EN 1993-1-8 的条款 5.3(3)，腹板上的剪力为：

$$V_{wp,Ed}=(M_{b1,Ed}-M_{b2,Ed})/z-(V_{c1,Ed}-V_{c2,Ed})/2$$
$$=(367-217)/0.543-[37.5-(-37.5)]/2$$
$$=276.2-37.5=239\text{kN}$$

此处使用的符号规定参见 EN 1993-1-8 图 5.6。从图 8.11b)和上述公式可知，钢筋拉力变化值为 276kN。由于柱 *DB* 和柱 *BE* 中的剪力影响，柱腹板的剪力较低，为 239kN。

柱腹板的抗剪承载力

根据 EN 1993-1-8 条款 6.2.6.1(1)，未加劲柱腹板的抗剪承载力为：

$$V_{wp,Rd}=0.9f_{y,wc}A_{vc}/(\sqrt{3}\gamma_{M0})$$

式中，A_{vc}是柱腹板的剪切面积。根据 EN 1993-1-1 条款 6.2.6(3)，该值为 3324mm^2。因此：

$$V_{wp,Rd}=0.9\times0.355\times3324/(\sqrt{3}\times1.0)=613\text{kN}(>V_{wp,Ed})$$

该种荷载布置不控制节点设计。

钢筋锚固力

上述 276kN 的力必须锚固在柱中。*图 8.2* 所示拉-压杆模型需布置横向钢筋以抵抗图中所示力 F_{tq}，并且此力取决于为桁架指定的方向。

如图 8.8d)所示，3 根直径 16mm 的钢筋与柱中心线的平均距离为 420mm。为便于计算，图 8.12 中所示两个混凝土支柱 *AB* 和 *AD* 采用线 *AC* 代替。分解在 *A* 点处的力，可得施加到支柱上的力为 184kN。可用的混凝土厚度为 80mm。当 $f_{ck}=25\text{N/mm}^2$时，支柱总宽度为：

$$b_c=(184\times1.5)/(0.08\times0.85\times25)=163\text{mm}$$

该宽度在图 8.12 中按比例显示，显然是可行的。

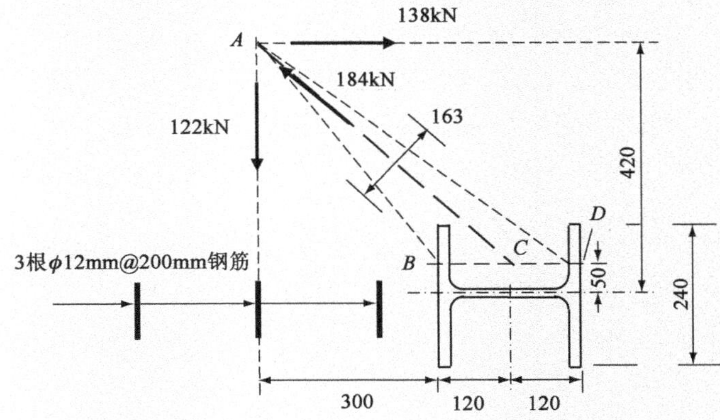

图 8.12　板中钢筋受拉不平衡时锚固的拉-压杆模型

现有的横向钢筋(例 6.7)直径为 12mm，间距为 200mm。以 200mm 间距增加 3 根钢筋($A_s=339\text{mm}^2$)，其增加的额外承载力为：

$T_{Rd} = 339 \times 0.5/1.15 = 147kN$

该值大于图 8.12 中所示的 122kN 拉力。在柱的两侧增加 3 根钢筋。

支柱的横向压力在柱子处平衡。柱翼缘抵抗纵向力的面积约为:

$80 \times (240 + 230) = 37600mm^2$

因此,混凝土中的平均承压应力为:

$276/37.6 = 7.3N/mm^2$

该值远低于混凝土的设计抗压强度。

承载能力极限状态下的节点刚度和转动能力

例 10.1 中计算了这些节点的初始刚度,结果见表 8.1。在之前的整体分析中,节点在达到其承载力 $M_{j,Rd}$之前,假设其是刚性的,并在继续加载后将其视为铰。在弯矩小于 $M_{j,Rd}$时,忽略节点的弹性转动将高估节点的负弯矩,因而跨中弯矩将超过这些计算值。这种方法对于节点校核是安全的,并且适用于跨中具有足够抗弯承载力的情形,如本例所示。

节点的初始刚度 $S_{j,ini}$(kNm/mrad) 表 8.1

	柱腹板中无剪力	有剪力作用的节点 *BA*	有剪力作用的节点 *BC*
钢节点	61	—	—
组合节点,弹性	146	118	49
组合节点,端板屈服	110	118	39

在正弯矩区几乎没有非弹性曲率,因此,节点处的转动远小于跨中形成塑性铰所需的转动。这里采用了 Couchman 和 Way(1998)给出的典型节点构造,并利用经试验验证[*条款8.3.4(3)*]的计算方法(Anderson 等,2000)进行校核,结果表明,其具有足够的转动能力,因此,不需要进一步校核其转动能力。"经验证明具有足够性能"的节点构造可在没有进一步验证的情形下使用。

正常使用性能校核

上述分析不足以对变形或裂缝宽度等正常使用性能进行校核。宜考虑到每个节点的弯曲,如公式(D8.1)和公式(D8.2)所示。根据 EN 1993-1-8 条款 6.3.1(6)或 ECCS TC11(1999)的条款 J.4.1(5)可知:对于栓接端板节点,$\psi = 2.7$。因此,当 $M_{j,Ed} = M_{j,Rd}$时,由公式(D8.2)可知:

$$\mu = 1.5^{2.7} = 2.99 \tag{D8.19}$$

节点刚度 S_j对 $M_{j,Ed}$的依赖性需要进行迭代分析,因此,采用*条款8.2.1(1)*说明的简化方法。对于此节点所有的 $M_{j,Ed}$值,当弯矩值达到 $M_{j,Rd}$时,才可采用名义刚度 $S_j = S_{j,ini}/2$(即 $\eta = 2$)。

这里,节点分析包括常规弹性分析,如下文所示。由图 8.8 可知示,一对连接("节点",见图 8.1)的总长度为:

$240 + 2 \times 12 = 264mm$

因此，每个连接由长度为 $L_j=132\text{mm}$ 的梁构件和截面惯性矩 I_j 来表示，弯矩 M_j 的转角为：

$\phi=M_j/S_j$

对于“梁”：

$\phi=M_jL_j/E_aI_j$

消去 ϕ/M_j，有：

$I_j=(L_j/E_a)S_j$

因此：

$$10^{-6}I_j=(132/210)S_j=0.63S_j \tag{D8.20}$$

其中，I_j 的单位为 mm^4，S_j 的单位为 kNm/mrad。

仅在 *BC* 跨施加荷载的最大挠度校核

钢节点和组合节点需要单独计算。施工结束时，两跨均作用荷载 5.78kN/m。由表 8.1 和公式(D8.20)，可知 $\eta=2$，因此：

$10^{-6}I_j=0.63S_{j,ini}/\eta=0.63\times61.1/2=19.2\text{mm}^4$

对于梁：

$10^{-6}I_{ay}=337.4\text{mm}^4$

于是，钢节点的计算模型如图 8.13b)所示，其中，I 的单位为 mm^4，其计算结果为：

- *BC* 跨连接处弯矩为 67.7kN · m，是 $M_{j,Rd,steel}$ 的 82%；
- *BC* 跨的最大挠度为 13.8mm。

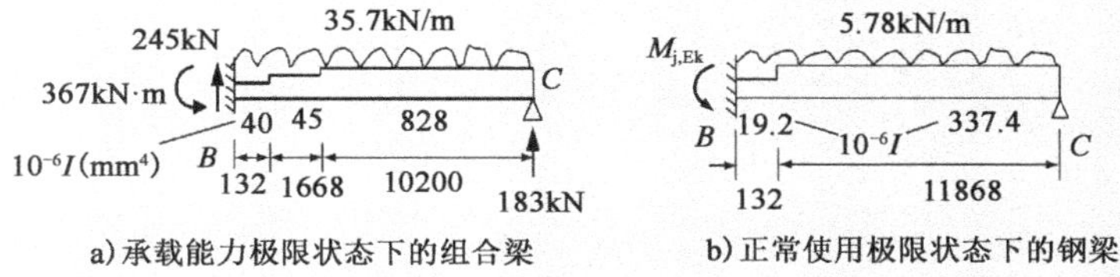

图 8.13　分析模型

组合阶段的计算模型考虑了开裂，并且采用模量比 $n=20.2$。楼板施工完成后，两跨均作用 1.2kN/m 的荷载。仅 *BC* 跨施加频遇荷载值为 $0.7\times17.5=12.3$kN/m。

钢连接有少部分未利用的抗拉承载力。如果忽略这点，对 *BC* 跨的组合节点，则 $\eta=2$(如前所述)，$S_{j,ini}=39$kNm/mrad(表 8.1)，且：

$10^{-6}I_{j,BC}=0.63\times39/2=12.2\text{mm}^4$

[考虑钢节点全部刚度的影响很小($S_{j,ini}=49$kNm/mrad，而不是 39kNm/mrad)；其使挠度减小不到 1mm。]

BA 跨的连接刚度减半将增大挠度。但由于该连接的弯矩很小,因此,不采用该方式。

BA 跨的连接弯矩很小,因此,η 值可采用 1.0。由表 8.1 可知:

$10^{-6}I_{j,BA}=0.63\times118=74\text{mm}^4$

对于柱:

$10^{-6}I_y=113\text{mm}^4$

计算模型如图 8.14 所示,其中 I 的单位为 mm⁴。其计算结果为:

- *BC* 跨在 *B* 点处的弯矩为 71kNm;
- *BC* 跨的最大挠度为 17.1mm。

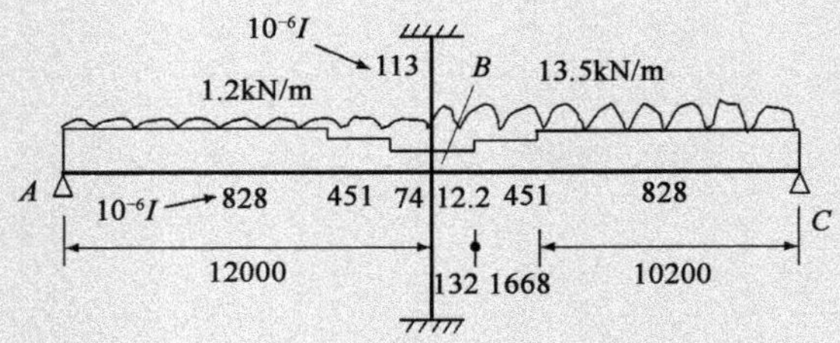

图 8.14　正常使用极限状态下的组合梁分析

因此,*BC* 跨的总挠度为:

13.8 + 17.1 = 30.9mm

或跨度的 1/388。这两个值分别比完全连续梁的值(表 7.3)高 5mm 和 2mm。

对于频遇荷载,荷载作用下的挠度约为 17mm,或等于跨度的 1/700。采用的模量比考虑一些徐变效应。例 7.1 讨论了组合板相对于梁的附加挠度。

混凝土收缩的影响

当采用半刚性节点时,精确计算比较困难,但可以进行如下估算。长度 24m 梁的主要收缩变形如图 6.27b)所示。由例 6.7 的计算可知,曲率半径为 $R=1149\text{m}$,*B* 点的挠度为 $\delta=45.3\text{mm}$。最保守的假设是,节点弯曲使得收缩次弯矩(减小挠度)减小为零。图 8.15 显示了与图 6.27b)中相同的主要曲率,其通过 *B* 处节点的转动而不是通过梁的次弯矩来恢复其相容性。从图 8.15 的几何尺寸可以看出,每个节点的转角为 3.8mrad,收缩产生的跨中挠度约为 15mm。图 6.27b)和图 8.15 中所示 δ 方向之间的差异并不重要,因为这些斜率的角度非常小。

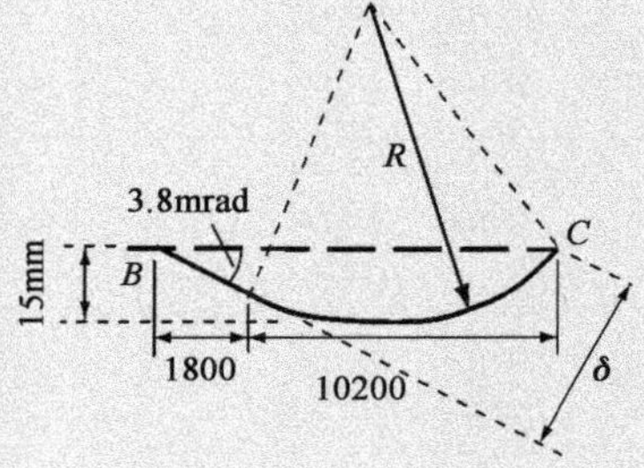

图 8.15　*BC* 跨收缩产生的挠度

由之前组合节点的计算可知，$M_{j,Ek}=71kNm$，采用 $S_j=39/2=19.5kNm/mrad$，求得其转角为 71/19.5 = 3.6mrad。因此，收缩使每个节点的转动显著增加，并且使得 B 点处的负弯矩增加，但远小于完全连续梁求得的 120kNm，也将减小前述求得的 15mm 挠度。完全连续梁的计算结果为 7mm（见表 7.3）。由此可推断，除上述 31.7mm 外，收缩产生的挠度在 10 ~ 12mm 之间。该结果并不典型，因为例 6.7 中假设的收缩应变特别高。

混凝土开裂

对正常使用（频遇）荷载作用在两跨梁上的组合框架进行弹性分析，不同于前述内容，求得 B 处的负弯矩值为 133kNm。钢筋面积为 $1206mm^2$，力臂为 543mm[图 8.8a）]，因此，拉应力为：

$\sigma_s=133/(0.543\times1.206)=203N/mm^2$

直径 16mm 钢筋的平均间距约为 250mm[见图 8.8d）]，恰好是 EN 1994-1-1 表 *7.2* 中对应于 0.3mm 裂缝宽度的限值。完全满足表 *7.1* 中的替代条件。

然而，由于柱以及与节点相关的集中转动，板中的应变区域受到局部干扰。表 *7.1* 和表 *7.2* 中的值没有考虑这种情况。由此可推断，顶部钢筋不太可能在正常使用阶段屈服，且不会出现较宽的裂缝。

节点分类综述

EN 1993-1-8 条款 5.2.2.5（1）中关于支撑框架中梁-柱节点的分类规则如图 8.2a）所示。如果满足下列条件，则节点为半刚性：

$0.5<S_{j,ini}L_b/EI_b<8$

式中，L_b是两柱中心间的跨度，此处为 12m。

对于施工期间的钢节点，由例 6.7 可知 $10^{-6}I_b=337.4mm^4$ 且 $S_{j,ini}=61kNm/mrad$。刚度可从表 8.1 中查得，因此：

$S_{j,ini}L_b/EI_b=61\times12\times1000/(210\times337.4)=10.3$

所以将节点归类为刚性，但此处假定为半刚性。

对于组合节点，在计算连接梁的截面特性 I_b时，可以忽略开裂和徐变[条款*8.2.3（3）*]。这里，由表 6.3 可得，$n=10.1$，$10^{-6}I_b=996mm^4$。对于两跨满载的情形，并忽略端板的所有贡献，则 $S_{j,ini}=110kNm/mrad$，且：

$S_{j,ini}L_b/EI_b=110\times12\times1000/(210\times996)=6.3$

因此，正如所假设的一样，节点为半刚性。

对于荷载仅作用于 BC 跨的情形，$S_{j,ini,BA}=118kNm/mrad$，很明显，如假设一样，此连接为半刚性。

对于 BC 跨的连接，$S_{j,ini,BC}=39kNm/mrad$，且：

$S_{j,ini}L_b/EI_b = 39 \times 12 \times 1000/(210 \times 996) = 2.2$

因此,此连接为半刚性。

通过这种方法评估的结果不宜视为准确的,因为在计算 I_b 和 $S_{j,ini}$ 时作了许多假设。这里,将钢节点视为半刚性是保守的,因为这会略微增加计算的挠度。

承载能力极限状态下、两跨满载时的整体分析修正

前述分析是在 B 处的节点刚度已知的情况下进行的。两跨满载时,柱在 B 点处没有发生转动,因此,可将梁作为悬臂梁进行分析。假定所有荷载均由组合构件承担,每跨有 15% 的"开裂"横截面。B 处节点刚度不会因柱腹板受剪而降低,由表 8.1 可知,$S_{j,ini} = 146\text{kNm/mrad}$。由公式(D8.1)可知,取决于 $M_{j,Ed}$ 的减少量是未知的。对图 8.13a)所示模型进行迭代分析,并得到 $M_{j,Ed}/M_{j,Rd} = 0.905$。根据公式(D8.2),$\mu = 2.28$,之前采用简单方法假定其为 2.0。由公式(D8.20)可知:

$10^{-6}I_j = 0.63 \times 146/2.28 = 40\text{mm}^4$

如图 8.13a)所示。

最大正弯矩为 469kNm,该值在之前得到的范围内。

参考文献

Anderson D, Aribert JM, Bode H and Kronenburger HJ (2000) Design rotation capacity of composite joints. *Structural Engineer* 78(6):25-29.

Bose B and Hughes AF (1995) Verifying the performance of standard ductile connections for semi-continuous steel frames. *Proceedings of the Institution of Civil Engineers: Structures and Buildings* 110:441-457.

British Standards Institution (2005) BS EN 1993-1-8. Design of steel structures. Part 1-8: Design of joints. BSI, London.

COST-C1 (1997) *Composite Steel-Concrete Joints in Braced Frames for Buildings. Report: Semi-rigid Behaviour of Civil Engineering Structural Connections*. Office for Official Publications of the European Communities, Luxembourg.

Couchman G and Way A (1998) *Joints in Steel Construction-Composite Connections*. Publication 213, Steel Construction Institute, Ascot.

Demonceau JF and Jaspart JP (2010) *Recent Studies Conducted at Liège University in the Field of Composite Construction*. Faculty of Applied Sciences, Liège University. Report for ECCS TC 11.

ECCS TC11 (1999) *Design of Composite Joints for Buildings. European Convention for Constructional Steelwork, Brussels*. Report 109.

Huber G (2001) Semi-continuous beam-to-column joints at the Millennium Tower in Vienna, Austria. *Steel and Composite Structures* 1(2):159-170.

Lam D and Fu F (2006) Behaviour of semi-rigid beam-column connections with steel beams and precast hollow core slabs. In: *Composite Construction in Steel and Concrete V* (Leon RT and Lange J (eds)). American Society of Civil Engineers, New York, pp. 443-454.

Lawson RM and Gibbons C (1995) *Moment Connections in Composite Construction: Interim Guidance for End-plate Connections*. Publication P143, Steel Construction Institute, Ascot.

第 9 章　建筑用压型钢板组合板

本章对应于 EN 1994-1-1 *第 9 章*，内容如下：

- 一般规定 *条款 9.1*
- 构造规定 *条款 9.2*
- 作用和作用效应 *条款 9.3*
- 内力和弯矩分析 *条款 9.4*
- 作为模板的压型钢板的承载能力极限状态验算 *条款 9.5*
- 作为模板的压型钢板的正常使用极限状态验算 *条款 9.6*
- 组合板承载能力极限状态验算 *条款 9.7*
- 组合板正常使用极限状态验算 *条款 9.8*

9.1　一般规定

组合板是一种高效的楼板结构形式，但其整体性要差于双向配筋的连续混凝土板。其正交各向异性的结构特性和分阶段施工，导致组合板设计方法相对复杂。一些验证工作由板材生产商完成，并据此编制相应的表格，表中对楼板跨度和板上荷载进行了限制。但对于使用该表格做进一步验算的设计人员而言，也许无法完全了解表格数据背后蕴含的相关假设。

在激烈的市场竞争下，新入者不仅要熟知 Eurocodes 规定，而且还要熟悉其他组织中由行业，如英国钢结构协会，提供的广泛指导意见。

导致不符合要求或不安全行为的潜在可能原因包括：

- 在施工过程中低估了可能施加的荷载；
- 压型钢板竣工时的布局与设计预期不符；
- 在建筑使用年限内增加了较大的线荷载（例如，来自分隔墙体）；
- 出现重复的移动荷载，如来自叉车荷载[见*条款 9.1.1(3)P*]；
- 剪力连接件布置在压型钢板的非预期位置，这会降低其抗滑移能力和抗剪承载力。

上述列出的原因主要针对设计人员。施工过程中可能引起的问题（如栓钉穿板焊接不合格）不在本指南适用范围内。

适用范围

条款 9.1.1　在***条款 9.1.1*** 中定义了*第 9 章*的施工形式和适用范围。单向肋压型钢板的剖

面形状以及其在竣工后楼板中充当受拉钢筋作用，导致其只能为一种有效的单向传力体系。相对于肋板的单向传力，该板还可以承担类似组合梁混凝土翼缘板作用，沿任意方向传力。由此制定的关于梁设计的规定在*第5章*、*第6章*、*第7章*中阐述。

条款9.1.1(2)P 中定义的腹板间隙与腹板间距比值 b_r/b_s 是组合板的一个重要性能指标，这两个参数在*图9.2* 及附录 A 图 A.1 中有标示。如果槽太窄，布置于槽间的栓钉连接件的抗剪强度将会被削弱（*条款6.6.4*），且竖向抗剪能力可能不足。如果腹板间距太宽，组合板跨越几个腹板传递荷载的能力将不足，尤其是在为了降低自重而将压型钢板以上楼板厚度尽量减小的情况下。 ***条款9.1.1(2)P***

由于所使用的压型钢板种类繁多，因此必须在全国范围内明确 b_r/b_s 的上限值。它很可能是压型钢板以上楼板厚度的函数。英国国家附件给出的建议值为 0.6。

忽略压型钢板上翼缘对组合板在跨度横向方向的抗弯承载力贡献。

在*第9章*中给出的组合板设计方法是基于*条款B.3* 中的试验方法。尽管初始荷载是循环荷载，但失效测试是在静荷载下进行的。因此，如果期待获得动力效应，那么该特定项目的详细设计中必须确保在加载全过程中保持组合作用的完整性［***条款9.1.1(3)P*** 和***条款9.1.1(4)P***］。 ***条款9.1.1(3)P***

对钢梁侧向约束程度的指南［***条款9.1.1(5)***］可以在 EN 1993-1-1 和其他规定（Gardner，2011）中获得。倒 U 形框架的作用也依赖于弹性约束。该问题在条款 6.4.2 中进行了讨论。 ***条款9.1.1(4)P*** ***条款9.1.1(5)***

由于所使用的压型钢板种类繁多，纵向抗剪承载力主要依赖于试验测试。由一些压型钢板制成的组合板会发生脆性破坏模式，其折减措施在*条款B.3.5(1)* 中给出。

剪力连接类型

对于其他类型的组合构件，在***条款9.1.2.1(1)P*** 中认为粘结不是剪力连接的一种可靠方法。但对于无局部变形的组合板，可以认为通过粘结可实现有效的抗剪，由于混凝土收缩而对压型钢板产生了一定的横向压力［图 *9.1b*)］。事实上，“摩擦式互锁”和“粘结”的区别在于，前者的抗剪强度是按*条款B.3.4* 中的规定进行了 5000 次循环荷载后确定的。 ***条款9.1.2.1(1)P***

机械式互锁的质量对板的局部微小变形高度或深度非常敏感，所以生产时必须通过现场的随机检查严格保证将上述变形控制在很小的范围内［*条款B.3.3(2)*］。

如***条款9.1.2.2(1)*** 中所述，这两种标准的互锁形式有时不足以提供完全的抗剪连接。如*图9.1* 所示，它们可以通过在每块板的两端将其锚固而增大其抗剪能力，或者按部分抗剪连接进行设计。 ***条款9.1.2.2(1)***

从这两个条款来看，在 EN 1994-1-1 中段落(1)的疏忽是一个书写错误，今后将会更正。（译者注：EN 1994-1-1：2004 中这两个条款并没有遗漏或已更正。）

9.2　构造规定

条款9.2.1(1)P
条款9.2.1(2)P

在**条款9.2.1(1)P**和**条款9.2.1(2)P**中所给出的厚度限值是基于楼板采用这些尺寸时的满意度体验。在存在小的顶部肋板的情况下,条款关于如何理解"顶部肋板主平面"这一概念没有说明清楚。如果给定的板厚限值与梁托高度有关(上述条款*6.6.4*的说明与此相关),那么混凝土板厚度可能太薄,无法满足栓钉连接件和板内钢筋的构造要求。

没有限制压型钢板的高度,其最小高度由挠度控制。作为与梁共同组合作用的板,其最小高度应考虑栓钉连接件的构造要求而适当增加[条款*9.2.1(2)P*],例如,应考虑栓钉长度必须高出压型钢板顶面,还要考虑混凝土保护层厚度。做隔板用的板也采用类似方法处理。

条款9.2.1(4)

当板跨过组合梁的负弯矩区时,其沿跨度方向的横向最小配筋受梁翼缘设计规定控制,即表7.1,而不是由**条款9.2.1(4)**中给出的最低配筋数量决定。

条款9.2.3

最小支承长度(**条款9.2.3**)是基于已被认可的成功的工程实践。钢或混凝土构件上的支承长度与BS 5950-4(英国标准化协会,1994)中的相关规定一致。

9.3　作用和作用效应

压型钢板

条款9.3.1(2)P

当在压型钢板下设置支撑时[**条款9.3.1(2)P**],应考虑支撑面任何可预见的变形,将这些支撑设置在适当的位置。如果验算仅仅针对板由于局部屈曲或屈服而导致的弯矩重分配,那么必须考虑后续竣工后楼板的挠度检验;当然,对于支撑点部位的变形验算已不太可能是关键。

对于压型钢板上的荷载,条款*9.3.2(1)*参考了EN 1991-1-6(英国标准化协会,1991)中的条款4.11。对于工作人员和小型站点设备,条款4.11.1(3)建议了一个$1kN/mm^2$的分布荷载标准值。EN 1991-1-6的英国国家附件指出,这些荷载可以依据具体项目而定,并给出了推荐的最小取值。

EN 1991-1-1(英国标准化协会,2002)附录A建议,普通混凝土重度取$24kN/m^3$,普通钢筋混凝土可增加$1kN/m^3$,对于未硬化的钢筋混凝土可再增加$1kN/m^3$。

除自重外,EN 1991-1-6条款4.11.2规定在3m×3m的工作区域内还需施加10%混凝土重量的荷载q_k,但该值不应小于$0.75kN/m^2$(通常是控制情况)且不大于$1.5kN/m^2$,而在工作区以外施加的荷载则为$0.75kN/m^2$。该下限值相当于30mm厚的普通混凝土重量,这主要是考虑混凝土刚浇筑时可能出现的局部隆起现象。对于厚度超过0.6m的组合板,将由上限值控制,但这种情况不太可能在实际工程中出现。在施工期间避免超载的设计指南可以在其他地方获得(Rackham

等,2009)。

对于由携带小型站点设备的工作人员产生的施工荷载,EN 1991-1-6 条款 4.11.1(3)建议施加的施工荷载按 1.0kN/m^2 计。该荷载无论是作为上述 q_k 的替代还是增补,都要视施工工序具体情况而定。

EN 1990 表 A1.2(B)对承载能力极限状态下的分项系数给出了建议值,对于永久荷载取 1.35,对于可变荷载取 1.5。即使对于未硬化的混凝土,额外增加的 1kN/m^3 在严格意义上算不上永久荷载,但正如上述解释,对于全部混凝土,重度取 26kN/m^3,并考虑 1.35 的分项系数,这是合理的。

有时,为了加快施工进度,压型钢板并没有设置支撑,这时它会承担所有荷载。一般而言,这一情况会和对竣工楼板的变形验算一样,对该设计起控制作用。

对于正常使用极限状态,当混凝土硬化时,压型钢板的挠曲变形对于使用中楼板总变形的校核是非常重要的。此时不存在施工荷载和额外的堆砌荷载,所以变形仅来自永久荷载,且无需使用 EN 1991-1-6 表 A.1 中正常使用状态下的参数 ψ。

条款9.3.2(1)提到了"堆积"效应,***条款9.3.2(2)***给出了忽略其影响的条件。如果压型钢板连续跨越多个支撑点,则应按照最不利荷载分布对其进行检查。条款9.6(2)中对此有进一步讨论。 *条款9.3.2(1)* *条款9.3.2(2)*

组合板

组合板承载力由塑性理论或基于试验的经验系数确定,试验中的所有荷载均由组合截面承担[*条款B.3.3(6)*]。这就允许在承载能力极限状态下按照所有荷载进行设计验算[***条款9.3.3(2)***]。 *条款9.3.3(2)*

9.4 内力和弯矩分析

压型钢板

条款9.4.1(1)参考了 EN 1993-1-3(英国标准化协会,2006),后者没有给出轻型钢连续构件的整体分析指南。***条款9.4.1(2)***对临时支撑点处,和往常规定一样,不允许压型钢板利用塑性重分布,但不包括跨越一个跨度以上的钢板的支承点。在永久支承上随之产生的弯曲方向(曲线拱起)将与施工期间一致,而在临时支撑点上产生的弯曲方向将与施工期间相反。 *条款9.4.1(1)* *条款9.4.1(2)*

可以采用弹性整体分析,因为可以得到一个极限承载力的安全下限。对于分布荷载作用下的双跨板,采用均匀刚度计算得到的弹性弯矩通常在内部支座处最大,如图 9.1 所示。在这些区域中,由于部分横截面受压屈服而产生的刚度下降幅度最大,这将导致从支座到跨中产生弯矩重分布。1984 年的一份技术说明和 BS 5950-4(英国标准化协会,1994)条款 5.2 认为,重分布比例在 5% ~15% 之间。这表明,在缺乏试验支持的情况下,大致超过 10% 的重分布数据不应用于对设计极限荷载的分析。

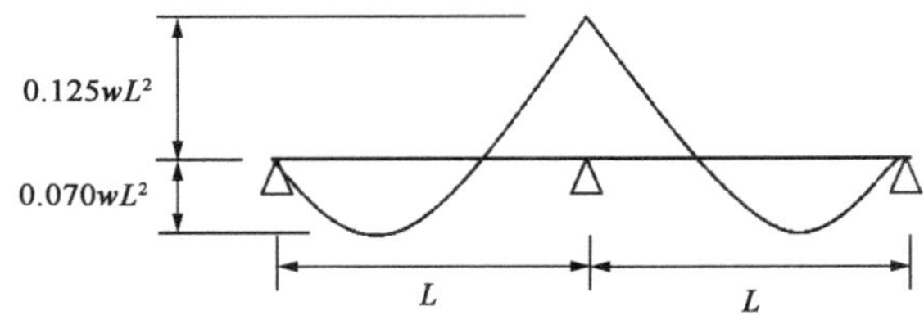

图9.1　均匀加载的双跨梁或板的弯矩;无重分布的弹性理论

由于重分布对挠度影响的不确定性,所以在分析正常使用荷载时也不应采用重分布方法。

组合板

由于钢板通常连续跨越一个以上的跨度,而且混凝土在连续钢板上是无缝浇筑,因此组合板实际上也是连续的。如果弹性整体分析是基于无开裂刚度,那么内部支座的最终弯矩会比较大,如图9.1的示例所示。要抵抗这些弯矩,可能需要大量的钢筋。这可以通过将板设计成一系列简支跨[*条款9.4.2(5)*]来避免,前提是裂缝宽度控制没有问题。减小负弯矩区所需钢筋数量的其他方法包括弯

条款9.4.2(3) 矩重分布法[***条款9.4.2(3)***]和塑性分析法[***条款9.4.2(4)***]。

条款9.4.2(4) 针对连续板的数值和试验研究结果已有报道(Stark 和 Brekelmans,1990)。采用典型的内支座和跨中弯矩承载力相对值可以发现,通过有限重分布的弹性分析计算得到的最大设计荷载小于通过将各跨视为简支情况下得到的最大设计荷载。这是因为正弯矩区处较大的截面抵抗力没有被充分利用。

如果将板视为连续的,则塑性分析更为有利。研究表明,在满足条款9.4.2(4)给定条件下,则无须检验转动能力。如果要考虑钢板对抵抗负弯矩的贡献,则设计人员需要在施工阶段考虑是否能够对钢板布置进行修改。

集中点荷载和线荷载的有效宽度

条款9.4.3 组合板承受砖墙或其他局部重载的能力是有限的。***条款9.4.3*** 规定的有效宽度 b_m、b_{em}和 b_{ev}在工程实际中很重要。它们是基于简化分析、试验数据和经验的组合(英国标准化协会,1994),并由 Johnson(2004)通过一个实例进行了深入讨论。有效宽度取决于板的纵向和横向弯曲刚度比值。组合板的性质使其有效宽度比实心钢筋混凝土板的有效宽度要小。

条款9.4.3(2) ***条款9.4.3(2)***中关于板的有效宽度的规定与板底部钢筋的位置有关。因此,公式(*9.1*)中的高度 h_c应基于板的总高度 h_{pg}。

条款9.4.3(5) 对于7.5kN 的点荷载,***条款9.4.3(5)***中给出的名义横向钢筋要求并不充足,并且不应用于*条款9.1.1(3)P* 中所指的“大量重复”荷载情况。

9.5-9.6　作为模板的压型钢板验算

条款9.5(1) 在确定组合作用之前的设计检查是依据 EN 1993-1-3 执行的。***条款9.5(1)***中涉及有效截面的损失(即减小),这主要是由于钢板的严重变形引起的。这种损失

和对局部屈曲的影响在理论上都是很难确定的。制造商提供的设计建议部分来源于相关板材的加载试验结果。数据应包括板的名义横截面面积（A_p）以及截面弹性和塑性中性轴位置，在图 9.6 中分别用 e 和 e_p 表示。

板的有效横截面面积 A_{pe} 略小于 A_p，因为横截面上的压痕部分会（用于改善抗剪能力）降低截面刚度和纵向抵抗力。*条款 9.7.4* 中的计算需要上述全部 4 个特性。

在***条款 9.6（2）***的注释中，最大挠度 $L/180$ 与实际吻合良好。这被英国国家附件中提供的挠度最大上限值所证实：当“堆积”效应可忽略时［见*条款 9.3.2（2）*］，最大上限值取 20mm；不可忽略时，取 30mm。 *条款 9.6（2）*

9.7　组合板承载能力极限状态验算

9.7.1　设计准则

无须说明。

9.7.2　受弯

条款 9.7.2 中的规定是基于 Stark 和 Brekelmans（1990）的研究报告。***条款 9.7.2（3）***规定，除非试验另有说明，否则在计算截面特性时应忽略钢板的变形区域（即压痕部位）。标准没有提供相关试验的指导。试验结果还会受到压型钢板平板区局部屈曲的影响，以及冷弯角部处屈服强度增强的影响。 *条款 9.7.2（3）*

对于受正弯矩的组合板，可以在剪跨区足够长或者有充分端部锚固的情况下进行试验，试验呈现弯曲破坏模式。如果已知材料的强度，那么在受拉时，板的有效面积可以由所承受的弯矩计算得到。有时也通过将 A_p 减少一半的压痕面积来估算。

对于受负弯矩的组合板，由于压型钢板可能不是连续的，所以钢板的贡献通常被忽略。在钢板连续的情况下，由于受拉钢筋的面积通常比钢板有效面积小，因此对后者的保守估算（例如排除压痕面积）可能只会稍微降低计算所得的抗弯承载力。或者，也可以使用仅对钢板进行弯曲试验所得值。连续组合板负弯矩区域的试验已有报道（Guo 和 Bailey，2007）。

在***条款 9.7.2（4）***中关于局部屈曲的有效宽度考虑了混凝土对钢板一侧提供的约束。 *条款 9.7.2（4）*

组合板的抗弯承载力计算是基于矩形应力分布模式［***条款 9.7.2（5）***～*条款 9.7.2（7）*］。在钢筋混凝土梁的设计中，混凝土的压应变是被限制的，以防止混凝土在钢筋屈服之前过早被压碎。组合板中没有类似的限制。在欧洲，压型钢板的设计屈服强度通常在 280～420N/mm^2 之间（低于钢筋强度），并且组合板的抗弯承载力对混凝土的过早压碎不太敏感。然而，使用强度更大的钢板可能会产生问题，比如在澳大利亚。 *条款 9.7.2（5）*

对于混凝土应力，考虑了 0.85 的折减系数，*条款 3.1（1）*对此进行了讨论。

条款9.7.2 的起草过度依赖于*图9.5* 和*图9.6*,这两个图中并没有显示出目前许多钢板具有的顶部小肋。压型板高度 h_p 被净高度 h_{pn} 和总高度 h_{pg} 替代,如*条款6.6.4* 的说明所述。

假设高度 x_{pl}(*图9.5*)由下式计算得到:

$$0.85x_{pl}bf_{cd}=A_{pe}f_{yp,d}$$

式中,A_{pe}是宽度为 b 的板的有效面积。

如果 $x_{pl}\leqslant h-h_{pg}$,*条款9.7.2(5)* 和*图9.5* 适用。

条款9.7.2(6) 如果 $x_{pl}>h-h_{pn}$,***条款9.7.2(6)*** 适用。如果顶部肋较"小"(见*条款6.6.4* 的说明),x_{pl}可以用 h_c($=h-h_{pn}$)代替;否则,应使用 h_c($=h-h_{pg}$)。在这两种情况中,计算塑性中性轴位置均比较复杂。建议使用*条款9.7.2(6)* 中的简化公式(9.5)和公式(9.6)。

当深度 x_{pl}小于顶部肋高度时,则使用上述任何方案都是足够准确的。

简化公式的推导是有案可查的(Stark 和 Brekelmans,1990)。公式(9.6)给出了压型钢板的抗弯承载力 M_{pr},通过轴向压力 N_{cf}将其折减到塑性抗弯承载力 M_{pa}以下。如果 x_{pl}小于 h_c,那么 $N_{cf}=A_{pe}f_{yp,d}$,并且压型钢板完全塑性受拉,因此 $M_{pr}=0$。如果 x_{pl}超过 h_c,则如上所述将其取为 h_c,此时压型钢板中存在部分受压,由公式(9.6)可知 $M_{pr}>0$,其限值 $\leqslant M_{pa}$,只有当 N_{cf} 被 N_c 取代时才有意义,如*条款9.7.3* 所述。

公式(9.5)给出了一个近似力臂:当塑性中性轴位于无顶部小肋的上翼缘边缘时是准确的;但当 $x_{pl}<h_c$时,该力臂偏保守,而这种情况比较常见。槽内受压混凝土忽略不计。如*图9.6* 所示,完全剪力连接件的抗弯承载力为:

$$M_{Rd}=M_{pr}+N_{c,f}z$$

当一个组合板由次梁支撑时,其部分可能位于主梁的有效宽度之内。其跨度方向是平行的。因此,在设计中必须注意避免某一区域的混凝土板同时作为主梁和组合板的受压翼缘。*条款9.7.2* 没有提及这一点。

条款9.7.2 的全部内容均是针对具有完全剪力连接件的组合板,这在实际中

条款9.7.3 不常见,它为***条款9.7.3*** 提供了起点。

9.7.3 无端部锚固板的纵向受剪

组合板纵向受剪设计是基于试验结果。规范中的这些内容是一个妥协结果,它既要考虑许多相关参数之间的相互作用,同时还要在一定程度上控制试验成本,以便新的压型钢板被使用。*条款B.3* 中给出了组合板的试验要求,本指南

条款9.7.3(2) 第11章中对其进行了说明。这些试验适用于***条款9.7.3(2)*** 中任何一种计算纵向抗剪承载力设计值的方法。

m-k 方法和已有的试验

很早以前,人们就建立了一种基于试验的"*m-k* 方法"。由于缺乏分析模型,特别是对于那些具有"非延性"性能的板,用这种方法很难预测试验条件变化而产

生的影响。附录 B 中给出了具备延性性能的模型。EN 1994-1-1 中也包含了一种改进的 *m-k* 试验方法，可为早期实践提供延续性；但是根据 BS 5950-4（英国标准化协会，1994）等标准确定的 *m* 和 *k* 的值不能用于 EN 1994-1-1 设计，如条款*B.3.5* 解释所述。在具备充足试验数据的前提下，将上述 *m*、*k* 值转换为符合 EN 1994 要求的设计所需值也是有可能的（Johnson，2006）。

欧洲建筑钢结构公约（ECCS 工作组 7.6，1998）的一项研究发现，所使用的试验方法之间存在许多不同之处。*m-k* 方法和部分连接方法间的相互转换是困难的，并且所得到的使用范围值可能是不确定的。更多的细节在例 11.1 和例 11.2 中给出。

对于 *m-k* 方法，条款*9.7.3(4)* 中依据竖向剪力（因为 *m* 和 *k* 也是依据其进行定义的）给出了纵向抗剪承载力。如图 9.2 所示，剪切粘结失效是以距支座 1/4 ~ 1/3 板跨之间的板上形成主裂缝为特征。即从该点到板端的 *AC* 长度上，混凝土和钢板之间发生了明显滑移，所以可以在该长度上进行纵向抗剪。

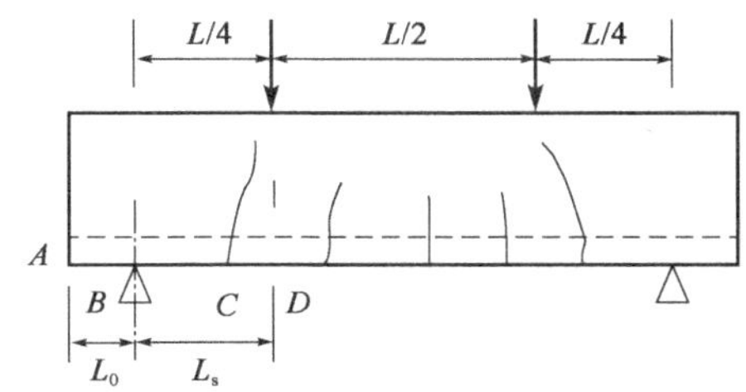

图 9.2　两点加载下组合板的剪力跨

对于纵向剪切分项系数 γ_{VS}，推荐值为 1.25，这已在英国国家附件中得到确认。**条款*9.7.3(4)*** 的注释 3 提到了钢板的名义横截面及其被用于评估 *m* 和 *k* 值的情况。*附录B* 中计算抗剪承载力时通常采用有效截面。原则上，在确定抗剪承载力和使用该抗力的设计计算中应使用相同的横截面面积，但是，与抗剪试验中结果的离散性相比，使用错误的面积产生的误差是比较小的，因此这是允许的。　**条款*9.7.3(4)***

图 9.2 中 *C* 点的位置是未知的，并且施加荷载和支承的有限作用宽度（沿跨度方向）更为复杂。*m-k* 方法中所使用的“剪切跨度” L_s 的定义见**条款*9.7.3(5)***，其给出了常用荷载布置情况下的取值规定。对于图 9.2 中的两点加载，L_s 为 *BD* 的长度。对于部分相互作用方法，平均剪切强度 τ_u［条款*B.3.6(3)*］计算是基于长度 $L_s + L_0$。　**条款*9.7.3(5)***

在条款*9.7.3(3)* 和条款*9.7.3(5)* 中，*L* 为简支梁试件的跨度。在**条款*9.7.3(6)*** 中，“等效均跨”是指支座间长度为 *L* 的一个连续跨内反弯点之间的近似长度，并用其替代条款*9.7.3(5)* 中的 *L*。　**条款*9.7.3(6)***

部分剪力连接方法

为了避免突然失效的风险，压型钢板应在纵向受剪时表现出延性性能。对于平钢板，极限抗剪承载力并不比产生初始滑移时的荷载大太多。这种性能在条款*9.7.3(3)* 中被视为非“延性”，在条款*B.3.5(1)* 中被称为“脆性”。部分剪力连接方法并不适用于具有这种性能的板[*条款9.7.3(2)*],而 m-k 方法可能仍适用,但需附加一个1.25的分项安全系数,在*条款B.3.5(1)*中用折减系数0.8来表示。

对于断面具有诸如凸起之类变形的型材,期望的极限性能包括了初始滑移后的摩擦式和机械式互锁组合行为,所给定的荷载和挠度关系应满足*条款9.7.3(3)*中的"延性"定义。

由于上述原因,m-k 方法不应在新工程中使用。现在解释部分连接方法的基础。

条款9.7.3(7)　假设设计数据是通过***条款9.7.3(7)***~*条款9.7.3(10)*的部分连接方法试验结果确定的。现在给出的分析模型与组合梁的分析模型相似(*条款6.2.1.3*),并已通过足尺试验对板进行了验证(Bode 和 Storck,1990;Bode 和 Sauerborn,1991)。其用于例11.2中。

条款9.7.3(8)　遗憾的是,***条款9.7.3(8)***参考了*条款9.7.3(6)*,而不是重述其公式。*条款9.7.3*中的符号代表标准值或设计值。当使用*附录B*时,这可能会引起混淆。因为两者都不是试验的结果:它们是统计过程的输入数据。例如,设计中高度 x_{pl} 是使用乘以系数后的混凝土强度计算的,但在处理试验数据时则并不这样做。这在第11章中还有进一步的说明。

假定距离最近支座 L_{x} 处的横截面处发生弯曲破坏,假设宽度 b 的板上压力 N_{c} 可以由下式[公式(9.8)]给出:

$$N_{\mathrm{c}} = \tau_{\mathrm{u,Rd}} b L_{\mathrm{x}} \tag{D9.1}$$

其中,抗剪强度设计值 $\tau_{\mathrm{u,Rd}}$ 由试验获得,见*条款B.3*。它的推导考虑了钢板横截面的周长与其总宽度 b 的差值。根据其在公式(9.8)中的定义,N_{c} 不能超过完全相互作用的 $N_{\mathrm{c,f}}$。因此,有两个中性轴,其中一个是在压型钢板内。

在*条款B.3.6(2)*中,剪力连接程度定义为:

$$\eta = N_{\mathrm{c}}/N_{\mathrm{c,f}} \tag{D9.2}$$

对于给定的 η,用于计算部分相互作用的抗弯承载力 M_{Rd} 的纵向力都是已知的,但是在组合梁中采用该部分相互作用方法来计算抗弯承载力却是困难的。板中纵向力的作用线(如图11.5所示)取决于其横截面的复杂几何形状。

在*条款9.7.3(8)*中给出了一种简化方法。它使用了*条款9.7.2(6)*中公式(9.5),其中 $N_{\mathrm{c,f}}$ 由 $N_{\mathrm{c}}(=\eta N_{\mathrm{c,f}})$ 代替,$0.5h_{\mathrm{c}}$ 由 $0.5x_{\mathrm{pl}}$ 代替,以确定力臂 z:

$$z = h - 0.5x_{\mathrm{pl}} - e_{\mathrm{p}} + (e_{\mathrm{p}} - e)\eta N_{\mathrm{c,f}}/(A_{\mathrm{pa}} f_{\mathrm{yp,d}}) \tag{9.9}$$

这些变化的原因是,当 x_{pl} 比 h_{c} 小很多时,公式(9.5)给出的 M_{Rd} 值会过低,因为它假设板中力 N_{c} 的作用线在 $h_{\mathrm{c}}/2$ 的高度处。

在 EN 1994-1-1 中,未明确公式(9.9)中的符号 x_{pl} 是表示完全相互作用值还是表示折减值,其在本指南中表示为 ηx_{pl}。折减值与所使用的模型对应,可以得到更大的 z 值,因此建议使用折减值。混凝土应力块的折减高度很可能位于板所有顶部肋的上面。如果不是这种情况,则可参见*条款9.7.2(5)*和*条款9.7.2(6)*中关于钢板高度的说明,其与此有关。

当 η 从 0 增加到 1 时,公式(9.9)中最后两项的值从 $-e_p$ 增加到 $-e$。当 $\eta=0$ 时,假设板具有塑性铰,因此 e_p 是正确的厚度。当 $\eta=1$ 时,整个板处于受拉屈服状态。该力作用在其区域中心,距底部距离为 e。

通常,在压型钢板中,$e_p-e \ll z$。为简单起见,可以假设压型钢板上的力 N_c 作用于其底部纤维上方的 e_p 高度处,此时产生的力臂在 $\eta \to 0$ 时是准确的,而对于 $\eta<1$ 时则偏低。

通过这些修正之后,公式(9.9)变为:

$$z=h-0.5\eta x_{pl}-e_p \tag{D9.3}$$

基于*条款 9.7.3(8)*,将公式(9.6)修改为:

$$M_{pr}=1.25M_{pa}[1-(N_c/A_{pa}f_{yp,d})]=1.25M_{pa}(1-\eta)\leq M_{pa} \tag{D9.4}$$

条款 9.7.3 中未说明的板的抗弯承载力 M_{Rd} 可以从*图 9.6*(以及本指南中的图 11.5)中推导出来,即:

$$M_{Rd}=M_{pr}+N_c z \tag{D9.5}$$

对于从试验中得到的值 $\tau_{u,Rd}$ 及距离较近端部支座的任何假定距离 L_x,可以依次从公式(D9.1)~公式(D9.5)算得 N_c、η、z、M_{pr} 和 M_{Rd}。因此,在纵向剪切破坏的基础上,可得到跨内位置与抗弯承载力 M_{Rd} 相关曲线。它的上限是*条款 9.7.2* 中给出的完全相互作用的抗弯承载力 M_{Rd}。如例 9.1 和图 9.5 所示,如果 M_{Ed} 对应的曲线不超过 M_{Rd} 曲线,则纵向剪力是符合设计要求的。

在试验中,相邻端支座反力引起的摩擦增加了纵向剪切抗力。如果在计算 $\tau_{u,Rd}$ 时考虑这种情况,如*条款 B.3.6(3)* 可选项,则可以获得较小值,***条款 9.7.3(9)*** 提供了补偿方法,即在设计结构中附加考虑了同等效应 μR_{Ed} 对所需抗剪承载力的贡献。摩擦系数建议值 μ 是根据试验得出的。 ***条款 9.7.3(9)***

附加钢筋

可以在压型钢板的凹槽中设置附加钢筋,并且在采用部分连接方法计算板的抗力时可以考虑这部分钢筋的作用[***条款 9.7.3(10)***]。 ***条款 9.7.3(10)***

分析模型中假设总抗力是由混凝土与钢板和钢筋的组合作用决定的,而钢筋混凝土则由横截面的塑性分析决定。如前所述,$\tau_{u,Rd}$ 的值是通过对没有附加钢筋的试件进行试验得到的[*条款 B.3.2(7)*]。

该模型可用于板的弯曲破坏,但对其用于预测纵向抗剪承载力的能力有如下疑问。

例如,假设在图 9.4a)中所示的横截面上的每根顶部肋板之间都有一根直径 12mm 的纵向钢筋,且在板中位于同一高度。假设 $\tau_{u,Rd}$ 使得在长度 L_x 上发生剪切破坏,此时 $\eta<1$。在距离支座 L_x 处,板的顶部肋板将处于受压状态。计算抗弯承载力时,应假设在相同位置的钢筋应力是多少?假设其处于受拉屈服状态,则意味着滑移应变较大。

对这一课题的研究正在进行中,到目前为止,上述模型已得到验证。在目前的实践中,附加钢筋用于增强抗火能力,在常温下通常不考虑它们对抗剪承载力的贡献。它们对挠度会产生有利的影响。

如果采用 *m-k* 方法,槽内钢筋将是一个额外的变量,这将需要增加一系列的单独试验[*条款B.3.1(3)*],并基于实测钢筋强度进行评估。

在薄楼板系统中使用较深的压型钢板,有时会将钢筋放在槽底附近用于增加其抗弯和防火能力。

9.7.4 端部锚固的板纵向受剪

条款9.7.4

条款9.7.4 提到了*条款9.1.2.1* 中定义的两种端部锚固类型。栓钉提供的锚固是延性的。这比通过利用凹槽板肋变形提供的锚固更优,因为后者有可能出现混凝土压实性较差的情况。

条款9.7.4(2)
条款9.7.4(3)

在部分连接法中,锚固力作为总力 N_c 的一部分[***条款9.7.4(2)***]。对于贯穿焊接板的栓钉,可按***条款9.7.4(3)*** 的规定计算。该模型是基于焊环从钢板端部拉出失效模式(见*条款6.6.6.4* 中的说明)。目前尚不清楚应如何确定端部肋板变形这种端部锚固的贡献,因为试验试件中没有使用该种端部锚固[*条款B.3.2(7)*]。

在钢板翼缘的两侧都存在锚固力的情况下,翼缘和钢板对贯穿钢梁的拉力提供了持续的抗力。这些抗力的部分或全部可以被视为与横向钢筋等效[*条款6.6.6.4(5)*],但该部分必须从其对 N_c 的贡献中扣除。抗力 $P_{pb,Rd}$ 不能同时用于两种目的。

用作板端部锚固的栓钉也能抵抗来自梁的纵向剪力。它们是双轴受载,因此*条款6.6.4.3(1)* 适用。现在对所需检查的内容进行汇总。

如图 6.31 所示,栓钉位于横向板的槽中。其在槽内的抗剪承载力为 $k_l P_{Rd}$ 和 $k_t P_{Rd}$(*条款6.6.4*),由公式(*6.18*)可知其栓杆抗剪承载力为:

$$P_{s,Rd} = (0.8 f_u \pi d^2/4)/\gamma_V$$

钢板的承载力(*条款9.7.4*)$P_{pb,Rd}$ 将低于栓钉的抗力。

设计人员希望按如下进行抗力的分配:

- N_1 在横向上用于板的端部锚固;
- N_2 是横向钢筋受力的一部分;
- N_3 是组合梁上栓钉的纵向剪切力。

为 $N_1 \sim N_3$ 选择的值应满足三个条件。对于钢板:

$$N_1 + N_2 \leqslant P_{pb,Rd}$$

针对板与梁之间的栓杆破坏,应满足:

$$N_2^2 + N_3^2 \leqslant P_{s,Rd}^2$$

针对槽内栓钉破坏,应满足:

$$(N_1/k_l P_{Rd})^2 + (N_3/k_t P_{Rd})^2 \leqslant 1$$

对于 *m-k* 方法,任何一种类型的端部锚固(栓钉或变形肋)都宜包含在试验试件中,但每一种类型都是一个附加变量[*条款B.3.1(3)*],需要单独的系列试验。

9.7.5 竖向受剪

条款9.7.5 参考了 EN 1992-1-1，其竖向抗剪承载力取决于截面的有效高度 d。在组合板中，钢板类似于钢筋，d 是到压型钢板形心的距离 d_p，如图 9.5 所示。 *条款9.7.5*

在 EN 1992 中，假定提供抗剪贡献的钢筋锚固在所考虑的横截面之外。因此，在支撑梁上既不连续也未锚固的板不应被假定为可有效抵抗竖向剪力。

9.7.6 冲切受剪

如 EN 1992-1-1 中所使用的那样，冲切受剪的临界周长［*条款9.7.6(1)*］具有圆角。它比 BS 5950-4 中使用的矩形周长短。它以平行于肋的方向以 45°角向钢板形心扩散为基础，但在刚度较弱的横向上只扩散到钢板顶部。 *条款9.7.6(1)*

EN 1992-1-1 中条款 6.4.4 将抗剪承载力以应力的形式给出，因此需要知道该应力假定作用的板厚。对于混凝土板，可取每个方向上合适的有效厚度。而对于组合板，则没有给出。BS 5950-4（英国标准化协会，1994）取压型钢板顶部上方混凝土两个方向上的有效厚度，与 BS 8110（英国标准化协会，1997）一起使用。对于具有顶部肋板及厚度 h_{pn} 和 h_{pg} 的薄板（在*条款6.6.4* 的评述中有解释），最简单的方法是将两个方向的有效厚度取为 $h-h_{pg}$。也可以给出充分理由在平行于肋的方向上使用 $h-h_{pn}$，但作者尚未发现支撑证据。

应始终检查叉车轮压的冲切受剪。板可能需要额外的钢筋（钢结构协会，2011）。

9.8 组合板正常使用极限状态验算

9.8.1 混凝土开裂

条款9.8.1(1) 参考了 EN 1992-1-1，其中，由条款 7.3.1(4) 可知，"只要不影响结构的功能，就允许裂缝存在，无须控制它们的宽度。" *条款9.8.1(1)*

对于这种情况，在内部支座上的组合板最小配筋规定［*条款9.8.1(2)*］与*条款7.4.1(4)* 中梁的规定相同，其中给出了进一步的说明。通常应控制移动荷载作用下支座处板的裂缝宽度。EN 1992-1-1 给出的方法是适用的，其忽略了钢板的存在。 *条款9.8.1(2)*

本条款中"肋板之上的混凝土面积"应基于厚度 $h-h_{pn}$，这在*条款6.6.4* 的说明中进行了解释。

9.8.2 挠度

条款9.8.2(1) 参考了 EN 1990，其中列出了变形验算的基本准则。 *条款9.8.2(1)*

施工阶段

对于施工，*条款9.8.2(2)* 参考了 EN 1993-1-3，其中条款 7.3(2) 规定应采用 *条款9.8.2(2)*

弹性理论,并采用荷载标准组合[条款7.1(3)]。这相当于一个“不可逆”极限状态,它适用于竣工后楼板自重引起的钢板变形。此处假设当混凝土硬化时,施加在板上的荷载可以忽略不计,施工荷载引起的剩余挠度也应忽略不计;但如果作出这种假设,则应基于相关经验。

施工荷载的预测也是十分困难的。如果有疑问,此时的钢板挠度应由标准组合来确定,即使在可逆变形中允许少见的不利频遇组合情况下亦如此。

EN 1993-1-3 条款7.3(4)参考了EN 1993-1-1 中的条款7.2,该条款规定对竖向挠度的限制“应达成一致”,并宜在国家附件中阐明。英国国家附件给出了可变荷载标准值引起的挠度“建议限值”。对于承载脆性饰面的梁,该值为跨度的1/360;对于其他梁,该值为跨度的1/200。这些比值对于支撑湿混凝土的钢板是不可靠的,因为要加上包括支承梁挠度在内的其他挠度。进一步的说明见*条款9.3.2*,以及例7.1和例9.1。

组合板

条款9.8.2(3)

对于组合构件,***条款9.8.2(3)***所指的是第5章中的整体分析,其中对连续梁的说明是适用的。支撑构件抗扭刚度对板弯曲的约束通常被忽略,但是可能会出现导致开裂的情况。

条款9.8.2(4)

条款9.8.2(4)中的规定允许在满足两个条件的情况下忽略挠度的计算。第一个条件是EN 1992-1-1 中给出的跨度与有效高度之比的限值。对于简支板,该值为20,对于连续板的外跨是26,对于内跨是30。有效高度按*条款9.7.5*给出的说明。

条款9.8.2(6)

第二个条件[***条款9.8.2(6)***]仅适用于外跨。这可能包括未提及的简支跨。它与试验中发现的初始滑移荷载有关,而设计人员可能无法获得这些信息。试验中使用两点加载,因此“设计使用荷载”必须转换为点荷载。这可以通过假设每个点荷载等于使用荷载作用下简支跨支反力来完成。

制造商开展的试验或许能确定板的剪切性能是否符合*条款9.7.3(3)*要求的延性,但在*条款9.8.2(6)*中要求在测量端部滑移量达到0.5mm时的荷载值,但其可能没有进行。测量值的变化很大,大致取在纵向剪切破坏发生时所有型材试验的平均值。

如果试验中的初始滑移荷载低于*条款9.8.2(6)*中规定的限值,则在*条款9.8.2(7)*中提供了一个选择。任何滑移都应被允许,这说明可以从试验结果估计变形;或“应提供端部锚固”。关于需要多少端部锚固,指南中没有给出。其有效性可以通过*m-k*方法的试验和分析或通过分析估计验证。*条款B.3.2(7)*不允许在部分连接方法的试验中使用端部锚固来确定纵向抗剪承载力。

系杆-拱模型

条款9.8.2(8)

条款9.8.2(8)所列的情况只可能出现在以下几种情况:

- 大部分剪力连接由焊接栓钉提供;
- 其数量根据*条款9.7.4*计算确定;

■ 没有可用的试验数据。

如果端部锚固由变形的肋提供，则试验验证是必要的，并且滑移特性将是已知的。

在所提出的系杆-拱模型中，整个剪力连接由端部锚固提供。准确计算挠度是十分困难的，但是拱很薄，所以可以使用以下简化方法。

图 9.3a）所示的系杆由钢板有效面积组成。线 AB 表示其形心。拱肋的厚度 h_c 必须使得在相关弯矩作用下，其跨中处的压应力不会过大。因为假定的厚度 h_c 和力臂 h_a 之间存在相互影响，因此需要稍微试算一下。现在已知跨中的纵向力，在适当考虑徐变的情况下，可以得到混凝土和钢构件中的应变 ε_c 和 ε_t。在图 9.3b）中，曲线 CB 代表拱肋。L/h_a 的比例不可能小于 20，因此曲线长度和弦长 CB 都可以取为 $L/2$，并且：

$\mathrm{cosec}\alpha \approx \cot\alpha = L/(2h_a)$

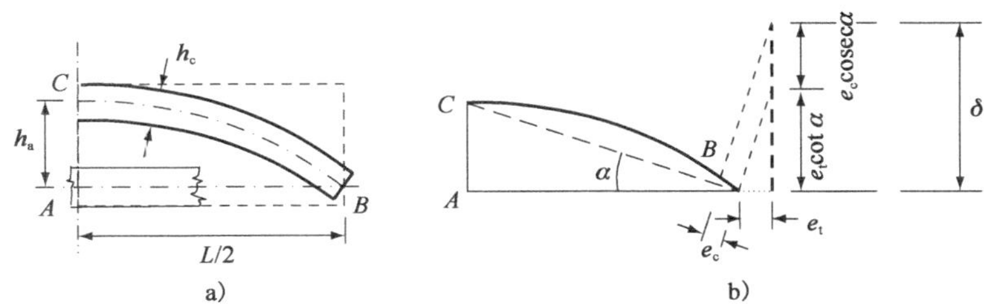

图 9.3　端部锚固的组合板挠曲下的系杆-拱模型

如图所示，构件的长度变化为：

$e_t = \varepsilon_t L/2$

$e_c = \varepsilon_c L/2$

因此，变形 δ 由下列公式得出：

$$\delta/L = (\varepsilon_t + \varepsilon_c)[L/(4h_a)] \tag{D9.6}$$

两个应变均为正应变。

这种方法可能过于保守。拱的缩短，包括徐变，通常远远超过压型板的伸长，因此，即使这导致了角度 α 的减小，也应该假设一个较低的压应力状态。例 9.1 中的一个简支组合板提供了示例说明，其跨度为 2.93m，假设混凝土中的压应力为 3.5N/mm²，其造成了 14mm 变形——远大于后来发现的 4.4mm。

总的来说，条款 *9.8.2* 的规定很难满足。设计人员需要压型钢板制造商提供信息，但这些信息可能无法获得并且需要说明，就像试验也只能在工程实践中使用的少数系列尺寸、材料等中重复一样。

例9.1:双跨连续组合板

数据

该组合板的几何构造如图9.4a)所示。使用在第6章和第7章中的双跨梁实例中的混凝土和钢筋特性,关于它们的进一步信息见第6章和第7章。支撑的组合梁间距不同,采用的是3.0m而不是2.5m。其上翼缘宽度为190mm。

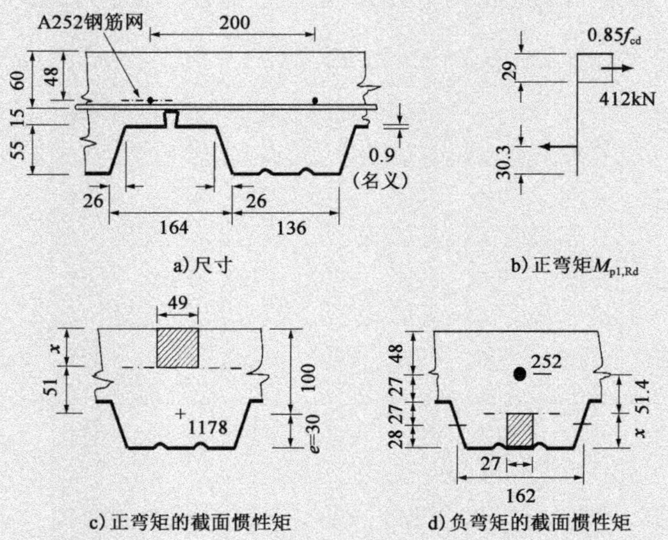

图9.4 组合板

假设压型钢板的横截面满足*条款9.1.1*中"窄间距腹板"的条件。根据*条款9.1.2.1a*)的规定,截面通过凸痕提供抗剪连接。

*条款1.6*中对存在顶肋钢板关于垂直尺寸的定义不够精确,如图9.4所示,h_c是"板顶肋主平面上方的混凝土厚度",并且h_p是压型钢板的"总厚度"。在本指南中,h_p由h_{pn}(图9.4中的55mm)和h_{pg}(70mm)代替。这里的总厚度为130mm,厚度h_c为60mm或75mm,具体值取决于验算要求。对于横向压型钢板,当梁弯曲和板面内受剪时,$h_c=60$mm,但当板受弯时,可取75mm,因为这些顶部肋"很小","很小"的概念在*条款6.6.4*的说明中有定义。

此处使用的一些设计数据来自相关制造商的产品手册。

为简便起见,假设在支承梁上方的钢筋(其影响负弯矩作用下组合板特性)不少于例6.7中双跨梁上的钢筋,如下:

■ 在梁承受负弯矩的区域,钢筋的用量由侧向扭转屈曲抗力决定:$A_s=565\text{mm}^2/\text{m}$(钢筋直径为12mm,间距为200mm);

■ 在其他区域,由纵向抗剪承载力决定:$A_s \geq 213\text{mm}^2/\text{m}$。

假设提供A252钢筋网($A_s=252\text{mm}^2/\text{m}$),搁置在钢板上。两个方向均为8mm直径钢筋以200mm间距分布。

这些细节满足*条款9.2.1*中的所有要求。

首先,必须作出影响组合板验证的两个假设:

■ 施工中是否有支撑;

■ 模拟的各跨是简支还是连续。

此处,将尽可能地假设在施工中无支撑。提供6m长的压型钢板,因此没有一个3m跨在两端都是连续的。对于9m宽的建筑物,也可以使用3m跨度的板,因此将考虑一些边跨情况。

对组合板进行的一些设计验算通常可以以较大的余量满足要求。通过一些保守的假设,在此可以将验算进行简化。

材料和压型钢板的特性

■ 轻质混凝土:等级 LC25/28,$\rho \leqslant 1800\text{kg/m}^3$,$0.85f_{cd}=14.2\text{N/mm}^2$,$E_{lctm}=20.7\text{kN/mm}^2$,$n_0=10.1$,$f_{lctm}=2.32\text{N/mm}^2$。

■ 对所有加载,通过 $n=20.2$ 考虑徐变[*条款5.4.2.2(11)*]。

■ 钢筋:$f_{sk}=500\text{N/mm}^2$,$f_{sd}=435\text{N/mm}^2$。

■ 压型钢板:包括镀锌层的名义厚度为0.9mm;裸金属净厚度为0.86mm;面积 $A_p=1178\text{mm}^2/\text{m}$;重量 $=0.10\text{kN/m}^2$;截面惯性矩 $10^{-6}I_{y,p}=0.548\text{mm}^4/\text{m}$;塑性中和轴 $e_p=33\text{mm}$(符号见*图9.6*);截面形心 $e=30.3\text{mm}$;$E_a=210\text{kN/mm}^2$;屈服强度 $f_{yk,p}=350\text{N/mm}^2$,$\gamma_{M,p}=1.0$;正、负弯矩作用下的塑性抗弯承载力 $M_{pa}=6.18\text{kNm/m}$,假设该值考虑了凸痕的影响[*条款9.5(1)*]。

■ 组合板:130mm 厚,混凝土用量为 $0.105\text{m}^3/\text{m}^2$。

压型钢板加载

根据 EN 1992-1-1 条款 11.3.1(2),钢筋混凝土的设计密度为 1950kg/m^3,假设其中包括了薄板,则板的恒载是:

$g_{k1}=1.95\times 9.81\times 0.105=2.01\text{kN/m}^2$

由 EN 1991-1-6(英国标准化协会,1991)条款 4.11.1(7)的注释 2 可知:对于新拌混凝土,重度宜增加 1kN/m^3,因此,板上的初始荷载为:

$g_{k1}=2.01\times 20.5/19.5=2.11\text{kN/m}^2$

混凝土浇注过程中的施工荷载,包括"局部堆积",已在*条款9.3.2(1)*的说明中解释。此处假设所有施工阶段的施工荷载 $q_k=1.0\text{kN/m}^2$。

组合板的加载

■ 板饰面(永久):$g_{k2}=0.48\text{kN/m}^2$;

■ 可变荷载(包括隔墙、服务设施等):$q_k=7.0\text{kN/m}^2$。

表 9.1 总结了组合板单位面积的荷载,取 $\gamma_{F,g}=1.35$,$\gamma_{F,q}=1.5$。

组合板单位面积荷载(kN/m^2) 表9.1

荷载类型	最大标准值	最小标准值	最大极限值	最小极限值
混凝土浇注时:				
钢板和混凝土板	2.11	0.10	2.85	0.13
施加的荷载	1.00	0	1.50	0
总计	3.11	0.10	4.35	0.13
对于组合板:				
板和饰面完成	2.01 +0.48	2.49	3.36	3.36
施加荷载	7.00	0	10.5	0
总计	9.49	2.49	13.9	3.36
完工后组合板的变形(频遇值)	0.7×7×0.48 =5.38	0.48	NA	NA
NA 表示不适用				

压型钢板的验证

承载能力极限状态。由*条款9.2.3(2)*可知,压型钢板在钢上翼缘上的最小支承宽度为50mm。假设有效支点在支承宽度中心,且钢梁翼缘宽度为190mm,则简支跨的有效长度是:

$$3.0-0.19+0.05=2.86\text{m}$$

因此:

$$M_{Ed}=4.35\times2.86^2/8=4.45\text{kNm/m}$$

这仅为板的抗弯承载力 M_{pa} 的72%,因此无需考虑连续板中的弯矩,或检查*条款9.4.2.1(1)(b)*中的转动能力。

排除连续性的影响,对于竖向剪力:

$$V_{Ed}=4.35\times1.43=6.22\text{kN/m}$$

每米宽度的压型钢板有6.7个长度为61mm的腹板,它们与竖直方向的角度为 $\cos^{-1}55/61$。在没有发生屈曲的情况下,由EN 1993-1-3可给出它们的抗剪承载力,如下:

$$(61/55)V_{Rd}=6.7\times61\times0.9\times0.350/\sqrt{3}$$

式中,$V_{Rd}=74.3\text{kN/m}$。

每个腹板的长细比为61/0.9 =68,其接近必须考虑屈曲的极限范围;但 V_{Ed} 远小于 V_{Rd},符合通常的施工阶段情况,因此不需要进行计算。

挠度。在*条款9.6(2)*的注释中建议挠度不应超过跨度的1/180。最不利情形为简支梁。于是:

$$\begin{aligned}\delta&=5wL^4/(384E_aI_y)\\&=5\times2.01\times2.86^4\times1000/(384\times210\times0.548)\\&=15.2\text{mm}\end{aligned}$$

对于新拌混凝土,该值增加至:

$15.2\times20.5/19.5=16.0\text{mm}$

根据*条款 9.3.2(1)*的规定，如果挠度超过板厚（13mm）的 1/10，则应考虑"堆积"效应，就像此处一样。附加混凝土的厚度为 0.7δ。对于新拌混凝土，其重量为：

$0.7\times0.016\times20.5=0.23\text{kN/m}^2$

挠度增加至：

$16\times2.34/2.11=17.7\text{mm}$

其为跨度的 1/161，超过了跨度的 1/180。

因此，如果 3m 跨压型钢板的任意一端不连续，则在施工期间应使用支撑。

现在考虑一端连续的影响。当只先浇筑一跨中的混凝土时，会出现最不利的情况。假设没有施工荷载，则一跨上的荷载为 2.11kN/m^2，另一跨为 0.10kN/m^2。跨度应取略大于 2.86m，以满足在中支点处的负弯矩曲率。恰当的长度为：

$(2.86+3.0)/2=2.93\text{m}$

通过对等截面连续梁的弹性分析可以得到，在均布荷载作用下，跨度中心的挠度 δ 为：

$\delta=\delta_0[1-0.6(M_1+M_2)/M_0]$

式中，M_1 和 M_2 为端部负弯矩，δ_0 和 M_0 对应于端部弯矩为 0 时的跨中挠度和弯矩。

通过对 2.93m 跨进行弹性分析可知：$M_0=2.26\text{kNm}$，$M_1=1.19\text{kNm}$，$M_2=0$，$\delta_0=19.5\text{mm}$，包括堆积。因此：

$\delta=19.5[1-0.6\times(1.19/2.26)]=13.4\text{mm}$

当混凝土固结时，最终挠度为：

$13.4\times2.01/2.11=12.7\text{mm}$

当浇筑另一跨时，该值将进一步减少。

组合板验算

塑性抗弯承载力。对于正弯矩，塑性中性轴有可能在压型钢板以上，因此*条款 9.7.2(5)*适用。当压型钢板屈服时，其拉力为：

$$F_{y,p}=A_p f_{yp,d}=1178\times0.35=412\text{kN/m} \tag{D9.7}$$

板的受压高度[图 9.4b)]为：

$$412/14.2=29\text{mm} \tag{D9.8}$$

力臂为：

$130-30.3-29/2=85\text{mm}$

因此：

$$M_{pl,Rd}=412\times0.085=35\text{kNm/m} \tag{D9.9}$$

截面惯性矩。对于正弯矩,混凝土的等效转化宽度为 1000/20.2 = 49mm/m。对于高度为 x 的弹性中性轴[图 9.4c)],截面面积矩为:

$1178(100 - x) = 49x^2/2$

算得 $x = 49$mm。因此:

$10^{-6}I_y = 0.548 + 1178 \times 0.051^2 + 49 \times 0.49^3/3 = 5.53\text{mm}^4/\text{m}$

对于负弯矩区的压型钢板受弯的情况,每个槽都用宽度为 162mm 的矩形代替。每 300mm 设一个槽,因此混凝土的等效转化宽度为:

$49 \times 162/300 = 27\text{mm/m}$

对于位于板底部以上 x 处的中性轴[图 9.4d)]:

$252(82 - x) = 1178(x - 30) + 27x(x/2)$

算得 $x = 30.6$mm。因此,中性轴几乎与压型钢板的截面形心重合,且有:

$10^{-6}I_y = 0.548 + (252 \times 51.4^2 + 27 \times 30.6^3/3) \times 10^{-6} = 1.47\text{mm}^4/\text{m}$

挠度。首先考虑挠度,因为它有时会对设计起控制作用。*条款 9.8.2(4)* 规定了可以忽略挠度检查的条件。可参见 EN 1992-1-1 的条款 7.4,该条款中的表 7.4 给出了跨度与有效高度的极限比值,对于端跨,该限值为 26。压型钢板形心高度为 100mm,因此该比值为 2.93/0.1 = 29.3,不满足该条件。

挠度是一种可逆的极限状态,对于该极限状态,EN 1990 条款 6.5.3(2)的注释部分建议使用频遇组合值。该组合系数 ψ_1 取决于楼板的荷载类别。根据 EN 1990 表 A1.1,其范围为 0.5 ~ 0.9,此处可取 0.7。从表 9.1 可以看出,最大和最小荷载分别为 5.38kN/m 和 0.48kN/m。对于跨度为 2.93m 的简支梁:I_y = 5.53 × 106mm^4/m,挠度为 4.4mm。中间支座上方的区域可能会开裂。假设每跨都有 15% 的部分开裂,并且在另一跨上作用 0.48kN/m 的荷载,则满载双跨板更精确的挠度计算值为 3.5mm。因此,如果采用无支撑浇筑,则板的总挠度为:

$\delta_{\text{total}} = 12.7 + 3.5 = 16\text{mm}$

该值为跨度的 1/183。该值并不是总挠度,因为它是相对于支承梁的位置而言的。在考虑其是否可以接受时,还应考虑支承梁所产生的挠度(见例 7.1)。如果挠度过大,则应在组合板中使用支撑。

承载能力极限状态:受弯。从表 9.1 可以看出,最大荷载为 13.9kN/m。对于简支跨:

$M_{\text{Ed}} = 13.9 \times 2.93^2/8 = 14.9\text{kNm}$

这远低于塑性抗弯承载力 35kNm/m。对于这种验算,不需要考虑连续性或负弯矩作用下的承载力。

在需要考虑连续性的情况下,可应用*条款 9.4.2* 的整体分析和*条款 9.7.2(4)* 的负弯矩作用下的承载力计算方法。

依据 m-k 方法的纵向剪力。对于纵向剪力，假设没有端部锚固，因此*条款 9.7.3*适用。压型钢板的剪切特性在例 11.1、例 11.2 以及附录 B 中确定和讨论。

假设试验表明，压型钢板呈现了如*条款 9.7.3(3)*所述的"延性"剪力连接件，并且 m-k 方法中使用的参数为：$m = 184\text{N/mm}^2$，$k = 0.0530\text{N/mm}^2$。由*条款 9.7.3(4)*可知，抗剪承载力设计值为：

$V_{1,\text{Rd}} = bd_{\text{p}}/\gamma_{\text{VS}}[(mA_{\text{p}}/bL_{\text{s}}) + k]$

式中，d_{p}是到压型钢板形心轴的高度，等于 100mm；A_{p}是宽度为 b 的压型钢板横截面面积，等于 $1178\text{mm}^2/\text{m}$；依据*条款 9.7.3(5)*，L_{s}等于跨度的 1/4 或 0.73m；γ_{VS}为分项安全系数，建议取 1.25。由这些参数得到 $V_{1,\text{Rd}} = 28.0\text{kN/m}$，板中的竖向剪力不得超过此值。

对于简支跨：

$V_{\text{Ed}} \approx 1.5 \times 13.9 = 20.9\text{kN/m}$

对于双跨布置，该值在中间支承处将略高，但肯定不会超过 28kN/m。

竖向受剪。*条款 9.7.5* 参考了 EN 1992-1-1 的条款 6.2.2。采用与"受拉钢筋面积"相关的表达式计算抗剪承载力，该公式需要考虑超出截面一定的距离。在端支座处，压型钢板不太可能满足这种条件，但已通过纵向受剪验算来确认锚固是否牢固。将压型钢板按"钢筋"处理，该条款给出的竖向抗剪承载力为 49kN/m，远超过上面的 V_{Ed}。如果忽略压型钢板的作用，则 $V_{\text{Rd}} = 35\text{kN/m}$。

正常使用极限状态——开裂。*条款 9.8.1(1)*适用于"连续"板。可以假设该板满足*条款 9.8.1(2)*中的条件：根据*条款 9.4.2(5)*设计为简支。为了控制中间支承处的裂缝，该条款要求按照*条款 9.8.1* 中的规定进行配筋。

对于无支撑施工，其所需的用钢量是钢板顶部混凝土面积的 0.2%。为此，还与混凝土的平均厚度相关。混凝土平均厚度接近 75mm，因此所需的钢筋面积为 $150\text{mm}^2/\text{m}$，此处使用 A252 钢筋网是足够的。

然而，如果为了减小挠度，任意跨均采用了支撑，则所需的面积会加倍，此时 A252 钢筋网是不够的。

部分连接方法的纵向抗剪承载力。在例 11.2 中，该值是从使用此处钢板的组合板试验中推导出来的，其抗剪强度设计值为：

$$\tau_{\text{u,Rd}} = 0.144\text{N/mm}^2 \tag{D9.10}$$

*条款 B.3.1(4)*中给出了在设计中使用试验结果的具体条件。它们与板厚度、强度以及混凝土强度有关。*条款 B.3.1(3)*将混凝土密度和板厚度定义为"待研究的变量"。对于这些变量的试验值和设计值之间的差异，在第 9 章中没有给出应如何考虑的指导意见。现在讨论这些问题。本例中使用的数据在括号中给出，√表示符合。

(a)包括涂层在内的压型钢板厚度0.9mm,不小于试验中的厚度(0.9mm,√)。

(b)混凝土的规定强度不低于试验平均值的80%。基于立方体强度,$0.8\times34.4=27.5\text{N/mm}^2$(C25/30 混凝土,√)。

(c)混合1.5h后测得的混凝土密度为1944kg/m^3。该值未考虑水分的损失。设计密度$\leqslant1800\text{kg/m}^3$,较低,但可以接受,因为其满足更重要的抗压强度检查。

(d)如例11.1所讨论的,规定的压型钢板屈服强度为350N/mm^2,此值已经足够高。

(e)对于试验1~试验4,板的厚度为170mm;对于试验5~试验8,板的厚度为120mm。这里使用的抗剪强度为0.144N/mm^2,由170mm厚板的试验计算得出。120mm厚板试验给出的$\tau_{u,Rd}$更高。,在本例中不应采用130mm的板,原因已在例11.2中解释。板厚度的影响在附录B中有更广泛的讨论。

部分相互作用设计图。有必要说明的是,为了满足*条款9.7.3(7)*的要求,沿整个跨度(坐标x),设计弯矩曲线$M_{Ed}(x)$均应处在设计抗弯承载力曲线$M_{Rd}(x)$之下,它是剪力连接程度$\eta(x)$的函数。现在绘制这两条曲线。

从表9.1可以看出,板的设计极限荷载为13.9kN/m^2,假定其作用于组合构件上。弯曲验算假设简支跨度为2.93m,在跨中位置得到$M_{Ed,max}$等于14.9kNm/m。在图9.5中绘制了半跨的抛物线弯矩图。

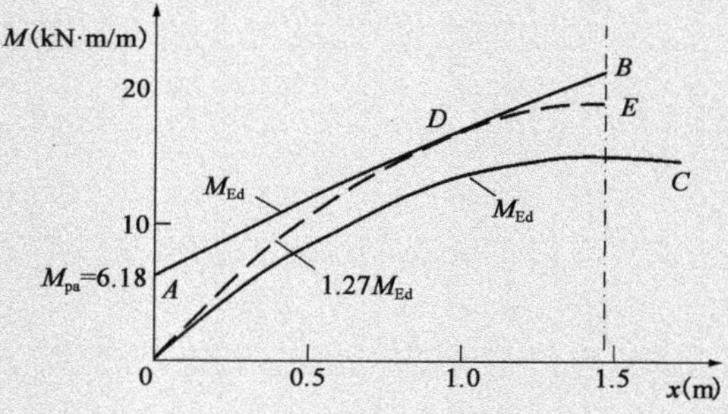

图9.5 部分相互作用的设计图

根据*条款9.7.3(8)*中的公式*(9.8)*,距离端部xm处(即$L_x=x$)的板中压力为:

$N_c=\tau_{u,Rd}bx=0.144\times1000x=144x\text{kN/m}$

对于完全相互作用:

$N_{c,f}=A_p f_{yp,d}=412\text{kN/m}$

因此,完全相互作用所需的剪跨长度为:

$L_{s,f}=412/144=2.86\text{m}$

这超过了 1/2 跨度(1.47m),因此在该跨长范围内不能实现完全相互作用。

由图9.5 可知,板中完全相互作用时的应力块高度为:

$x_{pl} = N_{c,f}/(0.85f_{cd}b) = 412/14.2 = 29\text{mm}$

对于部分相互作用,该值用于计算 z 略偏保守。为简单起见,此处使用该值。

如前所述,$h = 130\text{mm}$,$e_p = 33\text{mm}$ 且 $e = 30.3\text{mm}$,由公式(9.9)得到力臂为:

$z = 130 - 29/2 - 33 + (33 - 30.3)(144x)/412 = 82 + 1.05x\text{mm}$

公式(9.6)给出了组合板的折减抗弯承载力,其中 $N_{c,f}$ 由 N_c 代替,并且 $M_{pa} = 6.18\text{kNm/m}$,如前。

$M_{pr} = 1.25 \times 6.18(1 - 144x/412) = 7.72 - 2.7x \leqslant 6.18$

可得:

$x \geqslant (7.72 - 6.18)/2.7 = 0.570\text{m}$

由图9.6 可知,塑性抗弯承载力为:

$$M_{Rd} = N_c z + M_{pr} = 0.144x(82 + 1.05x) + 7.72 - 2.7x$$
$$= 7.72 + 9.11x + 0.151x^2$$

其中,$0.57\text{m} \leqslant x \leqslant 1.47\text{m}$。

对于 $x < 0.57\text{m}$,$M_{Rd} = 0.144x(82 + 1.05x) + 6.18 = 6.18 + 11.8x + 0.151x^2$

曲线 $M_{Rd}(x)$ 在图 9.5 中绘制为 AB。它在所有横截面上都位于 M_{Ed} 曲线 $0C$ 之上,这表明其纵向抗剪承载力是足够的。

该结果可以与 m-k 方法所得的结果进行比较,如下所述。将曲线 $0C$ 按比例放大,直到它与曲线 AB 相交。其放大比例因子为 1.27(曲线 $0DE$),在 $x = 1.0\text{m}$处相交。因此,剪切破坏将沿着靠近端支座的 1.0m 长度范围发生。该支座处的竖向反力为:

$V_{Ed} = 1.27 \times 13.9 \times 2.93/2 = 25.9\text{kN/m}$

该值比 m-k 法得到的 28kN/m 低 8%。由例 11.2 可知,$\tau_{u,Rd}$的结果可能太低,因为试验的跨度太长。从这个例子可以看出,两种方法能得到的结果相同。不可能对它们进行综合比较,因为部分剪力连接方法涉及弯矩分布,而m-k方法则不然。

本例中的计算总结说明,在常规设计中不太可能需要应用 EN 1994-1-1 的规定。它们与使用特定厚度和型号压型钢板制作的组合板的设计图表有关。这些通常由为制造商工作的专家们准备。

参考文献

Bode H and Sauerborn I (1991) Partial shear connection design of composite slabs.

Proceedings of the 3rd International Conference. Association for International Co-operation and Research in Steel-Concrete Composite Structures, Sydney, pp. 467-472.

Bode H and Storck I (1990) *Background Report to Eurocode 4 (continuation of Report EC4/7/88), Chapter 10 and Section 10.3: Composite Floors with Profiled Steel Sheet*. University of Kaiserslautern, Kaiserslautern.

British Standards Institution (BSI) (1991) BS EN 1991-1-6. Actions on structures. Part 1-6: Actions during execution. BSI, London.

BSI (1994) BS 5950-4. Code of practice for design of floors with profiled steel sheeting. BSI, London.

BSI (1997) BS 8110. Structural use of concrete. Part 1: Code of practice for design and construction. BSI, London.

BSI (2002) BS EN 1991. Actions on structures. Part 1-1: Densities, self weight and imposed loads. BSI, London.

BSI (2006) BS EN 1993-1-3. Design of steel structures. Part 1-3: Cold formed thin gauge members and sheeting. BSI, London.

ECCS Working Group 7.6 (1998) *Longitudinal Shear Resistance of Composite Slabs: Evaluation of Existing Tests*. European Convention for Constructional Steelwork, Brussels. Report 106.

Gardner L (2011) *Steel Building Design: Stability of Beams and Columns*. Publication P360, Steel Construction Institute, Ascot.

Guo S and Bailey C (2007) Experimental and numerical research on multi-span composite slab. In: *Steel Concrete and Composite and Hybrid Structures* [Lam D (ed.)]. Research Publishing Services, Singapore, pp. 339-344.

Johnson RP (2004) *Composite Structures of Steel and Concrete: Beams, Columns, Frames, and Applications in Building*, 3rd edn. Blackwell, Oxford.

Johnson RP (2006) The m-k and partial-interaction models for shear resistance of composite slabs, and the use of non-standard test data. In: *Composite Construction in Steel and Concrete V* [Leon RT and Lange J (eds)]. American Society of Civil Engineers, New York, pp. 157-165.

Rackham JW, Couchman GH and Hicks SJ (2009) *Composite Slabs and Beams Using Steel Decking: Best Practice for Design and Construction*, revised edn. Publication P300, Steel Construction Institute, Ascot.

Stark JWB and Brekelmans JWPM (1990) Plastic design of continuous composite slabs. *Journal of Constructional Steel Research* 15: 23-47.

Steel Construction Institute (2011) *Composite Floors-Wheel Loads from Forklift Trucks. Advisory Desk Note AD* 150. Steel Construction Institute, Ascot.

第 10 章　附录 A(资料性)　建筑节点部件刚度

本章对应于 EN 1994-1-1 的*附录A*,其内容如下:

- ■ 适用范围　*条款A.1*
- ■ 刚度系数　*条款A.2*
- ■ 剪力连接件的变形　*条款A.3*

应用*第8章*需要*附录A*,它具有"资料性",因为钢和组合节点的"部件"设计方法仍在继续发展,其内容基于最好的研究成果,其中大部分是最新的研究成果。它整合了代表钢结构行业的两份报告(Couchman 和 Way,1998;ECCS TC11,1999)。英国国家附件允许其使用。

A.1　适用范围

本附录补充了 EN 1993-1-8(英国标准化协会,2005)条款 6.3 中关于钢节点刚度的规定。其范围有限[***条款A.1(1)***]。它涵盖了板中纵向钢筋受拉和在受压区使用钢接触板的传统节点。如 EN 1993-1-8 中所述,刚度系数 k_i 取决于长度尺寸[***条款A.1(2)***],这样,当其乘以钢材的弹性模量后,结果就是传统的刚度(单位伸长和压缩时的力)。在节点上拉力和压力之间力臂 z 已知的情况下,可以容易地通过这些系数获取转动刚度。　***条款A.1(1)***　***条款A.1(2)***

如 EN 1993-1-8 中所述,构件的刚度按照通常方式进行组合,例如:

对于两个并联部件　$k = k_1 + k_2$

对于两个串联部件　$1/k = 1/k_1 + 1/k_2$　(D10.1)

刚度系数 $k_1 \sim k_{16}$ 参见 EN 1993-1-8 的表 6.11。那些与组合节点相关的参数参见本指南的 8.2 节。其中,只有 k_1 和 k_2 在此处被修正,以考虑钢接触板和柱腹板用混凝土包裹(内填)的情况[***条款A.1(3)***]。　***条款A.1(3)***

A.2　刚度系数

本条款的背景参见 Huber(1999)的研究。刚度系数已由试验结果进行了校准。对于受拉纵向钢筋,*条款A.2.1.1(1)*依据弯矩 $M_{Ed,1}$ 和 $M_{Ed,2}$ 给出了系数 $k_{s,r}$ 的计算公式,见*图A.1* 和图 8.3。此处采用下标 1 和 2 来表示连接特性中起作用的弯矩。假设混凝土板完全开裂。

转换参数 β_1 和 β_2 考虑了作用在柱两侧节点上的不等弯矩影响。参见 EN 1993-1-8 的条款 5.3(9),其第(8)段中给出了简化值。后者是 $M_{\mathrm{Ed},2}/M_{\mathrm{Ed},1}$ 的不连续函数,如图 10.1a)所示。EN 1993-1-8 中的符号规定为:负弯矩时取正值,且 $M_{\mathrm{Ed},1} \geqslant M_{\mathrm{Ed},2}$。EN 1993-1-8 规定的范围为:

$$-1 \leqslant M_{\mathrm{Ed},2}/M_{\mathrm{Ed},1} \leqslant 1$$

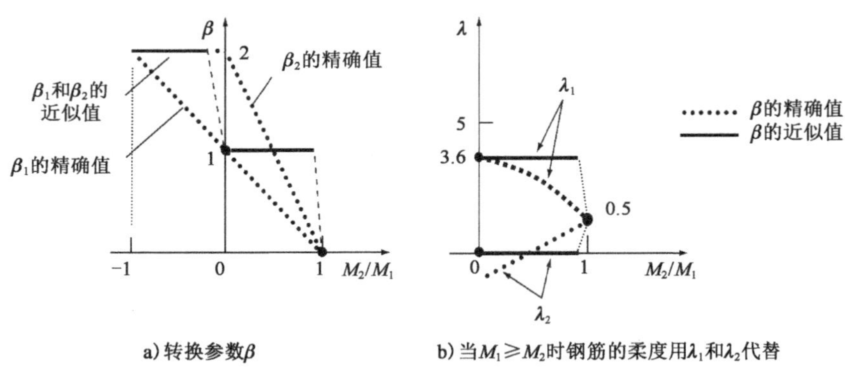

图 10.1 钢筋的柔度

表A.1 中的刚度系数 $k_{\mathrm{s,r}}$ 是基于钢筋受拉的情况。对于 $M_{\mathrm{Ed},2}<0$ 的组合节点,则超出了 EN 1994-1-1 的适用范围。

典型的刚度系数是:

$$k_{\mathrm{s,r}} = A_{\mathrm{s,r}}/\lambda h \tag{D10.2}$$

式中,h 是钢柱截面高度,λ_1 和 λ_2(对应柱 1 侧和 2 侧的节点)分别是 β_1 和 β_2 的函数,见表 A.1。基于 EN 1993-1-8 中给出的 β_s 精确值和简化值,在图 10.1b)中绘制了它们与弯矩比 M_2/M_1 的关系(用 M_2 和 M_1 分别表示 $M_{\mathrm{Ed},2}$ 和 $M_{\mathrm{Ed},1}$)。对于简化的 β_s,它们在 $M_2/M_1=0$ 和 1 处是不连续的,如图中虚线所示。

除了 $M_2=M_1$ 之外,两根梁的 β 精确值是不同的,但近似值[图 10.1a)]是相同的,并在此处应用。

假定钢筋的延伸长度 λh 有助于提高节点柔度。图 10.1b)表明,当 $M_2=M_1$ 时,1 侧节点的该长度为 $h/2$;当 $M_2=0$ 时,其增加到 $3.6h$。这是*表A.1* 中给出的单侧节点值。

当 $M_2<0.5M_1$ 时,2 侧节点的柔度 $1/k_{\mathrm{s,r}}$ 为负值。这是标准中的异常情况。经研究发现,承受较小弯矩的节点钢受拉区部件应被视为刚性($k_{\mathrm{s,r}}\rightarrow\infty$)。于是,对剪力连接滑移所做的修正(*条款A.3.2* 中的 k_{slip} 因子)并不适用。

条款*A.2.1.2* 钢接触板的"无限"刚度(在**条款*A.2.1.2*** 中)仅表示公式(D10.1)中的一项为零。

条款*A.2.2.1* 在**条款*A.2.2.1*** 中,受剪时柱腹板的刚度下降到 EN 1993-1-8 中规定值以下,因为接触板施加的力比其他类型的端板连接节点施加的力更为集中。

条款*A.2.2.2* 类似地,在**条款*A.2.2.2*** 中也减少了横向受压腹板的刚度,用 0.2 取代了 EN 1993-1-8 中规定的 0.7。

混凝土外包

外包混凝土可增加受剪柱腹板的刚度。EN 1993-1-8 中给出了无外包混凝土的腹板受剪刚度值为：

$k_1 = 0.38A_{vc}/\beta z$

在*条款A.2.3.1(1)*中给出的 k_1 附加刚度也有类似的表达形式：　*条款A.2.3.1(1)*

$k_{1,c} = 0.06(E_{cm}/E_a)b_c h_c/\beta z$

式中，E_{cm}/E_a 是模量比，$b_c h_c$ 是混凝土面积。

对于受压的外包混凝土柱腹板(*条款A.2.3.2*)，其与钢腹板刚度的关系类似于其受剪时的关系。对于端板，附加刚度的系数 $k_{2,c}$ 为 0.5，但是对于接触板，该系数减小到 0.13，因为其受力更集中。　*条款A.2.3.2*

A.3　剪力连接件的变形

条款A.3 中相当复杂规定的背景资料见 ECCS TC11(1999)的附录 3 以及 COST-C1(1997)。它们基于剪力连接件的线性部分相互作用理论。公式(*A.6*)~公式(*A.8*)来源于 Aribert(1999)的公式(7.26)~公式(7.28)。　*条款A.3*

条款*A.3*(2)中公式(*A.5*)可以重新整理如下：

$1/(k_{slip}k_{s,r}) = (K_{sc} + E_s k_{s,r})/(K_{sc}k_{s,r}) = E_s/K_{sc} + 1/k_{s,r}$

这种形式表明，柔度 E_s/K_{sc} 已被加到钢筋的柔度 $1/k_{s,r}$ 中，用于表达其组合刚度 $k_{slip}k_{s,r}$。其还表明，与 k_is 不同，K_{sc} 是传统的刚度，表示单位伸长量的拉力。

条款A.3(3) 在对剪力连接件刚度的定义中假设每个连接件的平均荷载将略低于设计承载力 P_{Rk}/γ_{VS}(在英国，为 $0.8P_{Rk}$)。如果是组合板，试验应采用*条款B.2.2(3)*中的“特定推出试验”。在实际中，优先考虑*条款A.3(4)*中给出的 19mm 栓钉刚度近似值 100kN/mm，它仅限于折减系数 k_t(*条款6.6.4.2*)为 1 的板中使用，因此，它不宜用于例 6.7 所示的每个槽中有两个栓钉的情况。　*条款A.3(3)*

事实上，这种连接件的刚度范围变化可以很大。Johnson 和 Buckby(1986)给出了从 60kN/mm(对于 16mm 栓钉)到 700kN/mm(对于 25mm 方杆连接件)的变化范围，并且 Johnson(2004)在一个例子中使用了刚度为 150kN/mm 的 19mm 栓钉。100kN/mm 是合适的，但应避免对其精度过于敏感的设计。

对节点刚度的说明

以下示例表明，节点刚度的计算会很复杂，它不可能成为常规流程。对于最广泛使用的节点类型，有必要基于参数化研究对公式进行简化，将结果做成表格，并研究在何种程度上可以获得能在实际中使用的具有足够高精度的近似刚度。进一步的说明见例 8.1 末尾。

例 10.1:端板节点的弹性刚度

为了获得节点所需的转动,同时又可检查梁的变形,需要通过弹性或弹塑性整体分析得到节点转动刚度 $S_{j,ini}$,其可通过修正得到 S_j。现在计算图 8.3 中的刚度 k_i。EN 1993-1-8 的表 6.11 中给出了钢部件计算公式。其尺寸如图 8.8 和图 8.9 所示。

柱腹板受剪

由 EN 1993-1-8 表 6.11 可知:

$k_1 = 0.38A_{vc}/\beta z$

由例 8.1 可知,相关力臂 z 为 543mm。该刚度仅与不等的梁荷载有关,其近似转换参数 β 为 1.0(见图 10.1)。柱腹板的剪切面积为 3324mm²(见例 8.1),于是:

$$k_1 = 0.38 \times 3324/543 = 2.33\text{mm} \quad (D10.3)$$

柱腹板受压——未加劲

由 EN 1993-1-8 表 6.11 可知:

$k_2 = 0.7b_{eff,c,wc}t_{wc}/d_c$

由例 8.1 可知,腹板的宽度 $b_{eff,c,wc}$ 等于 248mm;t_{wc} = 10mm,且有效受压长度为:

$d_c = 240 - 2(21 + 17) = 164\text{mm}$

因此:

$k_2 = 0.7 \times 248 \times 10/164 = 10.6\text{mm}$

柱腹板受拉——未加劲

由 EN 1993-1-8 表 6.11 可知:

$k_3 = 0.7b_{eff,t,wc}t_{wc}/d_c$

式中,$b_{eff,t,wc}$是柱 T 形区域的最小有效长度 l_{eff}。这些值参见 EN 1993-1-8 表 6.4。当 $m = 23.2$mm 时(图 8.9),最小值为 $2\pi m$,则 $l_{eff} = 146$mm。因此:

$k_3 = 0.7 \times 146 \times 10/164 = 6.22\text{mm}$

受弯柱翼缘

由 EN 1993-1-8 表 6.11 可知:

$k_4 = 0.9l_{eff}(t_{fc}/\text{m})^3$

式中,如上所述 $l_{eff} = 2\pi m$,因此:

$k_4 = 0.9 \times 146(17/23.2)^3 = 51.7\text{mm}$

受弯端板

由 EN 1993-1-8 表 6.11 可知:

$k_5 = 0.9l_{eff}(t_p/m)^3$

对于端板，l_{eff}的最小值为 213mm(例 8.1)，且由图 8.9 可知，$m = 33.9$mm。因此：

$k_5 = 0.9 \times 213(12/33.9)^3 = 8.50$mm

受拉螺栓

由 EN 1993-1-8 表 6.11 可知：

$k_{10} = 1.6A_s/L_b$

式中，L_b是握裹长度(29mm)加上螺栓头和螺母的长度余量，共计 44mm。每个螺栓的拉应力面积为 245mm^2，因此：

$k_{10} = 1.6 \times 245/44 = 8.91$mm

如条款*8.3.3* 说明所解释，每排两个螺栓。

受拉板钢筋

假设 λh 长度的钢筋对节点柔度有贡献。有以下两种情况：

- 两边梁荷载相同，$\lambda_1 = \lambda_2 = 0.5$，如图 10.1 所示；
- 两边梁荷载不相同，根据 β 的近似值，可得 $\lambda_1 = 3.6$，$\lambda_2 = 0$。

由公式(D10.2)可知：

$k_{s,r} = A_{s,r}/\lambda h$

其中，$A_{s,r} = 1206$mm^2，$h = 240$mm。由此可得：

$k_{s,r(a)} = 1206/(0.5 \times 240) = 10.05$mm

对于双边节点：

$k_{s,r(b)} = 1206/(3.6 \times 240) = 1.40$mm

对于 BC 跨节点：

$k_{s,r(b)} \to \infty$

对于 AB 跨节点，该结果将在稍后进行叙述。

剪力连接的变形和钢筋的折减刚度

应参考条款*A.3*，该条款太长，因此不再赘述。其注释为：

- 梁的负弯矩长度取为跨度的 15%：$l = 0.15 \times 12 = 1.80$m；
- 钢筋与受压中心的距离：$h_s = 543$mm，如图 8.8a)所示；
- 钢筋与钢梁形心的距离：由图 8.8 可得，$d_s = 225 + 100 = 325$mm；
- 钢梁的截面惯性矩：$10^{-6}I_a = 337$mm^4。

在将钢板槽内双排栓钉等效成 l 长度范围内的 N 个单排栓钉时，应考虑其刚度的折减。在例 6.7 中，在支座 B 的每一侧 2.4m 梁长上分布了 19.8 个等效栓钉(见图 6.30)。在例 8.1 中，受拉钢筋面积从 1470mm^{2}减小到 1206mm^2，但是剪力连接仍然假设与之前一样。

对于 $l = 1.8\text{m}$:

$N = 19.8 \times 1.8/2.4 = 14.85$(个栓钉)

由公式(*A.8*)得知:

$\xi = E_a I_a/(d_s^2 E_s A_s) = 210 \times 337/(0.325^2 \times 200 \times 1206) = 2.778$

由公式(*A.7*)得知:

$\nu = [(1+\xi)Nk_{sc} l\, d_s^2/E_a I_a]^{1/2}$

$= [3.778 \times 14.85 \times 0.100 \times 1.8 \times 325^2/(210 \times 337)]^{1/2} = 3.88$

由公式(*A.6*)得知:

$K_{sc} = Nk_{sc}[\nu - (\nu - 1)(h_s/d_s)/(1+\xi)]$

$= 14.85 \times 100/[3.88 - 2.88(543/325)/3.778] = 570\text{kN/mm}$

根据公式(*A.5*),钢筋刚度系数 $k_{s,r}$ 的折减系数为:

$k_{slip} = 1/[1 + E_s k_{s,r}/K_{sc}] = 1/[1 + 210 k_{s,r}/570]$

符号 $k_{s,red}$ 表示折减值,对于 $k_{s,r} = 10.05\text{mm}$,$k_{slip} = 0.213$,则在两边梁荷载相同的情况下:

$k_{s,red} = k_{s,r} k_{slip} = 2.14\text{mm}$

对于两边梁荷载不相同的情况,如条款*A.2.1.1(1)*说明所解释,当 $M_{j,2,Ed}/M_{j,1,Ed} \leq 0.5$ 时,$1/k_{s,r}$ 应取为 0。此处,从图 8.11 可知,134/284 = 0.47,因此,对于 *BA* 跨,则有:

$$k_{s,red} \to \infty \tag{D10.4}$$

对于 *BC* 跨,$k_{s,r} = 1.40\text{mm}$ 和 $k_{slip} = 0.660$,则有:

$$k_{s,red} = 0.924\text{mm} \tag{D10.5}$$

两边梁完全满载时的节点刚度

EN 1993-1-8 表 6.10 中的刚度装配规定在 ECCS TC11(1999)的 p. B3.7 中被扩展用于考虑板中钢筋。

拉伸刚度。刚度 3、4、5 和 10(螺栓和端板)是串联关系(见图 8.3)。对此:

$1/k_t = 1/6.22 + 1/51.7 + 1/8.5 + 1/8.91 = 0.410\text{mm}^{-1}$

$k_t = 2.44\text{mm}$

值得注意的是,4 项中只有一项(对于柱翼缘)可以忽略不计。

k_t 的力臂为 $z_2 = 0.383\text{m}$。钢筋的力臂为 $z_1 = 0.543\text{m}$,且 $k_{s,red} = 2.14\text{mm}$。等效(有效)力臂为:

$$z_{eq} = (k_{s,red} z_1^2 + k_t z_2^2)/(k_{s,red} z_1 + k_t z_2) = 0.989/2.096 = 0.472\text{m} \tag{D10.6}$$

由于钢筋的作用,2.44mm 的受拉刚度几乎被放大了 1 倍,为:

$$k_{t,eq} = (k_{s,red} z_1 + k_t z_2)/z_{eq} = 2.096/0.472 = 4.44\text{mm} \tag{D10.7}$$

受压刚度。只需要柱腹板的刚度:

$k_2 = 10.6\text{mm}$

节点刚度。根据 EN 1993-1-8 条款 6.3.1,B 处组合节点的初始刚度为:

$$S_{j,ini} = E_a z_{eq}^2 / (1/k_{t,eq} + 1/k_2)$$

$$= 210 \times 0.472^2 / (1/4.44 + 1/10.6) = 146\text{kNm/mrad} \qquad (D10.8)$$

一般而言,分母 $1/k_{t,eq} + 1/k_2$ 包括所考虑节点中所有串联的刚度 k_i。此处,关于柱腹板的剪切刚度项将在后续添加。

在施工过程中,如果端板受拉屈服,则 k_t 表示的拉伸刚度对组合节点无效,只剩下顶部钢筋。于是,对于组合节点的刚度:

$k_t = 0$

$z_{eq} = z_1$

$k_{eq} = k_{s,red} = 2.14\text{mm}$

则公式(D10.8)变为:

$$S_{j,ini} = E_a z_1^2 / (1/k_{s,red} + 1/k_2)$$

$$= 210 \times 0.543^2 / (1/2.14 + 1/10.6) = 110\text{kNm/mrad} \qquad (D10.9)$$

对于施工过程中的每个节点,$k_{s,red} = 0, z = z_2, k_{eq} = k_t$,所以:

$$S_{j,ini,steel} = 210 \times 0.383^2 / (1/2.44 + 1/10.6) = 61\text{kNm/mrad} \qquad (D10.10)$$

当仅在 *BC* 跨施加荷载时节点的刚度

现在必须考虑剪力作用下柱腹板的柔度 $1/k_1$[公式(D10.3)],而且两个节点的 $k_{s,red}$ 取值也不同。

对于 BC 跨,假设端板在施工中就发生屈服,则如前一样得到 $k_t = 0$,抗拉承载力来自钢筋,其 $z_1 = 0.543\text{mm}, k_{s,red} = 0.924\text{mm}$(如前一样)。节点刚度公式中的其他项为柱腹板的剪切刚度($k_1 = 2.33\text{mm}$)和受压刚度($k_2 = 10.6\text{mm}$),由此可得:

$$S_{j,ini,BC} = 210 \times 0.543^2 / (1/2.33 + 1/10.6 + 1/0.924)$$

$$= 38.6\text{kNm/mrad} \qquad (D10.12)$$

对于 AB 跨,有 $k_{s,red} \to \infty$,则 $z_{eq} = z_1$,且 $k_{t,eq} \to \infty$,从而根据相关公式(D10.8)有:

$$S_{j,ini,BA} = 210 \times 0.543^2 / (1/2.33 + 1/10.6) = 118\text{kNm/mrad} \qquad (D10.13)$$

上述计算的刚度 $S_{j,ini}$ 在表 8.1 中已给出,被用于例 8.1,并在例 8.1 中对其作了进一步的讨论。

参考文献

Aribert JM (1999) Theoretical solutions relating to partial shear connection of steel-concrete composite beams and joints. *Proceedings of the International Conference on Steel and Composite Structures*. TNO Building and Construction Research, Delft, pp. 7.1-7.16.

British Standards Institution (2005) BS EN 1993-1-8. Design of steel structures. Part 1-8: Design of joints. BSI, London.

COST-C1 (1997) *Composite Steel-concrete Joints in Braced Frames for Buildings. Report: Semi-rigid Behaviour of Civil Engineering Structural Connections*. Office for Official Publications of the European Communities, Luxembourg.

Couchman G and Way A (1998) *Joints in Steel Construction-Composite Connections*. Publication 213, Steel Construction Institute, Ascot.

ECCS TC11 (1999) *Design of Composite Joints for Buildings*. European Convention for Constructional Steelwork, Brussels. Report 109.

Huber G (1999) *Non-linear Calculations of Composite Sections and Semi-continuous Joints*. Ernst, Berlin.

Johnson RP (2004) *Composite Structures of Steel and Concrete: Beams, Columns, Frames, and Applications in Building*, 3rd edn. Blackwell, Oxford.

Johnson RP and Buckby RJ (1986) *Composite Structures of Steel and Concrete*, vol. 2. Bridges, 2nd edn. Collins, London.

第 11 章　附录 B(资料性)　标准试验

B.1　一般规定

附录 B 是“资料性”的，而非“规范性”的，因为产品的试验方法完全超出了设计规范的范畴。从*条款 B.1(1)*的注释中可知，它们应在欧洲标准或欧洲技术许可的指南中给出，但目前尚未提供。英国国家附件批准使用*附录 B*。

标准试验的目标之一是在计算模型不足以得出结论的情况下为设计人员提供指导。这通常发生在组合结构的两个部件上：剪力连接件和压型钢板。现有关于剪力连接和组合板的设计规定，主要来自大量的试验数据，这些试验数据是过去几十年中通过各种不同方法和不同试件所得到的，且还没有国际标准。

目前存在许多国家标准，并且对于组合板纵向抗剪承载力的 *m-k* 试验的具体细节也有一些国际性共识。然而，在过去 30 年中积累的证据表明，该试验和英国版本的剪力连接件推出试验都有明显的缺陷。这些不足主要来自过于保守（推出试验）或误导性（*m-k* 试验）的结果，其限制了新产品的发展。当然，对于全新的型材，全套 *m-k* 试验也是昂贵且耗时的。

推出试验

当现有试验规范发生变化时，原则上应重新评估过去的做法。这就是为什么英国的推出试验能够适用这么久的一个原因。基于过去几十年的研究工作，Eurocode 4 中的新推出试验（*条款 B.2*）草案已有 20 年。从那时起，几乎所有的非商业性推出试验都使用了比一些标准定义的 300mm 样本更宽的板，如在 BS 5400-5（英国标准化协会，1987）中，且大多数试验都遵循*条款 B.2*。

新试验通常会给出更高的结果，因此不会对过去的做法提出质疑。虽然它的成本更高，但在组合梁和柱的试验中，其结果更加一致，并且与连接件性能相关。试验结果无法也不可能再现梁中的条件，因为它们变化太大了。

通常，混凝土板和钢梁之间的压力略小于总荷载，并且可以达到纵向剪力的 10%。非标准推出试验（Bradford 等，2006）得出的抗剪承载力略高于标准试验结果。目前已经开展了试验成本更低的其他类型推出试验。在任何新的试验可以取代目前标准试验之前，需要进行大量的对比试验，这在目前看来似乎是不可能的。

尽管存在缺陷，但推出试验仍然是目前确定众多相关变化参数中任一参数影响的最佳方法。

组合板的抗剪承载力试验

对于压型钢板,大多数研究人员都认为应逐步淘汰经验性的 *m-k* 试验方法。BS 5950-4(英国标准化协会,1994a)中给出的这种方法无法完全区分以延性方式破坏的型材和突然破坏的型材,并且没有利用端部锚固或许多现代型材能提供部分剪力连接的能力(Bode 和 Storck,1990;Patrick,1990)。然而,该方法目前已成为世界范围内用于组合板纵向抗剪设计的主要依据。重新对现有结构中使用的大量组合板进行试验(即使没有数百个)是不切实际的。

因此,*条款B.3* 详细列出了一种试验方法,该方法基本上可用于现有的 *m-k* 试验方法,但对失效模式有更严格的要求,并基于最近使用该方法的经验进行了其他更改。从*条款9.7* 及*条款B.3* 的说明给出的理由可知,这种试验方法也适用于更合理的组合板部分相互作用设计。

材料性能

理想情况下,试件中材料的强度应等于相关应用中规定的标准值。几乎不可能在一个组合试件中包含三种不同的材料。因此,有必要调整试验中得到的抗力,或限制材料的可接受测试强度范围,使任何调整都可以忽略不计。*条款B.2* 和*条款B.3* 给出了相关规定。

在试验过程中,可假设允许考虑混凝土开裂的影响。完全重现混凝土收缩和徐变效应的试验几乎不切实际;但是,一旦短期试验中的性能确定,通常就可以预测这些效应,除了细长的组合柱外,其对极限强度几乎没有影响。

B.2 剪力连接件试验

一般规定

设计所需的剪力连接件特性是一条将纵向滑移 δ 与每个连接件的剪力 P 相关联的曲线,如*图B.2* 所示。从组合梁试验结果推导出这样的曲线是很困难的,主要是因为抗弯承载力对剪力连接的程度不敏感,如图 6.4a)中的曲线 *CH* 所示。

几乎所有当前实践所参考的荷载-滑移曲线都是从推出试验中获得的,该推出试验于 1965 年在英国首次被标准化,见 CP117 中第 1 部分。该试验的公制版本在 BS 5400-5(英国标准化协会,1987 年)中给出,并参考 BS 5950-3-1(英国标准化协会,2010)条款 5.4.3 中的规定,其没有针对采用压型钢板时的修改必要性进行说明。该试验有两种变化,因为板和钢筋“应该在[标准]中给出……或者像设

条款B.2.2(1) 计试验所针对的梁中情况一样”。这种区别在 EN 1994-1-1[***条款B.2.2(1)***]中得

条款B.2.2(2) 到了保留。在***条款B.2.2(2)*** 和*图B.1* 中规定了“标准”试件,在*条款B.2.2(3)* 中更广泛地规定了“特定推出试验”试件。下面总结了 EN 1994-1-1 和 BS 5400(“BS 试验”)的“标准”测试之间的主要差异,参见图 11.1,并给出了这些差异的原因。

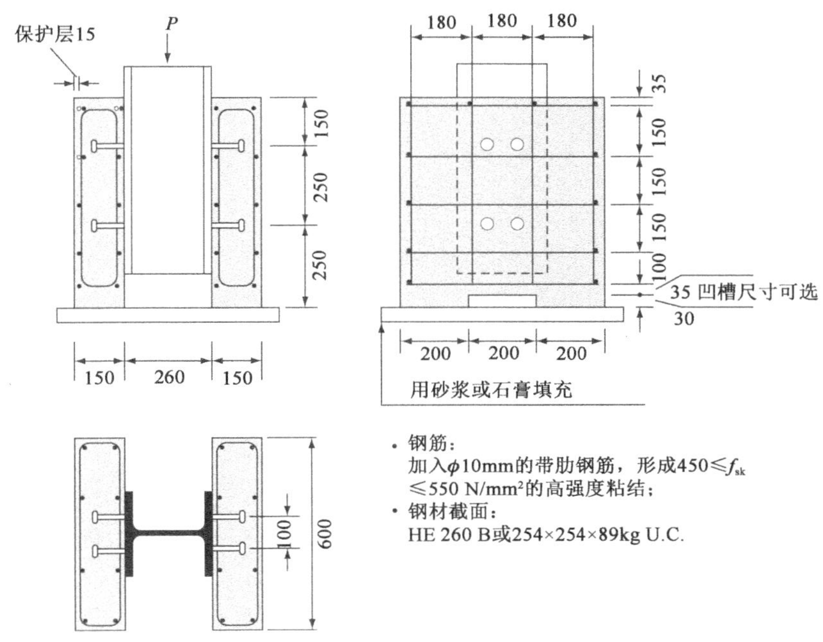

图 11.1　用于标准推力试验的试件(尺寸单位:mm)

使用的标准试验的目的是:

"在带有均匀厚度混凝土板的 T 形梁中使用剪力连接件或带有符合条款6.6.5.4 的承托时,……在其他情况下,应使用特定的推出试验。"

从*条款B.2.2(1)*的内容中可以推断,应该进行单独的"特定"推出试验,以确定在柱子和 L 形梁中连接件的抗力,这些部位通常出现在建筑物的外墙和靠近楼板内部大孔洞的位置。如有这种情况,通常也很少见,因为非常接近板自由边缘的连接件,其所产生的抗力和抗滑移能力可能都要比 T 形梁中的连接件弱(Johnson 和 Oehlers,1982)。通过适当的构造可以避免这个问题,这也是*条款6.6.5.3*(关于纵向劈裂)和*条款6.6.5.4*(关于承托尺寸)所做要求的原因。

标准推出试验的试件主要适用于实心板和栓钉抗剪连接件,栓钉连接件尺寸要小到足以发生栓杆破坏(最强模式)。如果使用直径 30mm(举例)的栓钉,它的钢筋刚度可能无法保证上述破坏发生。

*条款B.2.2(3)*中关于其他情况下的特定推力试验的指导并不全面,特别是在有压型钢板的情况下。其建议在与"试验设计的梁相比"时,试件尺寸应恰当,而这是不现实的,因为新型连接件的试验结果有可能被广泛应用。

近年来进行的特定试验通常遵循本指南,但并不完全以相同的方式进行。

与 BS 试验对比的*条款B.2* 推出试验

焊接栓钉是唯一一种在许多国家进行了大量试验的剪力连接件,因此所有报道的推出试验研究(例如,见 Johnson 和 Oehlers,1981;Oehlers,1989;Stark 和 van Hove,1991)都基于这些试验。结果发现,试验结果非常离散(Johnson 和 Yuan,1998)。为了获得现实可行的标准值,必须将内在的一些差异分离出去,这些差异主要由试件间的差异、浇筑和试验方法上的差异以及连接件极限抗拉强度的差异引起。

设计 BS 试件用于得到试验结果,可能是 50 年前对其一切都不太明确情况下的产物,因为它的板非常小,而低碳钢筋很轻且锚固性差的特点极易造成纵向劈裂。不像当前试件(见*图B.1*),它只有一层连接件,这实际上阻止了从一个块板到另一个块板之间的荷载重分布发生(Oehlers 和 Bradford,1995),因此两块板的连接件抗剪能力很差。对该试验进行了如下的更改:

■ 板厚度相同,但尺寸更大(650mm×600mm,cf. 460mm×300mm)。这使得钢筋能够更好地锚固,以避免由于劈裂破坏导致结果降低。钢筋的粘结性能比屈服强度更重要,屈服强度对结果影响很小。限值在*图B.1* 中给出。

■ 每块板中有 10 根高屈服强度的带肋横向钢筋,而不是 4 根相同直径(10mm)的低碳钢筋,因此钢筋提供的横向刚度至少是之前的 2.5 倍。在 T 形梁中,板面内刚度的横向约束大于推出试件的横向约束。梁内钢筋是为了模拟这种约束,而不是为了再现梁中本身存在的钢筋。

■ 在每个板中设置两层剪力连接件。这使得荷载能够重新分配,因此试验得到的是 8 个栓钉连接件的平均抗力,并且能更好地模拟在梁剪跨区内发生的重分布。

■ 钢截面翼缘的宽度较宽(>250mm,cf. 146mm),可以测试更宽的块状或角钢连接件;并且栓钉的侧向间距是标准的。HE260B 截面(见*图B.1*)为 260mm×260mm,自重为 93kg/m。

条款B.2.3(1)

■ 每一块混凝土板都必须水平浇筑,与实际情况一样[***条款B.2.3(1)***]。在过去,许多试件都是竖向浇筑的,有可能使得连接件下方的混凝土压实不良。

条款B.2.3(3)
条款B.2.3(4)

■ 与 BS 试验不同,混凝土养护细节在***条款B.2.3(3)***和***条款B.2.3(4)***中有详细说明。

■ 推出试验中测得的混凝土强度必须满足下式:

$$0.6 \leq F_{cm}/f_{ck} \leq 0.8 \quad (D11.1)$$

条款B.2.3(5)

式中,f_{ck}是实际中的规定强度[***条款B.2.3(5)***]。BS 试验的相应规定是:

$0.86 \leq f_{cm}/f_{cu} \leq 1.2$

式中,f_{cu}是"梁中混凝土的立方体强度"。对于这两个标准,必须使用相同类型的试件,采用圆柱体或立方体进行强度试验。

现在解释条件(D11.1)。其本质上是:

$f_{cm}=0.7f_{ck}$

栓钉的抗力通常可以由公式(*6.19*)得到:

$P_{Rd}=0.29\alpha d^2(f_{ck}E_{cm})^{0.5}/\gamma_V$

在推出试验中,f_{ck}实际上被$0.7f_{ck}$取代。于是:

$$P_{Rd}=0.29\alpha d^2(0.7f_{ck}E_{cm})^{0.5}/\gamma_V=0.29\alpha d^2(f_{ck}E_{cm})^{0.5}/1.5 \quad (D11.2)$$

此时 $\gamma_V=1.25$。这表明,条件(D11.1)的目的是为了补偿系数 γ_V取 1.25 值

的情况，其低于通常用于混凝土中的值 1.5，并且实验室中混凝土质量可能要比施工现场更好。

■ 在预期极限破坏荷载的 5% ~40% 之间循环加载 25 次[**条款*B.2.4(1)***]。BS 试验不需要这操作。由于靠近剪力连接件的混凝土中应力非常高，即使荷载在破坏荷载的 40% 时，也可能出现明显的局部开裂和非弹性特性。这种重复加载可以保证，如果被测连接件可能发生缓慢滑动，则上述现象将成为证据。 条款*B.2.4(1)*

■ 测量纵向滑移和横向剥离[**条款*B.2.4(3)*** 和**条款*B.2.4(4)***]，以确定滑移特性和隆起，解释如下。BS 试验不需要该测量。 条款*B.2.4(3)* 条款*B.2.4(4)*

推出试验结果评估

通常，对名义上相同的试件进行三次试验，以分别确定混凝土抗力标准值 P_{Rk} 和连接件材料的规定强度 f_{ck} 和 f_u。设 P_m 为平均值，P_{min} 为 3 个连接件中单个的最低抗力值，f_{ut} 为所测得的连接件材料极限强度值。如果所有 3 个结果都在 P_m 的 10% 范围内，那么，根据**条款*B.2.5(1)*** 有： 条款*B.2.5(1)*

$$P_{Rk}=0.9P_{min} \tag{D11.3}$$

条款*B.2.5(2)*引用了 EN 1990 的附录 D(资料性)。如果结果的离散程度超出限值的 10%，则应遵循该方法。

EN 1990 条款 D.8 中通过少量试验结果推导出标准值的方法，未考虑先前的认识，会严重使三试件试验系列处于不利位置。同时，有必要考虑过去推出试验的经验。条款 D.8.4 与此有关。对于 3 个试验，它设定了所有结果必须在平均值 P_m 10% 以内的条件，并将标准承载力表达为与 P_m 和 V_r 有关的函数，“在之前试验中已观测到最大变异系数”，其“平均值的 10%”条件是满足的。

以前的大部分结果来自许多不同类型的试件研究项目。例如，压型钢板上栓钉的结果被发现是来自 7 个不同统计群体的样本(Johnson 和 Yuan，1998)，无法确定 V_r 值。基于以前的实践，条款*B.2.5(1)*的方法是将 3 个结果中的最低值减小 10%。从 EN 1990 条款 D.8.4 可以推导出，对于 1 组 3 个结果且其中最低值比平均值低 10% 的情况，条款*B.2* 的方法表明 $V_r=11\%$。

当 $f_{ut}>f_u$ 时，条款*B.2.5(1)*会启动“惩罚”，即将承载力进行折减。这适用于连接件的抗力由其自身材料(通常为钢材)决定的情况，但实际上连接件的抗力主要取决于混凝土的强度，特别是在使用轻质混凝土的情况下。修正似乎过于保守，因为条款*6.6.3.1(1)*将 f_u 限制在 500N/mm^2 以内，并且栓钉的材料强度可以超过 600N/mm^2。

在 BS 试验中，从下式计算“名义”强度 P_u：

$P_u=(f_{ck}/f_c)P_{min}$

然后：

$P_{Rd}=P_u/1.4$

碰巧 1.25/0.9 = 1.4，所以，根据公式(D11.3)，两种方法在 P_{min} 和 P_{Rd} 之间给

出了类似的关系,除了对钢强度进行修正的 Eurocode 结果和对混凝土强度进行修正的 BS 结果。这可能是由于 BS 试验结果很少由钢强度决定,因为板很可能会劈裂破坏。

条款B.2.5(3)

条款B.2.5(3)适用于带有环状物的块形连接件,其中块形件抵抗大部分剪刀,而环状物抵抗大部分的掀起作用。

条款B.2.5(4)

连接件的延性[*条款6.6.1.1(5)*]取决于其标准滑移能力,这在***条款B.2.5(4)***中定义。根据 P_{Rk}的定义[*条款B.2.5(1)*],所有 3 个试件都将达到更高的荷载,因此*图B.2* 中的滑移 δ_u都取自荷载-滑移曲线的下降分支。因此,当达到最大荷载时,不应立即终止推出试验。

B.3 组合楼板试验

一般规定

组合板最常见的破坏模式是纵向剪切,即在钢-混凝土界面处发生互锁失效破坏。纵向抗剪承载力很难通过理论预测。压型钢板凹凸压痕和高度以及压型钢板的形状都具有显著的影响。目前还没有确定的方法来计算这种抗力,因此 EN 1994-1-1 的方法主要依赖试验。

条款B.3.1(1)

每种新型压型钢板都需要进行试验。它们通常由制造商完成,这自然会考虑尽量降低成本。它们的目标[***条款B.3.1(1)***]是为"m-k 方法"中的系数 m 和 k 提供数值,或者为部分剪力连接方法提供所需的纵向剪切强度。这些验证纵向抗剪承载力的方法见*条款9.7.3* 和*条款9.7.4*。关于它们的详述与此处有关。

条款B.3.1(2)

试验还会确定剪力连接是脆性还是延性[***条款B.3.1(2)***]。对于脆性性能会有 20% 的惩罚措施[*条款B.3.5(1)*]。鉴于试验的目的,失效必须是纵向剪切破坏[*条款B.3.2(6)* 和*条款B.3.2(7)*]。

试验次数

条款B.3.1(3)
条款B.3.1(4)

条款B.3.1(3)中的相关变量列表和***条款B.3.1(4)***中的特许情况明确了所需的试验次数和结果的适用性。如果在板的设计中采用了比试验更薄的板或更弱的材料,结果可能是不保守的,*条款B.3.1(4)*中的规定正是基于该原则。在实际中,测量的材料强度几乎总是高于规定的标准值,这导致本条款中的系数取为 0.8。

为了说明由*条款B.3.1* 产生的实际问题,假定制造商需要寻求确定新型材的抗剪强度,以此作为一系列钢板厚度、组合板厚度和跨度以及混凝土强度(包括轻质混凝土和普通混凝土)等设计数据的基础。需要多少次试验?

考虑到对脆性性能的折减[*条款B.3.5(1)*],假设新的压型钢板符合*条款9.7.3(3)*关于延性的规定。部分连接方法比 m-k 方法更通用,故推荐使用。它通过电子表格进行计算,很简单。根据*条款B.3.2(7)*,将 4 个试件作为一组进行试验。现在依次考虑变量,以找出每个变量所需的最小值,从而可得出全部所需的试验次数。

(a)钢板厚度:测试最薄的钢板。由于互锁强度取决于板材中各个板构件的局部弯曲,因此结果可能不适用于较薄或明显较弱的钢板,因为这将更加容易弯曲。 (1)

(b)钢板类型,即压型类型,包括任何重叠细节,以及凸起的规格及其公差。确保测试钢板的凸起满足*条款B.3.3(2)*,并对其他细节进行标准化。 (1)

(c)钢材等级:测试使用的最高和最低等级。*条款3.5* 中列出的材料标准包括几个名义屈服强度。 (2)

(d)涂层:如果可能,应标准化。 (1)

(e)混凝土密度:测试最小密度和最大密度。 (2)

(f)混凝土等级:试验的平均强度不得超过混凝土强度 f_{ck} 最低值的 1.25 倍,混凝土强度 f_{ck} 的规定见*条款B.3.1(4)*。对于强度较高的混凝土,结果会略微偏保守。 (1)

(g)板厚:测试最薄的板和最厚的板。 (2)

不允许使用单一厚度,因为剪力连接的有效性可能取决于混凝土部件的刚度。附录 B 给出了板厚影响的理论模型,其总结将在下面阐述。

(h)剪力跨:在使用试验结果的规定中考虑了这一点。

这总共给出了:

$4\times(1)^4\times(2)^3=32$ 次试验

也许可以将调查范围限制为单一钢材和普通混凝土,这样可以将试验次数减少到 8 次,使试验更加便于操作。如果有其他证据表明,对于厚板和高强度混凝土,可能会分别导致参数(a)和(f)的结果过于保守,那么则需要进行更多的试验。

对于 *m-k* 方法,试验是 6 个一组,那么试验次数从 32(或 8)上升到 48(或 12)。

本指南附录 B 的主要结论如下:

- 对于部分相互作用方法,在相同剪跨的前提下,若已知两种厚度板的试验结果,则可采用插值法获取中间厚度板的结果;
- 对于 *m-k* 方法,两个剪跨的试验结果适用于剪跨长度介于两者之间的被测试件。

附录 B 的状态,以及使用较少的试验

附录 B 是资料性的。英国国家附件允许使用该附录。从*条款9.7.3(4)*和*条款9.7.3(8)*的注释可知,其试验方法可以“假定符合纵向受剪相关设计方法的基本要求”。这些要求不明确:必须主要由*附录B* 推断得到。

这意味着如果试验不符合上述描述的广泛方案,则必须说服某些独立机构,例如相关管理机构或其代理人,使其相信所提供的证据确实能满足这两种设计方法中的一个或两个的“基本要求”。如果这样做,该设计可申明在这方面符合 Eurocode 4;但这种做法可能无法在国际上通用。

对不完全符合*附录B* 的试验,其结果分析方法见例 11.1 和例 11.2,由Johnson (2006)给出。

附录B 最终可能被欧洲标准中确定组合板抗剪承载力的方法所取代。在那之前,情况并不令人满意。开发更好的理论模型会有所帮助。目前,研究人员在验证这些方面存在困难,因为一些制造商不愿意发布他们的详细测试结果。

如果新的型材是在现有范围内开发,则可以使用早期试验结果来预测某些参数的影响,从而减少所需的新试验数量。

试验布置

*条款**B.3.2(2)***

在相距支座 $L/4$ 处,将荷载对称地施加到跨度为 L 的简支板上[***条款B.3.2(2)***],将裂缝感应器置于荷载下[*条款B.3.3(3)*],以减少局部变化对混凝土抗拉强度的影响。破坏荷载比板自重大得多,因此在剪跨区内(见*图B.3*)受到的竖向剪力几乎恒定。与 BS 5950-4 中的测试细节不同,BS 5950-4 中竖向剪力在裂缝感应器和较近支座之间的长度上是有变化的。

*条款**B.3.2(6)***

由于剪跨区长度是固定比例的跨度,因此可以通过改变跨度 L 获得 m-k 方法中[***条款B.3.2(6)*** 和*图B.4*]的 A 区域和 B 区域的试件。由于该方法是经验性的,因此最好能确保试验包括了实际使用中所需的跨度范围(英国标准化协会,1994a)。在选择试验的最大跨度时,需要事先评估组合截面的抗弯承载力值,因为如果从发生弯曲破坏的试件中确定抗剪强度,其值会过低。这在例 11.2 中有说明。

*条款**B.3.2(7)***

对于具有延性的板和在设计中采用部分相互作用的方法,对于给定厚度 h_t 的试件,可以将每组系列试验的次数从 6 次减少到 4 次[***条款B.3.2(7)***]。

*条款**B.3.3(1)***
*条款**B.3.3(2)***

条款B.3.3(1) 和***条款B.3.3(2)*** 旨在最大限度地减少试验与实际使用中压型钢板之间的差异。已经发现,凸起压痕的高度对抗力有显著影响。

*条款**B.3.3(6)***

采用支撑的施工会增加纵向剪力。要求试验结果能同时包括用于有支撑和无支撑的情况[***条款B.3.3(6)***]。

*条款**B.3.3(8)***
*条款**B.3.3(9)***

根据***条款B.3.2(8)***,用于确定混凝土强度[在***条款B.3.3(9)*** 中有说明]的试件应与试验板在同等条件下养护。当然,这并不是说要像通常标准立方体和圆柱体那样在水下养护。当强度偏离均值较大时,混凝土强度取最大值[*条款B.3.3(9)*]。这将导致试验结果的适用性受到更多限制[*条款B.3.1(4)*]。

*条款**B.3.3(10)***

压型钢板强度的试验方法[***条款B.3.3(10)***]在其他地方给出(英国标准化协会,2001)。

*条款**B.3.4(3)***
*条款**B.3.4(4)***

初始加载试验是循环的[***条款B.3.4(3)*** 和***条款B.3.4(4)***],用于破坏板材和混凝土之间的任何化学粘结,从而确保后续的破坏试验能够真实地反映出纵向剪力变化下的长期抗力。循环次数为 5000 次,比 BS 5940-4 中所要求的少,但已经被认为能够满足这些目的。

m 和 k 的设计值

*条款**B.3.5(1)***

条款B.3.5(1) 给出了两个端部反应可能略有不同的可能设计规定,并采用

附加安全系数 1.25 来弥补脆性性能,以折减系数 0.8 体现。

条款B.3.5(2) 的方法适用于任何一组 6 个或 6 个以上的试验结果,不论它们的离散程度如何。***条款B.3.5(3)*** 参考的 EN 1990 中给出了一个"恰当的统计模型",这个模型将会对试验结果的离散程度和数量(如果很小的话)进行惩罚。 ***条款B.3.5(2)*** ***条款B.3.5(3)***

如果一个组由 6 个试验组成并且试验结果是一致的,则*条款B.3.5(3)*提供了一种简单的方法来确定*图B.4* 中所示的设计线,从而得到 m 和 k 值,它们以 $\mathrm{N/mm^2}$ 为单位。

这些方法与 BS 5950-4 中的方法不同,不论是确定能给出 m 和 k 值的设计线(见图 11.3),还是关于 m 和 k 值的定义都不一样。在 BS 5950 中,k 与混凝土强度的平方根成比例,这导致单位的复杂化,并且两组 3 个结果可能来自具有不同混凝土强度的板。已经发现,当 m 和 k 如 BS 5950-4 中那样定义时,故意将强度差异很大的混凝土用于图 11.3 区域 A 和区域 B 中的试件时,会导致该方法的不安全应用。*条款B.3.3(8)* 中要求如*图B.4* 的图中的所有结果都要来自采用名义上相同混凝土的试件,因此在该图中绘制的函数关系中不需要包括混凝土强度。

条款9.7.3(4) 中竖向剪力公式和*条款B.3.5* 中 m 和 k 的定义在量纲上是正确的,并且可以用于任何单位一致的情况。然而,通过对使用 Eurocode 方法得到的一组试验结果进行分析所得到的 m 和 k 值不同于使用 BS 方法得到的值,并且 k 的值相差甚大。例 11.1 说明了 BS 值与 Eurocode 值之间的转换。*附录B* 中讨论了不符合*附录B* 的试验结果的适用性。

$\tau_{u,Rd}$设计值

条款B.3.6(1) 对应*图B.5* 中所示的部分相互作用曲线(该图中有一些小错误,正在更正中,在压力块的插图中,混凝土应力应该是 $0.85f_{cm}$,而不是 f_{cm}。符号 $M_{p,Rm}$应用 $M_{pl,Rm}$代替,N_{cf}应用 $N_{c,f}$代替)。该图用于正弯矩的情况,并且是由一组具有名义上相同横截面的试件的试验结果确定的,具体过程如下: ***条款B.3.6(1)***

(a)确定所需尺寸和材料强度的测量值,并用于计算试件的完全相互作用塑性抗弯承载力 $M_{pl,Rm}$和混凝土板中相应的压力 $N_{c,f}$。

(b)为 $\eta(=N_c/N_{c,f})$ 选择一个值,用来确定 N_c 值,该值为假定发生弯曲破坏时该破坏截面上板中的部分相互作用压力。然后计算相应的抗弯承载力值:

$$M = M_{pr} + N_c z$$

M_{pr}由公式(9.6)得到,其中,N_c 代替 $N_{c,f}$,z 由公式(9.9)计算。这给出了*图B.5*曲线上的单个点,该点假设在钢板和混凝土界面间发生不确定的滑移。这就需要有延性性能。

(c)通过用不同的 η 值重复步骤(b),得到足够多的点来确定部分相互作用曲线。

根据***条款B.3.6(2)***,从每次试验中得到弯矩 M。*图B.5* 中的 M_{test} 可以得到一个 η_{test},从而由公式(*B.2*)得到 τ_u。 ***条款B.3.6(2)***

对于图*B.3* 中所示的试验布置,在剪跨 L_s之外会有一个悬臂 L_0,沿着该悬臂会发生滑移。这在公式(*B.2*)中是允许的,其假设剪切强度沿着总长度 $L_s + L_0$是相同的。实际上,该强度包括了钢板和混凝土之间表面摩擦产生的贡献,这源于竖向荷载是通过界面将剪力传递到支座的。在条款*B.3.6(2)*中,该效应已包含在 τ_u值中。

条款B.3.6(3)

条款*B.3.6(3)*中给出了更为准确的 τ_u计算公式,该公式可作为条款*9.7.3(9)*的替代方法,并给出了相关说明。

根据条款*B.3.2(7)*,每组 4 个相同厚度板试件中的一个"仅用于"检查延性。这表明当从"测试值"中确定剪切强度标准值时,不使用该试件计算得到的 τ_u结果,如条款*B.3.6(4)*中所述。当确定 m 和 k 时,也应包括短剪切跨的结果。因此,似乎没有理由从低于 5% 的分数值 $\tau_{u,Rk}$中排除第 4 个结果。将其除以 γ_{VS}以获得条款*9.7.3(8)*中使用的设计值。

部分相互作用曲线的形状取决于板的厚度,因此每个厚度似乎需要单独完成一次试验。本指南附录 B 末尾讨论了对不同厚度试验的需求。

例 11.1:组合楼板的 *m-k* 试验

在本例中,m 和 k 的值是从一系列不符合条款*B.3*"组合楼板试验"的试验中确定的。根据相关的荷兰标准 RSBV 1990 进行的这些试验类似于 ENV 1994-1-1 条款 10.3.2 中规定的"特定试验",其已从 EN 1994-1-1 中删除。

这组 8 块简支组合板的试验已经被完全报道(van Hove,1991)。压型钢板的横截面如图 9.4 所示。这里确定的 m 和 k 值用于例 9.1"双跨连续组合板",其中包括对非组合板的试验结果。

试验试件和试验方法

所有组合板的宽度均为 915mm,符合条款*B.3.3(5)*的规定,并采用相同配合比的轻质混凝土浇筑,且采用支撑施工[条款*B.3.3(6)*](给出了条款编号但没有解释,说明符合该条款的相关规定)。破坏试验是在 27 ~ 43d 龄期之间进行的,板的强度试验结果[条款*B.3.3(8)*]如表 11.1 所示。在每个板中布置直径为 6mm、间距为 200mm 的钢筋网[条款*B.3.3(7)*]。

组合楼板试验结果　　表 11.1

试验编号	f_{cu} (N/mm^2)	0.1mm 滑移时的荷载 (kN)	$\delta = L/50$ 时的荷载 (kN)	最大荷载 (kN)	$10^3 X$ [(1/N$^{0.5}$)mm]	$10^3 Y$ (N$^{0.5}$ mm)	$10^3 x$	$10^3 y$ (N/mm^2)
1	31.4	63.3	75.5	75.5	0.222	58.6	1.115	294
2	30.4	65.3	75.5	75.5	0.226	59.6	1.115	294
3	32.1	64.3	73.9	73.9	0.220	56.7	1.115	287
4	34.2	66.8	75.4	75.4	0.213	56.1	1.115	293
5	35.3	52.2	94.0	94.2	0.472	108.2	2.51	575
6	37.4	54.2	90.9	94.0	0.459	104.9	2.51	574
7	37.2	52.2	91.7	93.9	0.460	105.0	2.51	573
8	36.9	56.2	94.7	95.4	0.462	107.2	2.51	582

对于试件 1 ~ 试件 4,总厚度和跨度分别为 $h_t = 170mm$ 和 $L = 4500mm$,其中符号如*图 B.3* 所示。对于试件 5 ~ 试件 8,$h_t = 120mm$ 和 $L = 2000mm$。每个支撑的中心线与相邻板端之间的距离为 100mm[*条款 B.3.2(4)*]。板材表面未脱脂[*条款 B.3.3(1)*]。

从上翼缘和下翼缘切割的试样中获得钢材的拉伸和屈服强度[*条款 B.3.3(10)*],平均值为 $f_u = 417N/mm^2$ 和 $f_{y,0.2} = 376N/mm^2$。在 0.2% 应变下测得的应力为 $376N/mm^2$,明显高于在另一组试验(Elliott 和 Nethercot,1991)中得到的屈服强度 $320N/mm^2$。该板材的名义屈服强度为 $280N/mm^2$(现为 $350N/mm^2$),仅为 $376N/mm^2$ 的 74%,因此*条款 B.3.1(4)* 不适用。这是可以接受的,因为屈服强度的微小变化对纵向抗剪承载力几乎没有影响。

在例 9.1 中对试件的特性有进一步的说明。

如图 11.2 所示,在 4 点加载下测试板,并在跨中两侧的 L/8 距离处布置裂缝感应器。这不符合*图 B.3*;*条款 B.3.2(3)* 规定是两点加载。必须找到适当的 L_s 值,用于确定 m 和 k 值。找到了两点加载的剪力图,如图 11.2 中的虚线所示,其面积与实际剪力图相同,并且最大竖向剪力也相同。这里,$L_s = L/4$,如*附录 B* 所示。

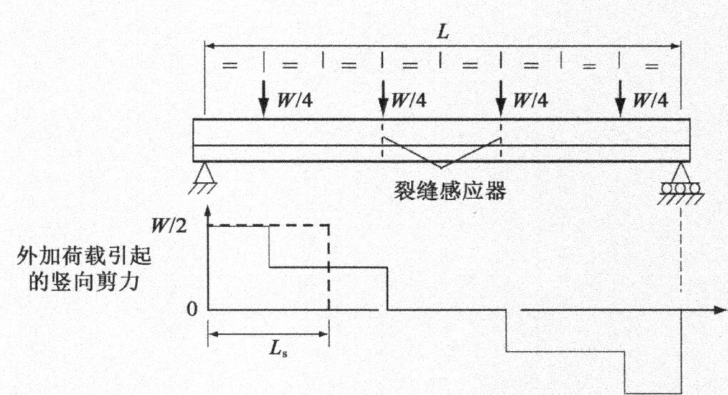

图 11.2　组合板试验中使用的荷载

循环加载

条款 B.3.4 指定在 $0.2W_t \sim 0.6W_t$ 之间加载 5000 次循环荷载,其中 W_t 是静态破坏荷载。在这些试验中,试件 1 的 W_t 为 75.5kN,试验 2 ~ 试验 4 中的荷载范围为 $0.13W_t \sim 0.40W_t$,有 10000 次循环。对于试件 5 ~ 试件 8,平均破坏荷载为 94.4kN,试验 6 ~ 试验 8 中的疲劳荷载范围为 $0.19W_t \sim 0.57W_t$,接近所规定的范围。这些差异并不明显。

试验破坏结果

为了满足*条款 9.7.3(3)* 关于延性的要求,有必要记录试件在末端滑移量为 0.1mm、挠度(δ)达到 1/50 跨度以及达到最大荷载时的总荷载,包括自重。这些都在表 11.1 中给出。

如条款*9.7.3(3)*所规定,对于所有试验,破坏荷载取 $\delta = L/50$ 时的荷载。这些荷载都超过了 0.1mm 的滑移量对应荷载的 10%,最小的都超过了 13%。因此,所有破坏都是“延性的”。根据条款*B.3.5(1)*,竖向剪力代表值 V_t 取为破坏荷载的一半。

确定 *m* 和 *k* 值

在最初的报告(van Hove,1991)中,用于绘制结果的轴与 BS 5950-4 中的轴类似[图 11.3a)]。它们是:

$$X = A_p / [bL_s(0.8f_{cu})^{0.5}]$$
$$Y = V_t / [bd_p(0.8f_{cu})^{0.5}] \tag{D11.4}$$

式中,f_{cu} 是测得的混凝土立方体强度,其他符号按 Eurocode 采用。根据结果计算得到的 X 和 Y 值见表 11.1,从中可以确定以下数值:

$$m = 178\text{N/mm}^2$$
$$k = 0.0125\ \text{N}^{0.5}\text{mm} \tag{D11.5}$$

对于 EN 1994-1-1 中定义的 m 和 k,相关的轴[图 11.3b)]为:

$x = A_p / bL_s$

$y = V_t / bd_p$

所以:

$$x = X(0.8f_{cu})^{0.5}$$
$$y = Y(0.8f_{cu})^{0.5} \tag{D11.6}$$

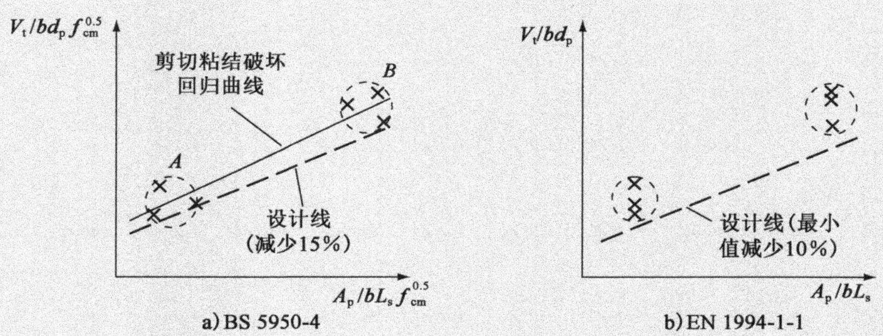

图 11.3　组合板的试验结果评估

可以假设 BS 5950-4 的 m 值不变,但 k 是 BS 的值乘以$(0.8f_{cu,m})^{0.5}$,由此作为 EN 1994-1-1 中 m 和 k 的近似值,如上所述,其中 $f_{cu,m}$ 是该系列的平均立方体强度。这些值是:

$$m = 178\text{N/mm}^2$$
$$k = 0.066\text{N/mm}^2 \tag{D11.7}$$

这些结果是近似值,因为对于每次试验 f_{cu} 是不同的,并且*附录 B* 中用于确定标准值的方法不同于 BS 方法。正确的方法是,计算每次试验的 x 和 y,并绘制一个新图,然后根据条款*B.3.5*,从中确定 m 和 k,如下所示。

表 11.1 中给出了依据公式(D11.6)计算得到的 x 和 y 值,每一组 4 个试件的差异都非常小,因此在图 11.4 范围内,每一组都只用一个点表示:A 和 B。条款*B.3.5(3)*表明,每个组内的变化是满足要求的。使用该条款的简化方法,认为特征曲线是通过 C 点和 D 点的直线,它们的 y 坐标分别比试件 3 和试件 7 的值低 10%。这条线给出的结果为:

$$m = 184\text{N/mm}^2 \qquad k = 0.0530\text{N/mm}^2 \tag{D11.8}$$

上述计算结果在例 9.1 中使用。

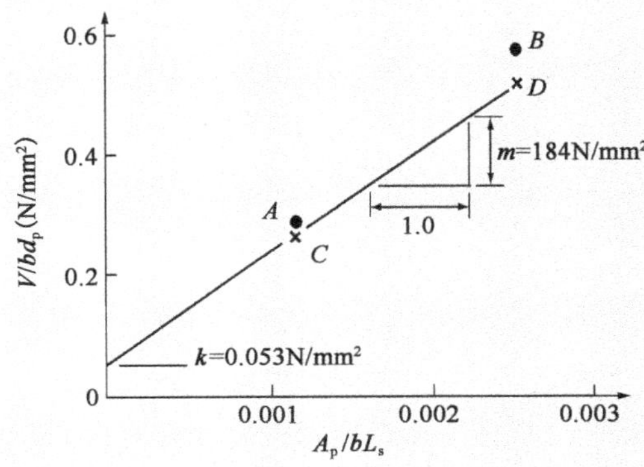

图 11.4　确定 m 和 k

对于这些试验,近似方法给出的 m 的误差较小,为 −3%,但对于 k 有 +25% 的较大误差。根据条款*9.7.3(4)*,抗剪承载力设计值为:

$$V_{1,\text{Rd}} = (bd_p/\gamma_{\text{VS}})[(mA_p/bL_s) + k] \tag{D11.9}$$

式(D11.9)方括号中的第二项远小于第一项,在本例中,m 和 k 的误差几乎可以忽略。在例 9.1 中,$V_{1,\text{Rd}}$等于 28.0kN/m。使用公式(D11.7)的 m 和 k 近似值对其进行修正,修改后的值仅为 28.3kN/m。

该例表明,试验报告中的 k 值之间存在较大的差异,但是其影响并不明显。这是因为 k 是通过图 11.4 中 A 区和 B 区之间的区域外推而得到的,以此提供设计数据。

关于部分相互作用方法的注意事项

在例 9.1 中设计了一种使用测试板型的组合板。采用 m-k 方法对纵向受剪进行了验证,m 和 k 值由实验结果计算得到,如例 11.1 所示。

为了说明条款*9.7.3(7)*～条款*9.7.3(9)*的部分相互作用方法,我们将在例 11.2 中尝试采用该方法对使用相同试验结果的相同组合板进行另一次验证(van Hove,1991)。下面假设读者熟悉前面两个例子。例 11.2 说明了将这种方法与现有的非标准试验数据一起使用时的潜在问题,并表明 ENV 1994-1-1(英国标准化协会,1994b)中给出的流程,其在 EN 1994-1-1 中已被删除,可能导致非保守的结果。

例 11.2:部分相互作用方法

由例 11.1 可知,所报道的 8 个试验表明板具有*条款9.7.3(3)*所规定的“延性”。对于部分相互作用方法,*条款B.3.2(7)*要求对总厚度 h_t 相同的试件进行至少 4 次试验:3 次是长剪跨的,以确定 τ_u,1 次是短剪跨的,但不小于 $3h_t$。试验满足 $3h_t$ 条件,但不满足统一厚度条件。4 块大跨度板均比 4 块小跨度板厚。单次小跨度试验的目的是验证延性,此处可以满足。

大跨度试验(编号 1 ~ 编号 4)中记录的最大端部滑移量仅为 0.3mm,这揭示了一个问题。当挠度达到跨度的 1/50 时,这些试验停止,此时不可能达到最大纵向剪力。试件的跨/高比高达 26.5,可能发生弯曲破坏而不是纵向剪切破坏。试验结果证实了这一点:试验 1 ~ 试验 4 的剪切强度比小跨试验 5 ~ 试验 8 的剪切强度低约 30%,其中后者最大荷载下的端部滑移为 1 ~ 2mm,其跨/高比为 16.7。

*条款B.3.2(7)*要求剪切强度由大跨板结果确定。它对于剪切跨度的条件“尽可能长,同时仍然提供纵向剪切破坏”可能没有在这里得到满足,因此,最终设计值 $\tau_{u,Rd}$ 要低于使用较小跨度进行试验 1 ~ 试验 4 本应具有的值。在缺乏先前试验的指导下,这种条件在试验规划时是很难满足的。

在例 11.1 中,将这些试验的其他方面与*附录B*的规定进行了比较。

部分相互作用图

表 11.1 给出了 8 次试验测得的立方体强度和最大荷载。测得的平均屈服强度和钢板的横截面面积分别为 376N/mm² 和 1145mm²/m。对于完全抗剪连接,塑性中性轴位于钢板上方,因此*条款9.7.2(5)*适用。

完全相互作用的纵向力为:

$$N_{c,f} = A_p f_{yp} = 1145 \times 0.376 = 431\text{kN/m} \tag{D11.10}$$

应力块如图 11.5b)所示。试件 5 ~ 试件 8 的平均立方体强度为 36.7N/mm²。使用 EN 1992-1-1 表 3.1 中的强度等级来转换为圆柱体强度,得到最接近的结果是 C30/37,因此圆柱体强度为:

$f_{cm} = 36.7 \times 30/37 = 29.8\text{N/mm}^2$

混凝土应力块的高度为:

$$x_{pl} = 431/(0.85 \times 29.8) = 17.0\text{mm} \tag{D11.11}$$

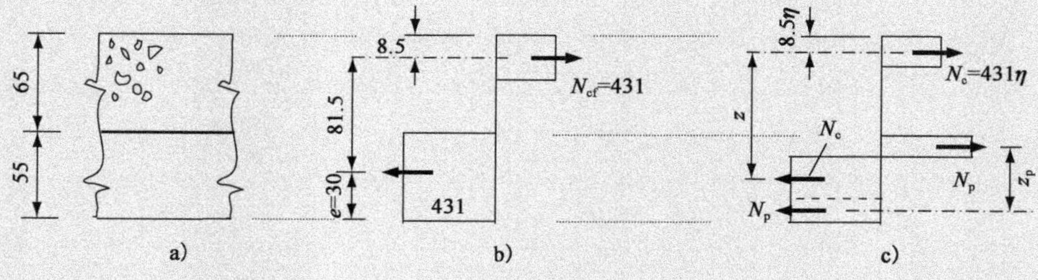

图 11.5 部分相互作用组合板抗弯承载力应力块(尺寸单位:mm)

在完全相互作用下，板中力 $N_{c,f}$ 作用于其形心位置，距其底面上方 30mm，因此力臂为：

$z = 120 - 17/2 - 30 = 81.5\text{mm}$

$M_{pl,Rm} = 431 \times 0.0815 = 35.1\text{kN} \cdot \text{m/m}$

依据条款*B.3.6(1)*，现在考虑部分相互作用图的计算方法。*图B.5* 中的应力块参照条款*9.7.2(5)* 和条款*9.7.2(6)*，条款*9.7.2(6)*需要经条款*9.7.3(8)*进行修正。根据公式(D11.11)，对于任何程度的剪力连接 $\eta(=N_c/N_{c,f})$，应力块高度为 17ηmm，作用线位于板顶部下方的 8.5ηmm 处[图 11.5c)]。

对于 η 的任何假定值，力臂 z 由公式(*9.9*)给出。对于典型的梯形钢板，其 $e_p > e$(这些符号如*图9.6* 所示)，公式(D9.4)中给出的简化应由下式代替：

$$z = h_t - 0.5\eta x_{pl} - e \tag{D11.12}$$

式中，h_t是试验板的厚度。使用 e 代替 e_p是因为平均抗力 M_{Rm}的近似结果被高估了。将图 11.6 中的抗力曲线如 FG 向上移动。对于给定的试验抗力 M，遵循路线 ABC 会给出较低的 η_{test}值，并且从公式(*B.2*)得到较低的预测值 τ_u。

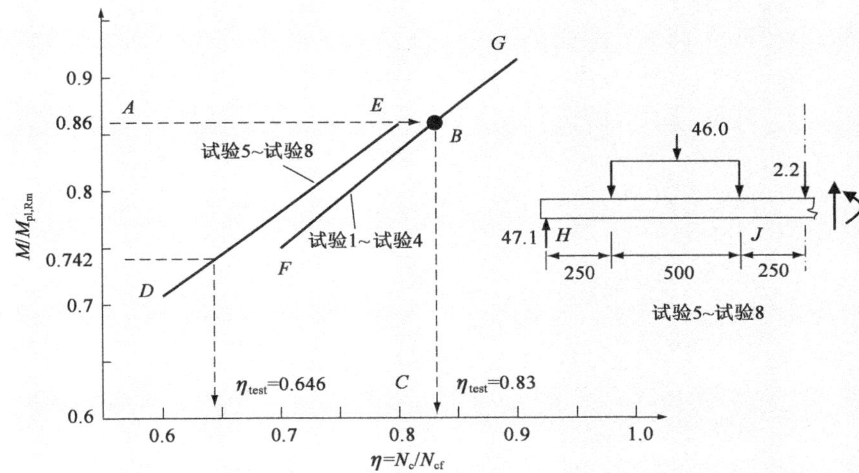

图 11.6　试验的部分相互作用图(单位：mm 和 kN)

试验 5 ~ 试验 8 的曲线 DE 是通过计算 η 的一组值获得的，η 涵盖了试验中得到的 $M/M_{pl,Rm}$范围。平均抗弯承载力由下式给出：

$$M_{R,m} = M_{pr} + \eta N_{c,f} z \tag{D11.13}$$

[基于公式(D9.5)]。由公式(D9.4)可得钢板的折减塑性抗弯承载力 M_{pr}，其值等于图 11.5c)中的 $N_p z_p$，公式(D9.4)是由公式(*9.6*)依据条款*9.7.3(8)*修正而得。

部分相互作用图和 τ_u的计算

对于 $\eta \geq 0.2$，由公式(D.4)和公式(D11.13)有：

$$M_{R,m} = \eta N_{c,f} z + 1.25 M_{pa}(1 - \eta) \tag{D11.14}$$

假设 $\eta=0.7$,对于试件5~试件8,根据公式(D11.12)有:

$z=120-0.7\times8.5-30=84.0\text{mm}$

根据试验(van Hove,1991),$M_{pa}=5.65\text{kNm/m}$,$e_p=33\text{mm}$,因此 $e-e_p=3\text{mm}$,远小于 z。根据公式(D11.14):

$M_{Rm}=0.7\times431\times0.084+1.25\times5.65\times0.3=27.48\text{kNm/m}$

$M_{Rm}/M_{pl,Rm}=27.48/35.1=0.783$

对于试件1~试件4,$h_t=170\text{mm}$,$M_{pl,Rm}=56.7\text{kNm/m}$。对于 $\eta=0.7$:

$z=170-0.7\times8.5-30=134\text{mm}$

$M_{Rm}=0.7\times431\times0.134+1.25\times5.65\times0.3=42.5\text{kNm/m}$

$M_{Rm}/M_{pl,Rm}=42.5/56.7=0.750$

对其他程度的剪力连接试件进行类似计算,可得到小跨度板5~板8的曲线 *DE* 和板1~板4的曲线 *FG*。它们几乎都是线性的(图11.6)。

在*条款B.3.6(2)*中,假设在试验中使用两点加载,弯矩 M 定义为"点荷载作用位置处横截面上的弯矩",这里使用了4点加载(见图11.2)。破坏时,在每一个内加载点和最近支座之间的 $3L/8$ 范围内存在较大的滑移,因此,对于这些试验,M 取为内加载点位置处的弯矩值,并且取 L_s 等于 $3L/8$。

现在解释试件5的 M_{test} 计算。从表11.1可以看出,最大荷载为94.2kN。这里包括拆除混凝土浇筑期间的跨中支撑而施加在组合板上的荷载2.2kN(van Hove,1991)。因此,组合构件上的荷载如图11.6所示,则 J 点处的弯矩为:

$M_{test}=47.1\times0.75-23.0\times0.5=23.83\text{kNm}$

这是一块宽度为0.915m的板,因此:

$M_{test}/M_{pl,Rm}=23.83/(0.915\times35.1)=0.742$

根据图11.6,$\eta_{test}=0.646$。

表11.2给出了试件1~试件4的相应结果。

剪力连接程度(来自组合板试验结果) 表11.2

试验编号	最大荷载(kN)	M_{test}(kNm)	$M_{test}/M_{p,Rm}$	η
1	75.5	44.8	0.863	0.835
2	75.5	44.8	0.863	0.835
3	73.9	43.9	0.846	0.814
4	75.4	44.7	0.862	0.833
5	94.2	23.83	0.742	0.646

根据试验1~试验4的结果,*条款B.3.6(4)*将 $\tau_{u,Rk}$ 定义为5%以下的分位数。关于这些结果的变异性可能还有其他证据。这里,假设能够使用低于平均值10%的值。

根据条款*B.3.6(2)*：

$$\tau_u = \eta N_{c,f}/[b/(L_s + L_0)] \quad (D11.15)$$

对于试验 1 ~ 试验 4，$L_s = 3 \times 4.5/8 = 1.69$m。对于所有试验，$N_{cf} = 431$kN/m，$L_0 = 0.1$m，$b$ 取 1.0m。因此：

$\tau_u = (431/1790)\eta = 0.241\eta$N/mm^2

试验 1 ~ 试验 4 中 η 的平均值为 0.829，所以条款*B.3.6(6)*中的 γ_{VS} 取 1.25：

$\tau_{u,Rd} = 0.9 \times 0.241 \times 0.829/1.25 = 0.144$N/mm^2

如 V_x 取 0.012，则此处 4 个 η 值的变异系数非常低。假设 V_x 无法从先前的资料中得到，使用 EN 1990 条款 D7 的方法会得到一个很低的结果，因为 V_x 应假定至少为 0.10。

图 11.6 中试件 5 ~ 试件 8 的相互作用曲线 *DE* 略高于曲线 *FG*。在 $\eta = 0$ 处，$M_{p,a}/M_{pl,Rm}$ 值较高，因为对于这些较薄的板（h_t = 120mm），$M_{pl,Rm}$ 的值较小，为 35kN · m/m。使用前述方法得到 $\tau_{u,Rd} = 0.24$N/mm^2。这一更高的结果证实了上述的怀疑，即试件 1 ~ 试件 4 并未达到纵向剪切破坏。

说明

当试验数据符合*附录 B* 中的规定时，则确定 $\tau_{u,Rd}$ 是简单的，因为 η 值可以通过替换图解法（此处用于说明）直接计算得到。但是，当正在计划试验或正在使用其他数据时，则需要对*附录 B* 规定的基础有所了解，特别重要的是，要确保试验中发生纵向剪切破坏。

参考文献

Bode H and Storck I (1990) *Background Report to Eurocode* 4 (*Continuation of Report EC4/7/88*), *Chapter* 10 *and Section* 10.3: *Composite Floors with Profiled Steel* Sheet. University of Kaiserslautern, Kaiserslautern.

Bradford MA, Filonov A and Hogan TJ (2006) Push testing procedure for composite beams with deep trapezoidal slabs. *Proceedings of* 11*th Conference on Metal Structures*. Rzeszow, Poland.

British Standards Institution (BSI) (1987) BS 5400-5. Design of composite bridges. BSI, London.

BSI (1994a) Code of practice for design of floors with profiled steel sheeting. BSI, London, BS 5950-4.

BSI (1994b) DD ENV 1994-1-1. Design of composite steel and concrete structures. Part 1-1: General rules and rules for buildings. BSI, London.

BSI (2001) BS EN 10002. Tensile testing of metallic materials. Part 1: Method of test at ambient temperature. BSI, London.

BSI (2010) BS 5950-3. 1 + A1. Structural use of steelwork in buildings. Design in composite construction. Code of practice for design of simple and continuous composite beams. BSI, London.

Elliott JS and Nethercot D (1991) *Non-composite Flexural and Shear Tests on CF70 Decking*. Department of Civil Engineering, University of Nottingham. Report SR 91033.

Johnson RP (2006) The *m-k* and partial-interaction models for shear resistance of composite slabs, and the use of non-standard test data. In: *Composite Construction in Steel and Concrete V* [Leon RT and Lange J (eds)]. American Society of Civil Engineers, New York, pp. 157-165.

Johnson RP and Oehlers DJ (1981) Analysis and design for longitudinal shear in composite T-beams. *Proceedings of the Institution of Civil Engineers, Part 2* 71: 989-1021.

Johnson RP and Oehlers DJ (1982) Design for longitudinal shear in composite L-*beams. Proceedings of the Institution of Civil Engineers, Part 2* 73: 147-170.

Johnson RP and Yuan H (1998) Existing rules and new tests for studs in troughs of profiled sheeting. *Proceedings of the Institution of Civil Engineers: Structures and Buildings* 128: 244-251.

Oehlers DJ (1989) Splitting induced by shear connectors in composite beams. *Journal of the Structural Division of the American Society of Civil Engineers* 115: 341-362.

Oehlers DJ and Bradford M (1995) *Composite Steel and Concrete Structural Members-Funda-mental Behaviour*. Elsevier, Oxford.

Patrick M (1990) A new partial shear connection strength model for composite slabs. Australian Institute for Steel Construction. *Steel Construction Journal* 24: 2-17.

Stark JWB and van Hove BWEM (1991) *Statistical Analysis of Push out Tests on Stud Connectorsin Composite Steel and Concrete Structures*. TNO Building and Construction Research, Delft. Report BI-91-163.

van Hove BWEM (1991) *Experimental Research on the* CF70/0. 9 *Composite Slab*. TNO Building and Construction Research, Delft. Report BI-91-106.

附录 A　建筑组合梁的侧向扭转屈曲

本附录补充了对条款*6.4* 的说明。

组合板“开裂”弯曲刚度的简化表达

组合板单位宽度的“开裂”刚度在条款*6.4.2(6)*中定义为跨中和支座处刚度的较小者。后者通常起决定性作用，因为在支座处的压型钢板可能是不连续的。现在确定图 A.1 中所示的横截面，图中忽略了钢板。

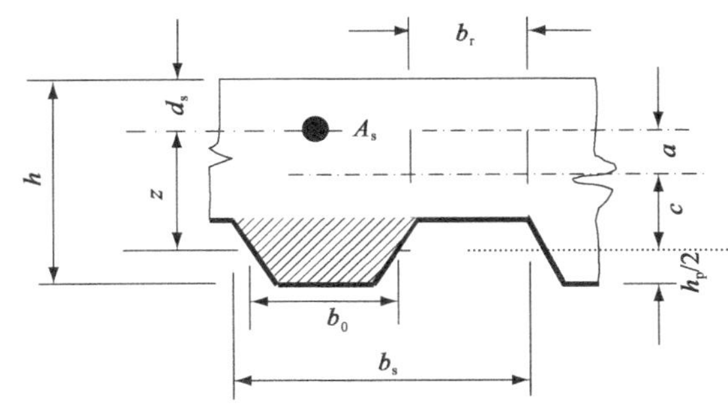

图 A.1　组合板在负弯矩作用下的刚度模型

假设只有槽内的混凝土处于受压状态，因此 h_p 是压型钢板的净高度 h_{pn}。单位宽度板换算成钢的面积为：

$$A_e = b_0 h_p / n b_s \quad \text{(a)}$$

式中，n 是弹性模量比。弹性中性轴的位置由尺寸 a 和 c 决定，因此：

$$A_e c = A_s a, a + c = z \quad \text{(b)}$$

式中，A_s 是单位宽度板内顶部钢筋的面积，且：

$$z = h - d_s - h_p/2 \quad \text{(c)}$$

假设每个槽都是矩形，则单位宽度的截面惯性矩为：

$$I = A_s a^2 + A_e (c^2 + h_p^2/12) \quad \text{(d)}$$

利用公式(b)～公式(d)，单位宽度板的弯曲刚度为：

$$(EI)_2 = E_a [A_s A_e z^2/(A_s + A_e) + A_e h_p^2/12] \quad \text{(DA.1)}$$

例6.7 中使用了该结果。

外包腹板梁的弯曲刚度

对于部分外包的梁，用于推导弯曲刚度 k_2 的公式(*6.11*)的模型如图 A.2a)所示。施加到钢梁下翼缘的横向力 F 导致的位移记为 δ。线 AB 的转角是 $\phi = \delta/h_s$，它是由作用于 A 点的弯矩 Fh_s 引起的。其刚度为：

$k_2 = M/\phi = Fh_s^2/\delta$

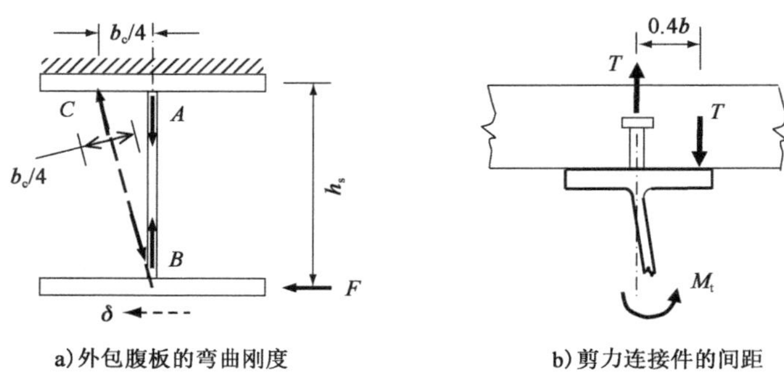

a)外包腹板的弯曲刚度　　b)剪力连接件的间距

图 A.2　倒 U 形框架中横向抗弯承载力

假设力 F 由钢腹板中的竖向拉力和宽度为 $b_c/4$ 的混凝土受压杆 BC 中的压力共同抵抗。公式(*6.11*)给出了弹性分析。

用于连续 U 形框架的剪力连接件最大间距

推导 ENV 1994-1-1 中给出的一个规定。假设栓钉连接件沿着钢材上翼缘中心单排布置,间距为 s[图 A.2b)]。下翼缘侧向屈曲的趋势引起了单位长度的横向力矩 M_t,其由每个栓钉中的拉力 T 来承受。根据图 A.2 有:

$$M_{ts} = 0.4bT \tag{a}$$

下翼缘侧向屈曲趋势导致的垂直腹板初始倾斜,图 6.9b)中 θ_0,会由弯矩 $k_s\theta_0$ 抵抗,其中 k_s 的定义见条款*6.4.2(6)*。对相邻内部支点的纵向弯矩设计值 M_{Ed},假定 θ_0 增加到:

$$\theta_0 = [(M_{Ed}/M_{cr})/(1 - M_{Ed}/M_{cr})]$$

式中,M_{cr} 是弹性屈曲临界弯矩。这种变形引起的单位长度横向弯矩为:

$$M_t = k_s\theta_0[(M_{Ed}/M_{cr})/(1 - M_{Ed}/M_{cr})] \tag{b}$$

式中,k_s 是条款 6.4.2(6)中定义的刚度。

条款*6.4.2(1)*的设计方法中 $M_{Ed} \leqslant \chi_{LT}M_{Rd}$。这里,$M_{Rd}$ 被近似取为抗力标准值 M_{Rk}。由条款*6.4.2(4)*有 $\bar{\lambda}^2_{LT} = M_{Rk}/M_{cr}$,则公式(b)变为:

$$M_t = k_s\theta_0[(\chi_{LT}\bar{\lambda}^2_{LT})/(1 - \chi_{LT}\bar{\lambda}^2_{LT})] \tag{c}$$

假设栓钉的纵向抗剪承载力 P_{Rd} 不会减小,当满足下式时该假定能够实现:

$$T \leqslant 0.1P_{Rd} \tag{d}$$

初始斜率 θ_0 取 $L/400h$,其中 h 是钢截面高度。典型的 L/h 比为 20,得到 θ_0 = 0.05。根据这些结果有:

$$\frac{s}{b} = \frac{0.4T}{M_t} \leqslant \frac{0.04P_{Rd}(1 - \chi_{LT}\bar{\lambda}^2_{LT})}{0.05k_s\chi_{LT}\bar{\lambda}^2_{LT}} \tag{DA.2}$$

栓钉间距的上限随着长细比 $\bar{\lambda}_{LT}$ 的增加而减小。

假设 $\bar{\lambda}_{LT} = 0.4$,因此,其在满足条款*6.4.3* 简化验证条件的情况下可以进行估算。从 EN 1993-1-1 表 6.5 中可以看出,对于高/宽比超过 2.0 的轧制 I 形截面,应采用屈曲曲线 c。由 $\bar{\lambda}_{LT} = 0.4$,得到 $\chi_{LT} = 0.90$。对于典型的 19mm 直径栓钉,抗力

P_{Rd}约为 75kN。板和腹板的组合刚度 k_s 主要取决于腹板的刚度，在此取为 $0.9k_2$，其中 k_2 为腹板的刚度，可由公式(*6.10*)得到，即：

$$k_2 = E_a t_w^3 / [4(1-\nu_a^2)h_s] \tag{DA.3}$$

对于典型的 I 形截面，$h_s \approx 0.97h$，$E_a = 210\text{kN/mm}^2$ 和 $\nu = 0.3$，代入公式(DA.2)可得：

$$s \leqslant 6.66(b/t_w)(h/t_w)(1/t_w) \tag{e}$$

对于轧制截面，相对厚的腹板需要最密的栓钉间距，表 A.1 中给出了示例，对于两排栓钉，这些间距可以加倍，因为弯矩 M_t的假定力臂将从 $0.4b$(图 A.2)增加到约 $0.8b$。对于腹板外包的梁，ENV 1994-1-1 要求最大间距减半。

19mm 栓钉最大间距和最小顶部钢筋　　表 A.1

试件尺寸	质量(kg/m)	腹板厚度(mm)	s_{max}(mm)	$100A_{s,min}/d_s$
762×267UB	197	15.6	362	0.06
610×305UB	238	18.6	204	0.12
610×229UB	101	10.6	767	0.02
IPE 600	122	12.0	509	0.03
HEA 700	204	14.5	452	0.05

EN 1994-1-1 不要求进行此项检查。结果表明，在常规实践中，它不起决定作用，但是当需要在较厚腹板的钢梁上布置大间距栓钉(例如，因为正在使用预制混凝土板)或者腹板被包裹时，则要做此项检查。

边梁上方顶部横向钢筋

如图 6.9a)所示，如果梁的混凝土翼缘仅在一侧是连续的，在图示的平面中要求顶部横向钢筋(AB)通过钢截面逆时针旋转防止侧向屈曲。上述得到的栓钉连接件间距的结果可以用来估计所需的栓钉数量。

钢筋较轻，因此横向弯曲的力臂可以取 $0.9d_s$[符号如图 6.9a)所示]，即使板下半部分的混凝土只存在于钢板槽中亦如此。根据上述公式(d)，每单位长度的力 T 为 $0.1P_{Rd}/s$；因此，根据公式(a)，横向弯矩为：

$M_t = 0.4bT/s = 0.04bP_{Rd}/s = A_s f_{sd}(0.9d_s)$

式中，A_s是屈服应力设计值 f_{sd} 条件下，沿梁的单位长度上顶部横向钢筋的面积。采用公式(e)表示 s，则有：

$0.9A_s f_{sd} d_s \geqslant 0.0060P_{Rd} t_w^3/h$

假设 $P_{Rd} = 75\text{kN}$，并且 $f_{sd} = 500/1.15 = 435\text{N/mm}^2$：

$100A_s/d_s \geqslant 115 t_w^3/d_s^2 h$

因此，对于薄板，面积 A_s最大，正文假定有效高度 $d_s = 100\text{mm}$，则有：

$$100A_s/d_s \geqslant 0.0115\, t_w^3/h \tag{f}$$

这些值在表 A.1 的最后一栏中给出。它们表明，虽然 U 形框架需要顶部钢筋，但配筋量很少。*条款6.6.5.3* 关于板中的局部钢筋，并未涉及本内容，只通过底部钢筋就可以满足。*条款9.2.1(4)* 和 EN 1992-1-1 的最小配筋要求也可以仅通过底部配筋来满足，但有些应放置在靠近上表面。

$\bar{\lambda}_{LT}$简化表达式的推导[公式(D6.14)]

符号与条款*6.4* 中的说明和本附录一样,并未在此处重新定义。

重复公式(D6.11):

$M_{cr}=(k_c C_4/L)[(G_a I_{at}+k_s L^2/\pi^2)E_a I_{afz}]^{1/2}$

由条款*6.4.2(4)*:

$$\bar{\lambda}_{LT}=(M_{Rk}/M_{cr})^{0.5} \tag{a}$$

忽略公式(D6.11)中的 $G_a I_{at}$是安全的,其实际上通常小于 $0.1k_s L^2/\pi^2$,因此:

$$M_{cr}=(k_c C_4/\pi)(k_s E_a I_{afz})^{1/2} \tag{b}$$

假设混凝土板的刚度 k_1至少是钢腹板刚度 k_2的 2.3 倍。条款*6.4.2* 中的公式(*6.8*)给出的组合刚度 k_s总是超过 $0.7k_2$,因此方程(b)中的 k_s可以用 $0.7k_2$代替。这种替代对于外包混凝土的钢腹板是无效的,因此不包括其在内。

对于宽度 b_f和厚度 t_f的钢翼缘,则有:

$$I_{afz}=b_f^3 t_f/12 \tag{c}$$

刚度 k_2由条款*6.4.2* 中的公式(*6.10*)给出。使用该式和上面的公式,则有:

$$\bar{\lambda}_{LT}^4=\left(\frac{M_{Rk}}{k_c}\right)^2\frac{48\ \pi^2 h_s(1-\upsilon_a^2)}{0.7\ E_a^2\ t_w^3\ b_f^3 t_f\ C_4^2} \tag{d}$$

对于 1 类或 2 类截面,有 $M_{Rk}=M_{pl,Rk}$。$M_{pl,Rk}$由下式近似确定:

$$M_{pl,Rk}=k_c M_{pl,a,Rk}(1+t_w h_s/4b_f t_f) \tag{e}$$

对于双轴对称 I 形钢截面,塑性抗弯承载力可近似为:

$$M_{pl,a,Rk}=f_y h_s b_f t_f(1+t_w h_s/4b_f t_f) \tag{f}$$

从公式(d)~公式(f),且 $\upsilon_a=0.3$,有:

$$\bar{\lambda}_{LT}=5.0\left(1+\frac{t_w h_s}{4b_f t_f}\right)\left(\frac{h_s}{t_w}\right)^{0.75}\left(\frac{t_f}{b_f}\right)^{0.25}\left(\frac{f_y}{E_a C_4}\right)^{0.5} \tag{D6.14}$$

该公式见 ENV 1994-1-1 的附录 B。

腹板外包对$\bar{\lambda}_{LT}$的影响

通过将钢腹板外包,可实现条款*5.5.3(2)*中的相对长细比的折减,该估算过程如下。下标 e 用于表示外包截面的特性。

由公式(*6.10*)和公式(*6.11*):

$$\frac{k_{2,e}}{k_2}=\frac{(1-\upsilon_a^2)b_f^2}{4(1+4nt_w/b_f)t_w^2}$$

弹性模量比 n 很少超过 12,并且对于轧制或焊接的 I 形截面,b_f/t_w至少为 15。使用这些值,并且 $\nu_a=0.3$,可得:

$k_{2,e}/k_2=12.2$

如上假设,$k_1>2.3k_2$,并使用公式(*6.8*),k_s的变化量为:

$$\frac{k_{s,e}}{k_s}=\left(\frac{k_{2,e}}{k_1+k_{2,e}}\right)\left(\frac{k_1+k_2}{k_2}\right)>\frac{12.2(2.3+1)}{(2.3+12.2)}=2.78$$

由上可知,k_s可以被 $0.7k_2$所代替,所以 $k_{s,e}$现在被替换为 $2.78 \times 0.7k_2 = 1.95k_2$。因此,上面公式(d)中的系数 0.7 被替换为 1.95。于是:

$$\bar{\lambda}_{LT,e}/\bar{\lambda}_{LT} = (0.7/1.95)^{0.25} = 0.77 \tag{DA.4}$$

弯矩分配系数 C_4

ENV 1994(英国标准化协会,1994)中给出的表格涉及钢梁下翼缘横向约束点之间的弯矩分布,不一定是全跨。内跨分布荷载下更常使用的系数 C_4值在图 A.3 中绘出。对于超过 3.0 的 ψ 值,可以保守地使用对应于 $\psi\to\infty$ 的值,如图所示。

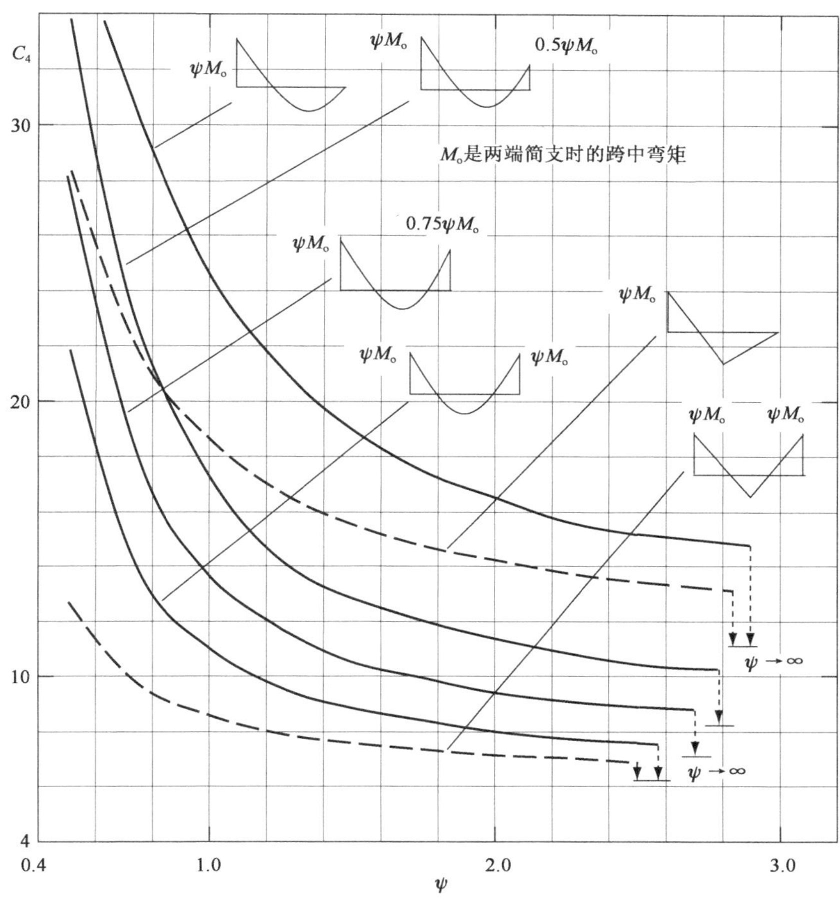

图 A.3　对应于均匀分布和中点加载的系数 C_4值

图 A.3 中的虚线表示跨中点加载情况。图 A.4 中绘制了另外两组值。实线适用于长度为 L_c的悬臂的侧向屈曲,其中它和长度为 L 的相邻跨具有相同的分布荷载集度。虚线表示一端或两端连续的无加载跨。

无需直接计算验证侧向扭转稳定性的准则

与 UB 钢型材不同,IPE 和 HEA 型材的截面对于每个总高度 h 只有一个尺寸。如图 A.5 所示,绘制它们的截面特性 F[来自公式(D6.15)]与 h 关系曲线,两者呈线性关系。这使得条款*6.4.3* 表 6.1 对 F 的限制相当于对总高度的限制。从公式(D6.14)可知,对于给定的 $\bar{\lambda}_{LT}$,F_{lim}与$(f_y)^{-0.5}$成正比。基于此,并考虑合格截面,可以推导出 EN 1994-1-1 中用于各种等级钢的 F_{lim}值,如表 A.2 所示。该表已被 EN 1994-1-1 英国国家附件采用,其中对于 S235 级钢和外包腹板,有印刷错误,条目为 15.1,但应为 19.5。

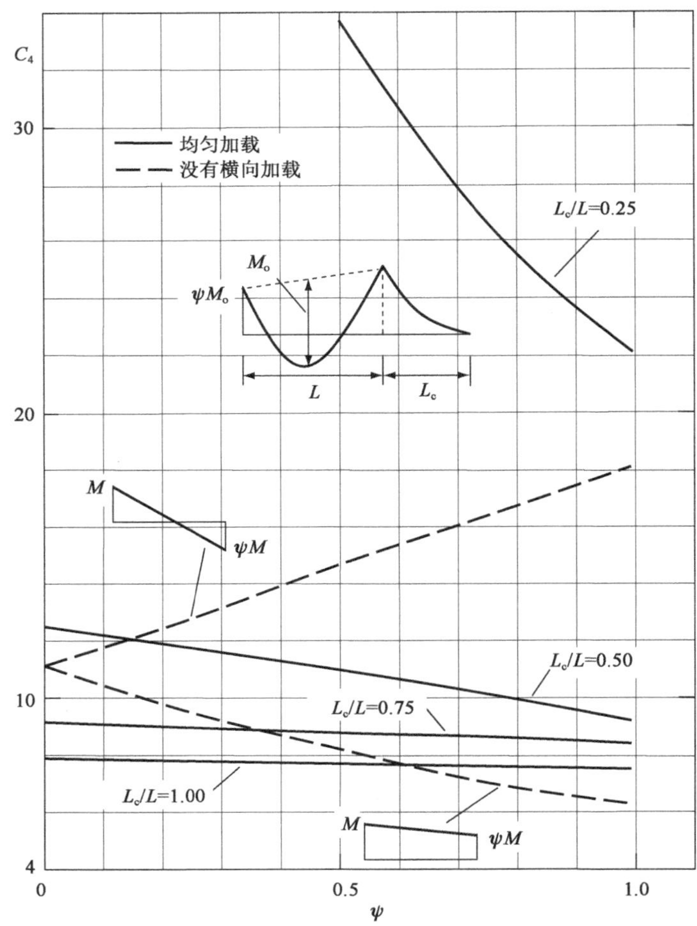

图 A.4　带悬臂的均布加载梁和无横向加载梁在端部支座处的系数 C_4 值

图 A.5 所示的 IPE 和 HEA 型材适用于所有钢材等级,其 F_{lim} 高于所绘制的 F 值。唯一的例外是 HEA550,其虽然略低于 S420 和 S460 对应的线,但根据表*6.1*,其不合格。

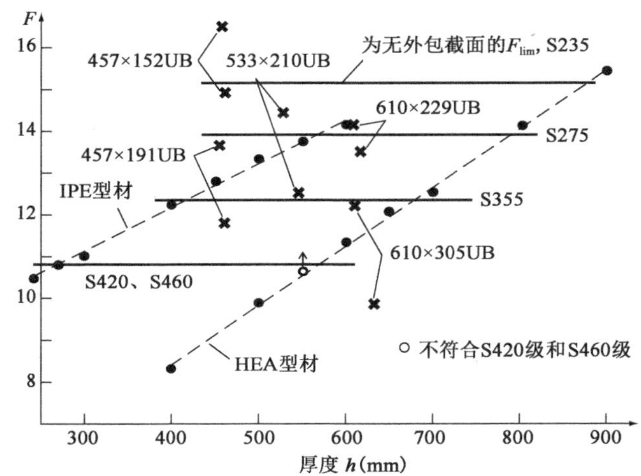

图 A.5　部分 IPE、HEA 和 UB 无外包型材的特性 F 值[公式(D6.15)]

对于 UB 截面，图 A.5 中的成对“×”表示表*6.1* 中列出的 10 种截面。对于每一对，更大的截面具有更大的高度 h。表*6.1* 中的条目“是”对应于 $F \leq F_{\mathrm{lim}}$ 的条件。只依据厚度，无法给出合格条件；应使用公式(D6.15)。

腹板外包

根据公式(DA.4)，腹板外包的影响是将 F_{lim} 至少增加 1/0.77 = 1.29 倍。这些值在表 6.1 和表 A.2 中给出。*条款6.4.3(1)(h)* 允许的附加高度要比这些结果稍微保守些。

无外包和腹板外包截面的型材参数 F_{lim} 限值　　　　表 A.2

名义钢材等级	S235	S275	S355	S420 和 S460
F_{lim}，无外包	15.1	13.9	12.3	10.8
F_{lim}，外包腹板	19.5	18.0	15.8	13.9

参考文献

British Standards Institution(1994) DD ENV 1994-1-1. Design of composite steel and concrete structures. Part 1-1: General rules and rules for buildings. BSI, London.

附录 B　板厚对组合板纵向抗剪承载力的影响

总结

第9章的 m-k 方法和部分剪力连接方法采用了基于延性剪力连接的力学模型,用于组合板的纵向抗剪设计。对于 m-k 方法(Johnson,2006),其表明:

■ 为得到 m 和 k 值,在模型假设适用的情况下,可对厚度不同但混凝土强度相似的板进行系列试验;

■ 宜采用两种截然不同的剪跨;

■ 采用 EN 1994-1-1 的 m-k 方法对剪力连接程度进行预测,其对应于剪跨试验的结果偏于保守;

■ 对该范围之外的剪力连接程度的预测偏不安全;

■ 可以估算误差的百分比。

对于部分连接方法(Johnson,2006),发现:

■ 只对一个厚度的板进行试验时,该模型无法预测板厚度对极限剪切强度 τ_u 的影响;

■ 宜测试至少两种不同厚度的板,两种板最好具有相同的剪跨。

模型

符号和假设通常来自条款 *9.7.3* 和条款 *B.3*,宜注明参考的内容。

根据条款 *B.3*,当宽度 b 和有效厚度 d_p 的组合板试验破坏时,其左侧剪跨如图 B.1 所示。在与破坏时两个点中任一点的荷载值 V_t 相比时,忽略板的自重。

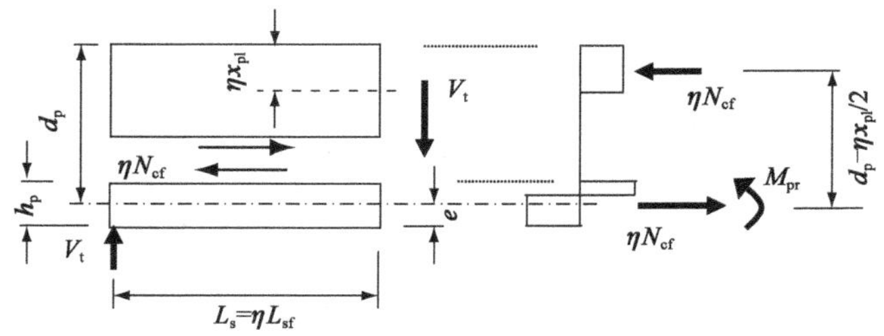

图 B.1　组合板的剪跨和纵向剪切破坏时的应力块

假设具有极限剪切强度 τ_u 的剪力连接是延性的,如条款 *9.7.3(3)* 所定义,则如条款 *B.3.6* 中的方法所示(除了此处,所有值均为平均值,不考虑分项安全系数)。

如图 B.1 所示,钢材和板分开,它们之间的纵向剪力为:

$$\eta N_{c,f} = \tau_u b L_s \quad (DB.1)$$

式中，$\eta \leq 1$，为剪力连接程度。假设 τ_u 值与剪跨无关，因此：

$$L_s = \eta L_{sf} \quad (DB.2)$$

式中，L_{sf}是纵向力 $N_{c,f}$等于钢材抗拉强度 N_{pl}时的剪跨长度。在不考虑混凝土强度分项安全系数的情况下，矩形应力区高度非常小，且假设位于混凝土板内。板厚度为 ηx_{pl}，x_{pl}是完全剪力连接时的厚度。

假定钢材的塑性抗弯承载力为 $M_{p,a}$，当有轴向力 N 存在时，其减小到 M_{pr}，如图 B.1 中的应力块所示。假设承载力 M_{pr}由下式给出：

$$M_{pr} = (1 - \eta^2) M_{p,a} \quad (DB.3)$$

*条款9.7.2(6)*中给出的双线性关系与该公式近似，该公式也为近似值，但对于当前的计算，其精度已足够。当组合板长度为 L_s时，其平衡方程为：

$V_t L_s = \eta N_{cf}(d_p - \eta x_{pl}/2) + M_{pr}$

因此：

$$V_t = [\eta N_{cf}(d_p - \eta x_{pl}/2) + (1 - \eta^2) M_{p,a}]/(\eta L_{sf}) \quad (DB.4)$$

对于典型的压型钢板，这里假设 $M_{p,a} \approx 0.3 h_p N_{pl}$，结论不依赖于系数 0.3 的准确性。

因此：

$$V_t = (N_{cf}/\eta L_{sf})[\eta d_p - \eta^2 x_{pl}/2 + 0.3 h_p (1 - \eta^2)] \quad (DB.5)$$

对于特定的钢材和混凝土强度，可假设 N_{cf}、L_{sf}、x_{pl}和 h_p为常数。自变量包括板厚（由 d_p表示）和试验剪跨（由剪力连接程度 η 表示），因变量为竖向抗剪承载力 V_t。

m-k 方法

使用试验结果作为预测因子

通过在两个测试结果之间画一条曲线，根据图 B.2 所示的曲线确定参数 m 和 k。该线的方程为：

$y = mx + k$

对于单个结果(x_1, y_1)，有：

$y_1 = mx_1 + k$

根据图 B.2 中 x 和 y 的定义，对于此试验结果，有：

$V_{t1} = bd_{p1}(mA_p/bL_{s1} + k)$

这是*条款9.7.3(4)*中的公式（9.7）。因此，*m-k* 方法准确地预测了第一个试验结果，也适用于第二个试验结果，即使板厚和剪跨不同。

两个测试结果表明“预测”方法正确。*m-k* 方法的基本假设是，可通过假设一条直线穿过两个已知结果来预测其他结果。这条直线实际上是弯曲的，因此其他预测结果会存在误差，下文将对此进行分析。

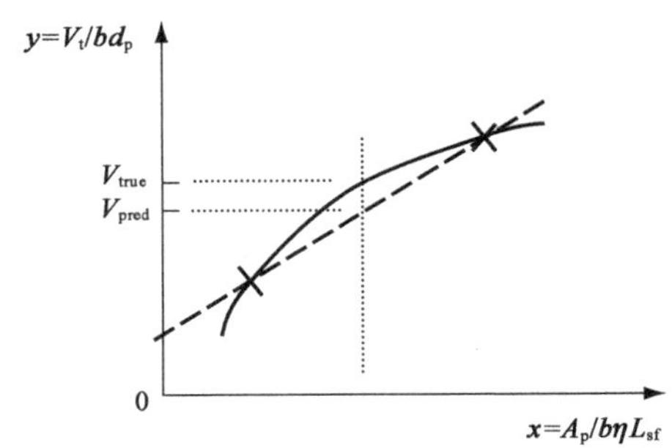

图 B.2 从两组测试结果中确定 m 和 k

函数 $y(x)$ 的形状

曲线 $y(x)$ 的斜率可通过不同剪跨和固定板厚的试验得到。对公式(DB.5)进行求导,可发现通过试验求得的两点的曲线上凸,如图 B.2 所示。

根据两组相同板厚试验中的剪力连接程度,预测 m-k 线,该方法给出结果 V_{pred},如图 B.2 所示,该结果小于公式(DB.5)给出的承载力 V_{true},因此,该模型的方法是安全的。

对于该范围之外的剪力连接程度,m-k 方法是不安全的。

预测误差估计

例如,假设对于一组 $d_p/h_p=2.0$ 的试验,取剪跨为 L_{sf}时的钢板材和混凝土的参数,混凝土应力块的高度 x_{pl}由 $x_{pl}/h_p=0.4$ 得到,则公式(DB.5)变为:

$$V_t=(N_{c,f}h_p/L_{sf})(0.3/\eta+2-0.5\eta) \tag{DB.6}$$

假设对剪跨进行 4 次相同的测试,例如 $\eta=0.4$、0.5、0.7 和 1.0。$V_tL_{sf}/N_{c,f}h_p$的(假设)真实结果根据 $1/\eta$ 计算和绘制。如预期,它们位于一条上凸的曲线上。通过在任意两个点画线,通过 m-k 方法,得到其他两个测试值。与绘制点进行比较,可得到 m-k 方法的误差,以百分比表示。表 B.1 给出了典型结果,其中 m-k 线通过 η_1和 η_2的结果绘制,用于预测 $\eta=\eta_3$时板的抗剪承载力。表中第 4 列和第 5 列的值与 V_t成比例,因此百分比值是正确的。

m-k 法预测 V_t的误差(由 η 的变化引起) 表 B.1

η_1	η_2	η_3	由 m-k 线预测	绘制值	预测误差(%)
0.4	1.0	0.7	2.00	2.08	-4
0.4	0.5	1.0	1.98	1.80	+10
0.7	1.0	0.4	2.78	2.55	+9

现在对板厚度变化的影响进行说明。采用剪跨 $\eta=0.3$、0.5 和 0.7 进行试验,且 $d_p/h_p=2.0$,$x_{pl}/h_p=0.4$。所得到的比值 V_t/d_p可用于预测 $d_p/h_p=1.5$ 和 2.5 的板的抗剪承载力,但在其情形下相同,因此,$N_{c,f}$、h_p、L_{sf}和 x_{pl}的值不变。

根据公式(DB.5),有:

$$V_t/d_p=(N_{c,f}/\eta L_{sf})\left[\eta-\frac{1}{2}\eta^2(x_{pl}/d_p)+0.3(h_p/d_p)(1-\eta^2)\right]$$

表 B.2 中的结果表明,对于比试验板更薄的板,预测值过低(保守),对于更厚的板,预测值过高。误差很小。板厚的增加略微降低了剪切破坏时钢板厚度上的应变梯度，这可能增大抗剪承载力（假设上述值保持不变）。

m-k 法预测 V_t 的误差（由板厚变化引起）　　表 B.2

剪力连接程度	剪力连接程度预测误差（%）		
	0.3	0.5	0.7
用 $d_p/h_p=2$ 对 $d_p/h_p=1.5$ 进行试验	-9	-5	-2
用 $d_p/h_p=2$ 对 $d_p/h_p=2.5$ 进行试验	+6	+3	+1

m-k 方法的结论

为了获得正确的破坏模式，应进行两组测试，且剪跨差异应尽量大。在应用范围内，板厚应大致在适用范围内居中，且两组板厚可以不同，但混凝土强度应相同。m-k 结果适用于所试验的剪跨范围，并且也可能适用一小段范围之外。

部分连接方法

从图 B.1 可以看出，剪跨末端的极限弯矩为：

$$M=V_t\eta L_{sf} \quad (DB.7)$$

悬臂部分 L_0［条款 *B.3.6(2)* 和图 9.2］远小于 L_{sf}。为简单起见，假设 $L_{sf}+L_0\approx L_{sf}$，因此，条款 *B.3.6* 中的公式（*B.2*）变为：

$$\tau_u=\eta N_{c,f}/bL_{sf} \quad (DB.8)$$

根据公式（DB.5）和公式（DB.7），可得：

$$M/M_{p,Rm}=(N_{c,f}/M_{p,Rm})[\eta d_p-\eta^2x_{pl}/2+0.3h_p(1-\eta^2)] \quad (DB.9)$$

式中，$M_{p,Rm}$是具有完全剪力连接的塑性抗弯承载力。

对于 η 的任何假设值，可以根据公式（DB.9）计算极限弯矩 M。因此，可得到 M-η 曲线（EN 1994-1-1 的*图 B.5*）。如果忽略安全系数，用同样的曲线从测量值 M_{test}可得 η_{test}，则从公式（DB.8）中求得 τ_u。

因为假定了延性性能，故公式（DB.9）与剪跨无关。它没有给出 η 随板厚度或剪跨变化的信息，因此，单组 4 次试验无法为预测不同厚度板的 τ_u提供依据。

假设第 4 次小剪跨试验［条款 *B.3.2(7)*］显示出延性性能，则厚度的影响可从另外一组 3 次试验结果中推断。除板厚外，试件和剪跨应与第一组试验 1～3 中的相同。两组的厚度应接近实际使用范围的边界值。

假设这两组的比率 d_p/h_p表示为 v_1和 v_2，其中 $v_2>v_1$，引出相应的剪力连接度 η_1和 η_2。可能为 $\eta_2>\eta_1$，因为在较厚的板中，通过压纹高度的纵向应变更为均匀，但差别可能很小。

假设在该范围内，试验抗弯承载力 M 与比率 v 呈线性关系，则 η-v 曲线是上凸的（Johnson，2006）。因此，η 的插值对试验板的厚度是保守的，并且在该范围之外可能是偏不安全的。

部分连接方法的结论

对于这种方法，在厚度不变但剪跨不同的情形下，进一步试验只能检查是否存在延性性能。板厚度的影响最好通过固定剪跨和两组厚度的试验获得。可以看出，中间厚度的剪力连接度值可通过试验厚度值之间的线性插值来获得。

从上表 B.2 的结果推断,在当前使用的厚度范围内,板厚对纵向抗剪承载力的影响很小。

参考文献

Johnson RP(2006)The *m-k* and partial-interaction models for shear resistance of composite slabs, and the use of non-standard test data. In *Composite Construction in Steel and Concrete V*(Leon RT and Lange J(eds)). American Society of Civil Engineers, New York, pp. 157-165.

附录 C 组合柱横截面受压与单轴受弯相互作用曲线简化计算方法

适用范围和方法

图6.19 中给出了点 B、点 C 和点 D 的坐标方程，也如图 C.1 所示。它们适用于柱的横截面，其中结构钢、混凝土和钢筋都是关于单对轴双向对称的。钢截面应为 I 形、H 形截面或矩形、圆形空心截面。示例如图6.17 所示。

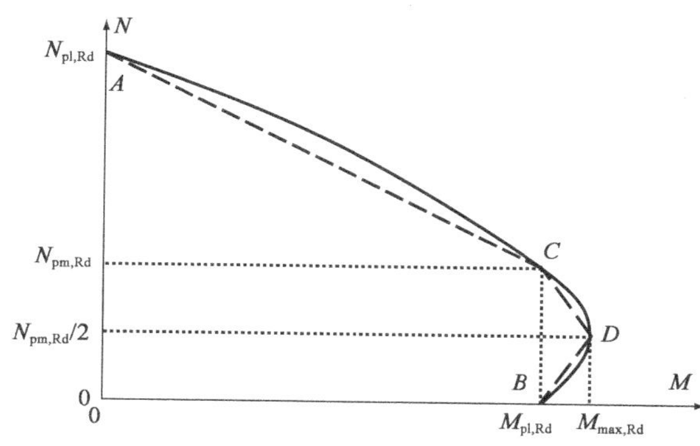

图 C.1 多边形相互作用曲线

根据条款6.7.3.2(2)~条款6.7.3.2(6)，对于结构钢、钢筋和混凝土的矩形应力块采用塑性分析法。对于圆形钢管混凝土截面，条款6.7.3.2(6)中的系数 η_c 被保守地认为是零。

在本附录中，矩形应力块中混凝土中的压应力表示为 f_{cc}，其中，通常认为 $f_{cc}=0.85f_{cd}$。但是，对于管内充填混凝土钢截面，根据条款6.7.3.2(1)其系数 0.85 可以用 1.0 代替。

受压承载力

塑性承载力 $N_{pl,Rd}$ 由条款6.7.3.2 给出。承载力 $N_{pm,Rd}$ 计算如下。

图 C.2a)表示结构钢、钢筋(阴影区域)和混凝土的一般横截面，并关于区域 G 中心的两个轴对称。对于只有弯矩(图 C.1 中的 B 点)中性轴为线 BB，其为横截面的区域(1)，其中混凝土处于受压状态。在 G 的另一侧的相同距离 h_n 处的线 CC 是图 C.1 中的点 C 的中性轴。这是因为区域(2)的结构钢、混凝土和钢筋的面积都是关于 G 对称的，因此当轴从 BB 移动到 CC 时，应力变化加起来为承载力 $N_{pm,Rd}$，并且抗弯曲承载力保持不变。使用下标 1 ~ 下标 3 来表示区域(1) ~ 区域(3)：

$$N_{pm,Rd} = R_{c2} + 2|R_{a2}| \tag{DC.1}$$

式中,R_{c2}是区域(2)中混凝土的承载力,R_{a2}是区域(2)中钢的承载力。

在条款*6.7.3.2(1)*的表示为:

$R_{c2} = A_{c2} f_{cc}$

$R_{a2} = A_{a2} f_{yd} + A_{s2} f_{sd}$

式中,压力和材料强度均为正值。

根据对称性,有:

$$R_{a1} = |R_{a3}| \qquad R_{c1} = |R_{c3}| \tag{DC.2}$$

当中性轴处于 BB,$N = 0$ 时,则:

$$R_{a1} + R_{c1} = |R_{a2}| + |R_{a3}| \tag{DC.3}$$

由公式(C.2)和公式(C.3)得出,$|R_{a2}| = R_{c1} = R_{c3}$,代入公式(DC.1),有:

$$N_{pm,Rd} = R_{c2} + R_{c1} + R_{c3} = R_c \tag{DC.4}$$

式中,R_c 是混凝土整个区域的抗压承载力,易于计算。

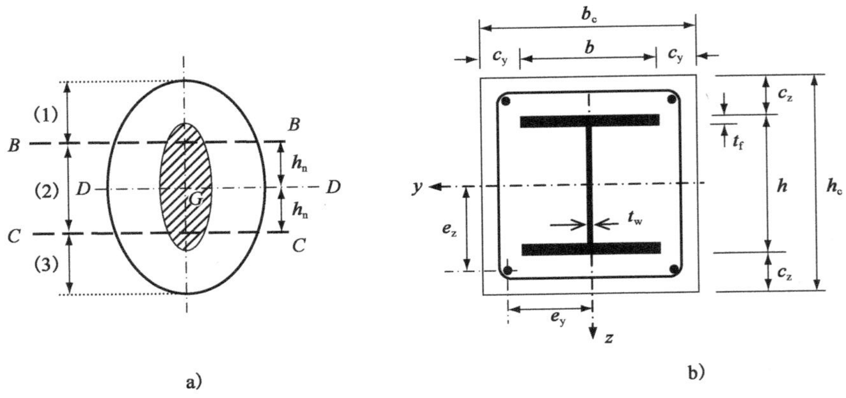

图 C.2 关于两个轴对称的组合横截面

中性轴的位置

h_n 的公式取决于弯曲轴、横截面的类型和横截面特性。这些公式来自公式(DC.1)和公式(DC.4),下面给出了一些横截面的公式。

弯曲抗力

图 C.1 中 D 点的轴向承载力是 C 点的一半,因此 D 点的中性轴是图 C.2a)中的线 DD。

D 点的抗弯曲承载力为:

$$M_{max,Rd} = W_{pa} f_{yd} + W_{ps} f_{sd} + W_{pc} f_{cc}/2 \tag{DC.5}$$

式中,W_{pa}、W_{ps}和 W_{pc}是结构钢、钢筋和混凝土截面的塑性截面模量(对于 W_{pc}的计算,假设混凝土为未开裂的),f_{yd}、f_{sd}和 f_{cc}是结构钢、钢筋和混凝土的设计强度。

B 点的抗弯承载力为:

$$M_{pl,Rd} = M_{max,Rd} - M_{n,Rd} \quad (DC.6)$$

且

$$M_{n,Rd} = W_{pa,n}f_{yd} + W_{ps,n}f_{sd} + W_{pc,n}f_{cc}/2 \quad (DC.7)$$

式中，$W_{pa,n}$、$W_{ps,n}$和 $W_{pc,n}$是结构钢、钢筋图 C.2a）中区域（2）内截面混凝土部分的塑性截面模量。

下面给出了一些横截面的塑性截面模量的公式。

与横向剪切的相互作用

如果根据条款6.7.3.2（4）考虑结构钢抵抗剪力，则应假定钢的适当区域单独抵抗剪切。这里给出的方法也可以在其余区域应用。

中性轴和一些横截面的塑性截面模量

一般规定

整个混凝土截面的抗压承载力为：

$$N_{pm,Rd} = A_c f_{cc} \quad (DC.8)$$

全部钢筋的塑性截面模量由下式给出：

$$W_{ps} = \sum_{i=1}^{n} |A_{s,i}e_i| \quad (DC.9)$$

式中，e_i 是区域 $A_{s,i}$的钢筋与相关中线（y 轴或 z 轴）的距离。

针对横截面中的选定位置给出中性轴 h_n 位置的公式。h_n 的结果宜位于假定区域的范围内。

外包 I 形截面的主弯曲轴

符号如图 C.2b）所示。

结构钢的塑性截面模量可以从表中获得或由下式计算得到：

$$W_{pa} = \frac{(h-2t_f)^2 t_w}{4} + bt_f(h-t_f) \quad (DC.10)$$

且

$$W_{pc} = \frac{b_c h_c^2}{4} - W_{pa} - W_{ps} \quad (DC.11)$$

对于中性轴的不同位置，h_n 和 $W_{pa,n}$由下式给出：

（a）中性轴在腹板中，$h_n \leqslant h/2 - t_f$，则：

$$h_n = \frac{N_{pm,Rd} - A_{sn}(2f_{sd} - f_{cc})}{2b_c f_{cc} + 2t_w(2f_{yd} - f_{cc})} \quad (DC.12)$$

$$W_{pa,n} = t_w h_n^2 \quad (DC.13)$$

式中，A_{sn}是高度为 $2h_n$ 区域内钢筋面积的总和。

（b）中性轴位于翼缘，$h/2 - t_f < h_n < h/2$，则：

$$h_n = \frac{N_{pm,Rd} - A_{sn}(2f_{sd} - f_{cc}) + (b - t_w)(h - 2t_f)(2f_{yd} - f_{cc})}{2b_c f_{cc} + 2b(2f_{yd} - f_{cc})} \quad (DC.14)$$

$$W_{pa,n} = bh_n^2 - \frac{(b - t_w)(h - 2t_f)^2}{4} \quad (DC.15)$$

(c)中性轴位于钢截面外,$h/2 \leqslant h_n \leqslant h_c/2$,则:

$$h_n = \frac{N_{pm,Rd} - A_{sn}(2f_{sd} - f_{cc}) - A_a(2f_{yd} - f_{cc})}{2b_c f_{cc}} \quad (DC.16)$$

$$W_{pa,n} = W_{pa} \quad (DC.17)$$

由 $2h_n$ 高度区域混凝土得到的塑性模量可以从下式计算得出:

$$W_{pc,n} = b_c h_n^2 - W_{ps,n} \quad (DC.18)$$

且

$$W_{ps,n} = \sum_{i=1}^{n} |A_{sn,i} e_{z,i}| \quad (DC.19)$$

式中,$A_{sn,i}$是高度为 $2h_n$ 的区域内的钢筋面积,而 $e_{z,i}$是距离中线的距离。

外包 I 形截面的次弯曲轴

结构钢的塑性截面模量可以从表中获得或从下式计算得出:

$$W_{pa} = \frac{(h - 2t_f)t_w^2}{4} + \frac{2t_f b^2}{4} \quad (DC.20)$$

且

$$W_{pc} = \frac{h_c b_c^2}{4} - W_{pa} - W_{ps} \quad (DC.21)$$

对于中性轴的不同位置,h_n 和 $W_{pa,n}$由下式给出:

(a)中性轴位于腹板中,$h_n \leqslant t_w/2$:

$$h_n = \frac{N_{pm,Rd} - A_{sn}(2f_{sd} - f_{cc})}{2h_c f_{cc} + 2h(2f_{yd} - f_{cc})} \quad (DC.22)$$

$$W_{pa,n} = hh_n^2 \quad (DC.23)$$

(b)中性轴位于翼缘内,$t_w/2 < h_n < b/2$:

$$h_n = \frac{N_{pm,Rd} - A_{sn}(2f_{sd} - f_{cc}) + t_w(2f_f - h)(2f_{yd} - f_{cc})}{2h_c f_{cc} + 4t_f(2f_{yd} - f_{cc})} \quad (DC.24)$$

$$W_{pa,n} = 2t_f h_n^2 - \frac{(h - 2t_f)t_w^2}{4} \quad (DC.25)$$

(c)中性轴位于钢截面外,$b/2 \leqslant h_n \leqslant b_c/2$:

$$h_n = \frac{N_{pm,Rd} - A_{sn}(2f_{sd} - f_{cc}) - A_a(2f_{yd} - f_{cc})}{2b_c f_{cc}} \quad (DC.26)$$

$$W_{pa,n} = W_{pa} \quad (DC.27)$$

在 $2h_n$ 高度区域内的混凝土的塑性模量可以从以下计算得出:

$$W_{pc,n} = h_c h_n^2 - W_{pa,n} - W_{ps,n} \geqslant 0 \quad (DC.28)$$

其中 $W_{ps,n}$根据公式(DC.19)将下标 z 改为 y。对于腹板外包截面[*图6.17b)*],中性轴可能在腹板内,然后可能得到的 $W_{pc,n}$为负。

混凝土填充矩形截面和圆形空心截面

对于绕截面的 y 轴弯曲的矩形空心截面(见图 C.3),导出以下公式。对于绕 z 轴弯曲,尺寸 h 和 b,下标 z 和 y 均将互换。公式(DC.29)~公式(DC.33)可以用于圆形空心截面，通过代入 $h=b=d$ 和 $r=d/2-t$ 得到良好的近似值：

$$W_{pc}=\frac{(b-2t)(h-2t)^2}{4}-\frac{2}{3}r^3-r^2(4-\pi)(0.5h-t-r)-W_{ps} \quad (DC.29)$$

W_{ps} 参见公式（DC.9）。

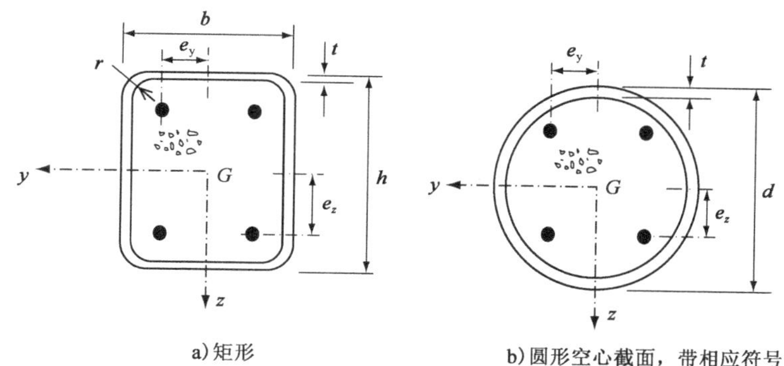

图 C.3　混凝土充填

W_{pa} 可以从表中获取或通过下式计算得到：

$$W_{pa}=\frac{(bh^2)}{4}-\frac{2}{3}(r+t)^3-(r+t)^2(4-\pi)(0.5h-t-r)-W_{pc}-W_{ps} \quad (DC.30)$$

$$h_n=\frac{N_{pm,Rd}-A_{sn}(2f_{sd}-f_{cc})}{2bf_{cc}+4t(2f_{yd}-f_{cc})} \quad (DC.31)$$

$$W_{pc,n}=(b-2t)h_n^2-W_{ps,n} \quad (DC.32)$$

$$W_{pa,n}=bh_n^2-W_{pc,n}-W_{ps,n} \quad (DC.33)$$

$W_{ps,n}$ 参照公式（DC.19）。

例 C.1：柱横截面的 *N-M* 相互作用曲线

用附件 C 的方法得到图 6.38 所示的混凝土外包 H 形截面的相互作用曲线，如图 6.37 所示。纵向钢筋的小面积忽略不计。数据和符号如例 6.10 和图 6.37、图 C.1、图 C.2 所示。

■ 材料的设计强度：$f_{yd}=355\text{N/mm}^2$，$f_{cd}=16.7\text{N/mm}^2$；

■ 其他数据：$A_a=11400\text{mm}^2$，$A_c=148600\text{mm}^2$，$t_f=17.3\text{mm}$，$t_w=10.5\text{mm}$，$b_c=h_c=400\text{mm}$，$b=256\text{mm}$，$h=260\text{mm}$，$10^{-6}W_{pa,y}=1.228\text{mm}^3$，$10^{-6}W_{pa,z}=0.575\text{mm}^3$，$N_{pl,Rd}=6156\text{kN}$。

沿主轴弯曲

由公式（DC.8）：

$N_{pm,Rd}=148.6\times16.7=$ **2482kN**

由公式（DC.12）：

$h_n=2482/[0.8\times16.7+0.021(710-16.7)]=89\text{mm}$

所以中性轴在腹板中［图 C.4a)］，与假设的一致。根据公式（DC.11），混凝土整个区域的塑性截面模量为：

$10^{-6}W_{pc} = 4^3/4 - 1.228 = 14.77\text{mm}^3$

由公式(DC.13):

$10^{-6}W_{pa,n} = 10.5 \times 0.089^2 = 0.083\text{mm}^3$

由公式(DC.18):

$10^{-6}W_{pc,n} = 400 \times 0.089^2 - 0.083 = 3.085\text{mm}^3$

由公式(DC.5):

$M_{max,Rd} = 1.228 \times 355 + 14.77 \times 16.7/2 = \mathbf{559kNm}$

由公式(DC.6)和公式(DC.7):

$M_{pl,Rd} = 559 - (0.083 \times 355 + 3.085 \times 16.6/2) = \mathbf{504kNm}$

上述以粗体显示的结果绘制在图6.38中。

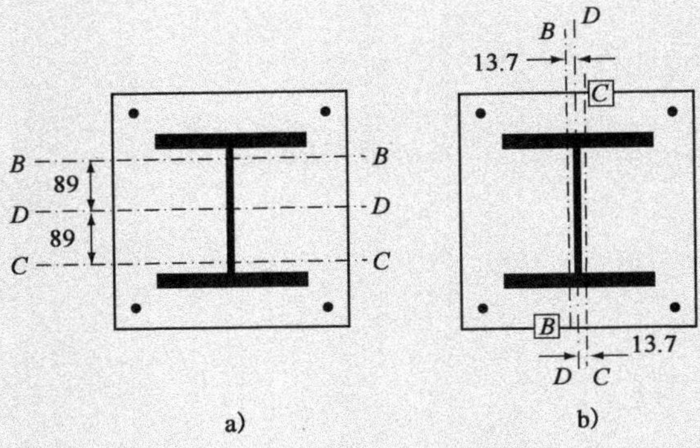

图C.4 相互作用多边形上的点B、C和D处的中性轴

沿次轴弯曲

根据公式(DC.4),$N_{pm,Rd}$对于两个弯曲轴是相同的。从而得到:

$N_{pm,Rd} = \mathbf{2482kN}$

假设中性轴B-B与翼缘相交,由公式(DC.24)有:

$h_n = [2482 - 0.0105(260 - 34.6)(710 - 16.7)]/$

$[0.8 \times 16.7 + 0.0692(710 - 16.7)] = 13.7\text{mm}$

因此,B-B轴与翼缘相交[图C.4b)]。由公式(DC.21):

$10^{-6}W_{pc} = 4^3/4 - 0.575 = 15.42\text{mm}^3$

由公式(DC.25):

$10^{-6}W_{pa,n} = 34.6 \times 0.0137^2 + 0.0105^2(260\text{-}34.6)/4 = 0.0127\text{mm}^3$

由公式(DC.28):

$10^{-6}W_{pc,n} = 400 \times 0.0137^2 - 0.0127 = 0.0624\text{mm}^3$

由公式(DC.5):

$M_{max,Rd} = 0.575 \times 355 + 15.42 \times 16.7/2 = 333\text{kNm}$

由公式(DC.7):

$M_{\mathrm{n,Rd}} = 0.0127 \times 355 + 0.0624 \times 16.7/2 = 5.03\mathrm{kNm}$

由公式(DC.6)：

$M_{\mathrm{pl,Rd}} = 333 - 5 = 328\mathrm{kNm}$

这些结果绘制在图 6.38 中，并在例 6.10 中应用。

附录 D 使用预制混凝土板的组合梁

ENV 1994-1-1 中包括条款 8:“应用于建筑物模板的预制混凝土板”。其范围仅限于有或没有现场混凝土浇筑的实心板或木板。在编写 EN 1994-1-1 时,正在开发使用空心板和组合“超薄”结构。为了避免“冻结”临时设计规则,EN 1994-1-1 中省略了该主题。

这些类型的组合板被广泛使用。技术文献中有大量的指南(Hicks 等,2006;Lange,2006;Leskela,2006)。Hicks 和 Lawson(2003)早先的出版物,尽管主要基于 BS 5950-3-1,但应是全面的。

EN 1994-2 第 8 章“组合桥梁中的预制混凝土板”的适用范围与 ENV 1994-1-1 第 8 章的适用范围相似。

在使用预制模板的建筑物的设计中需要特别注意的事项包括以下内容:

- 适当考虑板尺寸和钢梁位置的偏差,以便于安装,并为在板端部之间放置的剪力连接件周围的混凝土压实留下足够的空间;
- 在架设楼板期间由单侧加载引起的钢梁扭转;
- 空心板有效宽度的确定,该宽度可以小于实心板的宽度;
- 由于支撑梁的横向支撑不均匀引起的空心板端部区域的剪切应力过大;
- 横向钢筋的设计和细部构造。

参考文献

Hicks SJ and Lawson RM (2003) *Design of Composite Beams Using Precast Concrete Slabs*. Publication P 287, Steel Construction Institute, Ascot.

Hicks SJ, Lawson RM and Lan D (2006) Design considerations for composite beams using precast concrete slabs. In: *Composite Construction in Steel and Concrete V* [Leon RT and Lange J (eds)]. American Society of Civil Engineers, New York, pp. 190-201.

Lange J (2006) Design of edge beams in slim floors using precast hollow core slabs. In: *Composite Construction in Steel and Concrete V* [Leon RT and Lange J (eds)]. American Society of Civil Engineers, New York, pp. 260-269.

Leskela MV (2006) Finnish code provisions for the design of the hollow core slabs supported on beams. In: *Composite Construction in Steel and Concrete V* [Leon RT and Lange J (eds)]. American Society of Civil Engineers, New York, pp. 202-213.